国家自然科学基金资助项目（41190072）
西北大学优博培养资助项目（YYD12001）　联合资助
西北大学创新人才培养项目（YZZ14015）

云南腾冲晚白垩世—早始新世花岗岩成因与深部动力学

赵少伟　赖绍聪　著

科学出版社
北　京

内 容 简 介

俯冲-造山带花岗岩类成因及其动力学研究对反演大洋俯冲-陆陆碰撞-造山带演化具有重要的意义。本书以现代火成岩成岩理论及岩石大地构造学的理论为基础，选取滇西南地区腾冲地块晚白垩世—早始新世典型花岗岩体（古永岩体、户撒岩体、邦湾岩体和昔马-铜壁关岩体），针对这些花岗岩类进行系统的野外地质调查，以及岩相学、锆石 U-Pb 年代学、地球化学、矿物化学和 Sr-Nd-Pb 及锆石 Lu-Hf 同位素研究。结合前人研究资料，阐明腾冲地块晚白垩世—早始新世花岗岩类年代学格架和时空演化特征，探讨新特提斯洋俯冲及陆陆碰撞过程与花岗岩类成因之间的关系，推演新特提斯洋在云南腾冲地区闭合时的壳幔热结构演化，以岩石学的方法为研究新特提斯洋的俯冲及印度-欧亚大陆的碰撞提供新的证据。研究结果对于理解新特提斯洋的俯冲-闭合和印度-欧亚大陆的碰撞过程具有重要的科学价值。

本书内容丰富、资料翔实、系统性强、立论有据、富有创新，可供大专院校师生和科研单位的科技人员参考阅读。

图书在版编目（CIP）数据

云南腾冲晚白垩世—早始新世花岗岩成因与深部动力学/赵少伟，赖绍聪著. —北京：科学出版社，2018.3

ISBN 978-7-03-056831-1

Ⅰ. ①云… Ⅱ. ①赵… ②赖… Ⅲ. ①晚白垩世-花岗岩-岩石成因-研究-腾冲县②始新世-花岗岩-岩石成因-研究-腾冲县 Ⅳ. ①P588.12

中国版本图书馆 CIP 数据核字（2018）第 048733 号

责任编辑：孟美岑 姜德君/责任校对：张小霞

责任印制：张 伟/封面设计：北京图阅盛世

科 学 出 版 社 出版

北京东黄城根北街16号

邮政编码：100717

http://www.sciencep.com

北京厚诚则铭印刷科技有限公司印刷

科学出版社发行 各地新华书店经销

*

2018 年 3 月第 一 版 开本：787×1092 1/16

2018 年 3 月第一次印刷 印张：13

字数：308 000

定价：118.00 元

（如有印装质量问题，我社负责调换）

前　　言

花岗岩类作为大陆地壳中分布最广的岩石，大多数起源于陆壳深部，可作为“岩石探针”来探测大陆地壳深部动力学过程，包括陆壳深部的物质组成、物质循环、造山过程、岩浆作用与大地构造之间的关系，地壳生长及增生的机制等重要过程。花岗岩类常以大岩基或岩株出现于俯冲带或者与俯冲相关的造山带，这个地区也是洋壳俯冲及陆壳生长的重要区域。此外，俯冲带、造山带花岗岩类与多金属和非金属矿产的成矿密切相关，如特提斯构造域与中酸性岩相关的 Cu、Mo、Sn 和 Au 等多金属矿产。因此，花岗岩类的研究对解决这些科学问题具有十分重要的意义。青藏高原的形成是新特提斯洋俯冲和印度-欧亚大陆碰撞及随后的印度板片俯冲所导致，其形成和抬升的时间与方式对周边洋陆格局、构造、气候及河流的剥蚀沉积等的理解和解释有重要影响，因此关于印度-欧亚大陆初始碰撞的研究一直是地学界争论的热点话题，但现阶段认为晚白垩世—始新世是构造体制转换的重要时期。云南腾冲地区位于青藏高原的东南缘延伸部位，隶属三江地区，经历了多次特提斯洋的开启、俯冲和闭合。新特提斯洋的俯冲和陆陆的碰撞在活动大陆边缘岛弧的拉萨地块和腾冲地块形成了不同性质的岩浆作用。在拉萨地块发育一套中新生代的岛弧火山岩——林子宗火山岩，而在腾冲地块并不发育同期的火山作用，仅发育同期的深成岩体。因此，针对新特提斯洋俯冲至缅甸-腾冲地块之下以及陆陆在此处发生碰撞所形成的晚白垩世—早始新世花岗岩类的研究，对探讨新特提斯洋向东俯冲及陆陆碰撞的过程，活动大陆边缘岛弧地区壳幔热结构演化有重要的科学意义。

本书作者及研究团队自 2012 年开始，先后承担国家自然科学基金资助项目“原特提斯洋-陆格局及微地块早古生代聚合”（41190072）、西北大学优博培养资助项目“滇西早古生代岩浆作用与原特提斯构造演化”（YYD12001）、西北大学创新人才培养项目“青藏高原东南缘腾冲地块晚白垩世花岗岩成因及其地质意义”（YZZ14015）等一系列有关滇西南地区晚白垩世—早始新世花岗岩成因及其深部动力学过程的各级各类项目。本书充分参考并引用国内外同行专家在本科学领域的研究成果，结合本书获得的实验数据，对这些研究工作进行综合和提升。它是目前关于云南腾冲地区晚白垩世—早始新世花岗岩类地球化学和岩石大地构造学方面一份系统、详细的科学研究成果。

2012 年以来，先后参加上述科研工作并做出实质性贡献的科技人员和研究生有 10 余人，本书所列作者是他们中的核心研究者和对本书的完成做出主要贡献者。另外，首先感谢对相关研究做出贡献的秦江锋副教授、第五春荣副教授、朱韧之博士、张志华硕士、王江波硕士、耿雯硕士、甘保平硕士、朱毓学士、张泽中学士。感谢中山大学地球科学与工程学院王岳军研究员在研究过程中给予的热心帮助！感谢西北大学地质学系朱赖民研究员、魏君奇研究员给予的建议和意见！感谢大陆动力学国家重点实验室袁洪林教授、柳小明副研究员、刘晔工程师、王建其工程师、戴梦宁博士、张红博士、宗春蕾硕士在工作中给予的支持和样品分析过程中给予的帮助。

赵少伟　赖绍聪

2017 年 9 月于西安

目　录

第1章 导　论

1.1 研究背景

花岗岩类作为大陆地壳中分布最广的岩石类型，大多数起源于陆壳深部，可以作为“岩石探针”来探测大陆地壳深部动力学过程，包括陆壳深部的物质组成、物质循环、造山过程、岩浆作用与大地构造之间的关系，地壳的生长及增生机制等重要过程（Condie, 1998; Hawkesworth and Kemp, 2006; Clemens and Stevens, 2012; Brown, 2013; Hou *et al.*, 2015）。花岗岩类常以大岩基或者岩株出现于俯冲带或者与俯冲相关的造山带，这个地区也是洋壳俯冲及陆壳生长的重要区域（Niu *et al.*, 2013）。此外，俯冲带、造山带花岗岩类与多金属和非金属矿产的成因密切相关，如特提斯构造域中与花岗岩有关的 Cu、Mo、Sn、Au 等多金属矿产（Hou *et al.*, 2007, 2015; Cao *et al.*, 2014, 2016）。因此，花岗岩类的研究对解决这些科学问题具有十分重要的意义。

滇西东特提斯域位于青藏高原的东南缘延伸部位，隶属三江地区（图 1.1），经历了从早古生代、中生代到新生代的岩浆作用，全新世仍可见玄武质-安山玄武质岩浆作用（Wang *et al.*, 2007, 2013, 2014a, 2015a; Xu *et al.*, 2008, 2012; Cao *et al.*, 2014, 2016; Ma *et al.*, 2014; Chen *et al.*, 2015a; Qi *et al.*, 2015）。这些岩浆作用记录着滇西地区经历的一系列特提斯洋开启、俯冲和闭合，以及大陆拼贴过程。新特提斯洋的俯冲、闭合，以及印度-欧亚大陆的碰撞形成了青藏高原，在欧亚大陆南缘拉萨地块上发育一套中新生代安第斯型岛弧岩浆带，冈底斯岩浆带和林子宗火山岩套（图 1.1）。Xie 等（2016）和 Xu 等（2015）根据岩浆岩锆石 U-Pb 年代学的研究结果提出，腾冲地块与拉萨地块至少自早白垩世起是构造上相连的，经历了相似的岩浆活动。此外，Kornfeld 等（2014）根据古地磁的研究认为腾冲地块自 40Ma 之后发生了约 87°的顺时针旋转，说明腾冲地块可能在 40Ma 之前与拉萨地块是平行的，也就是说，新特提斯洋洋壳是北向俯冲至拉萨-腾冲地块之下。但 Li 等（2008）据现今的地震层析成像结果发现印度大陆仍分别北向和东向俯冲到喜马拉雅-拉萨地块和缅甸-腾冲地块之下，因此，根据现如今的大陆格局，本书中将假设新特提斯洋洋壳是北向俯冲至拉萨地块之下，而东向俯冲至腾冲地块之下。新特提斯洋的北向俯冲和大陆碰撞，一直是地学界的研究热点，现阶段对此的研究成果相对比较成熟，但是对于新特提斯洋的东向汇聚，以及俯冲-同碰撞-碰撞后动力学机制、相关岩浆作用的研究相对缺乏。在腾冲地块腾冲-盈江-梁河-陇川地区发育大量的晚白垩世—早始新世长英质-镁铁质的岩浆作用（季建清等，2000；Xu *et al.*, 2012; Ma *et al.*, 2014; Wang *et al.*, 2014a, 2015a; Chen *et al.*, 2015a; Qi *et al.*, 2015; Cao *et al.*, 2016），被认为是与新特提斯洋东向俯冲过程有关的大陆边缘岛弧地区岩浆活动。因此，对这些晚白垩世—早始新世花岗岩类岩石成因的研究，有利于解析新特提斯洋向东俯冲及陆陆碰撞的过程，活动大陆边缘岛弧地区壳幔结构演化，反演新特提斯洋俯冲和印度-欧亚大陆东向碰撞过程中活动大陆边缘岛弧地区的岩浆响应。

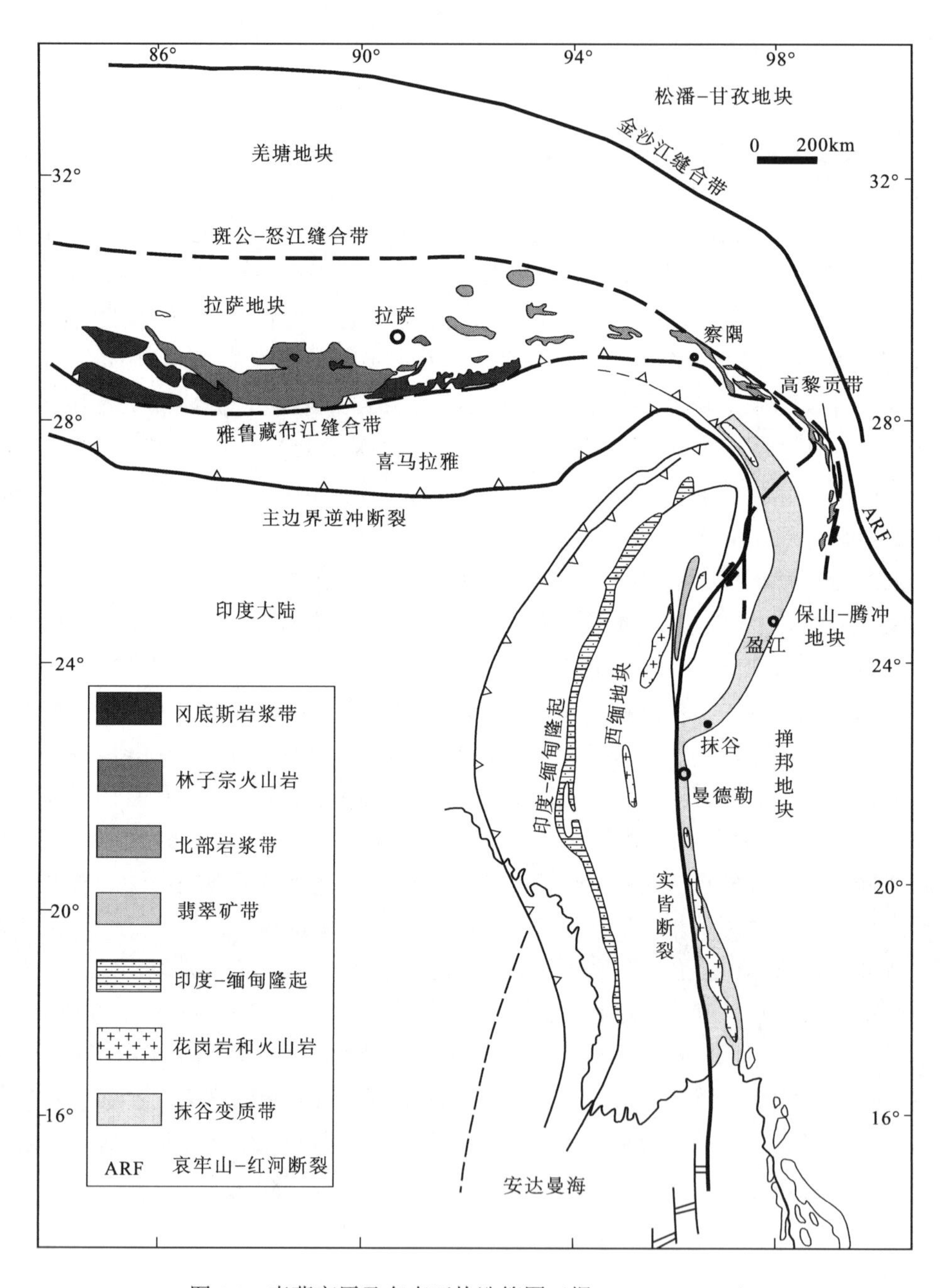

图 1.1　青藏高原及东南亚构造简图（据 Xu *et al.*, 2012）

1.1.1 花岗岩类的研究现状

花岗岩类的研究经历了从基于野外地质事实观察研究到实验岩石学岩理学研究再到现今的高精度测试分析及数字模拟多个阶段，但学术界对花岗岩类成因的认识仍存在很多的争议，争论的焦点在于花岗岩类成因的多样性和多解性。Chappell和White（1974）根据花岗岩类的成岩物质，将其分为I型和S型，后来又有M型和A型花岗岩的分类（Collins *et al*., 1982; Whalen *et al*., 1987; King *et al*., 2001）。在俯冲带和造山带中最常见的为I型（花岗闪长岩-英云闪长岩-闪长岩）和S型花岗岩类。针对这两种花岗岩类的研究成果表明，S型花岗岩类的成因基本已达共识，认为是壳源变质沉积岩部分熔融的结果，并且在源岩中有很大一部分的富铝泥质物质存在，即变质泥岩到变质杂砂岩组分（Conrad *et al*., 1988; Chappell and White, 1992, 2001; Clemens, 2003; Clemens and Benn, 2010），S型花岗岩的成分变化很大程度上取决于源区中的源岩组分（斜长石、斜长石/钾长石、斜长石/云母、云母）和残留相的成分，以及熔体携带的包晶矿物（如石榴子石）。但是关于I型花岗岩的成因仍存在很大的争议（Clemens *et al*., 2011; Castro, 2013），现阶段的主流观点有：①镁铁质下地壳直接部分熔融（Rapp *et al*., 1991; Rushmer, 1991; Roberts and Clemens, 1993; Rapp and Watson, 1995）；②高铝玄武岩同化混染地壳中的泥质岩组分（Patiño Douce, 1995）；③壳源长英质岩浆和幔源镁铁质岩浆混合（Davis and Hawkesworth, 1993; Eichelberger and Izbekov, 2000; Barbarin, 2005; Yang *et al*., 2007; Reubi and Blundy, 2009; Kent *et al*., 2010; Ruprecht *et al*., 2012）；④含水镁铁质母岩浆结晶分异（Grove *et al*., 2003; Schiano *et al*., 2004a; Deering and Bachmann, 2010; Dessimoz *et al*., 2012; Jagoutz and Schmidt, 2012; Castro, 2013; Lee and Bachmann, 2014）；⑤水饱和地幔物质的部分熔融（Falloon and Danyushevsky, 2000）或者俯冲洋壳（Defant and Drummond 1990; Yogodzinski *et al*., 1995; Martin *et al*., 2005; Falloon *et al*., 2008）和沉积物的部分熔融（Plank and Langmuir, 1993, 1998; Prouteau *et al*., 2001; Plank, 2005; Mibe *et al*., 2011; Carter *et al*., 2015; Pirard and Hermann, 2015a, 2015b）。对于I型花岗岩的成因机制总结起来为部分熔融、结晶分异和岩浆混合三种模式。Castro（2014）根据物源所在区域将I型花岗质岩浆的成因分为壳内模式（on-crust models）和壳外模式（off-crust models）。壳内模式是镁铁质岩浆侵位到下地壳，诱发下地壳部分熔融形成花岗质岩浆，这种成因模式是下地壳存在热异常区，引起地壳物质部分熔融（deep crustal hot zone）（Annen *et al*., 2006）。壳外模式主要是剥蚀的俯冲板片及沉积物或者地壳和地幔楔物质的混杂岩部分熔融形成安山质母岩浆，然后结晶分异形成花岗质岩浆（Castro, 2013），壳外模式强调的是花岗质岩浆的母岩浆是形成于地幔内部的而非壳内。

以活动大陆边缘岛弧地区为例，将其壳幔结构简单地划分，从上到下依次为大陆地壳、大陆岩石圈、地幔楔、俯冲板片、软流圈，而在陆缘弧地区花岗岩类的可能物源区到底有哪些，可能的成因机制有哪些？上地壳物质部分熔融形成I型花岗岩类的可能性不大，而镁铁质下地壳部分熔融形成的岩浆 Mg#[①]<45，并且形成的熔体具有富钠特征（Rapp *et al*., 1991; Rushmer, 1991），这与俯冲带和造山带的大多数高钾钙碱性 I 型花岗岩类的特征不相符，但是当源岩为高钾安山岩或者英云闪长岩时，会形成高钾的花岗质岩浆（Roberts and Clemens, 1993）。俯冲带水饱和地幔楔物质部分熔融形成的花岗质岩浆会具有特殊的地球化学属性和特征，如玻安岩（高镁安山岩）具有高的 MgO 和 Mg#，并且这种岩浆起源机制需要高温条件（1130～1275℃）（Pearce *et al*., 2005; Cooper *et al*., 2010; Li *et al*., 2013），而且俯冲带地幔楔是否能够存在如此高的水含量还是一个未解之谜。年轻、热的俯冲洋壳部分熔融可以形成埃达克质岩石，具有高的 Sr/Y 值（Defant and Drummond, 1990; Yogodzinski *et al*., 1995; Martin *et al*., 2005; Falloon *et al*., 2008）。俯冲板片在低温条件和水加入时可以形成碱富集的硅酸盐流体/熔体，这些熔体或者流体会对上覆地幔进行交代（Prouteau *et al*., 2001）。俯冲的沉积物也会对岛弧岩浆的微量元素特征进行改造（Johnson and Plank, 2000; Plank, 2005; Tollstrup and Gill, 2005），其成分类似于上地壳组分（Plank and Langmuir, 1998），部分熔融形成的熔体为过铝花岗质熔体（Patiño Douce and Johnston, 1991）。此外，俯冲沉积物部分熔融形成的熔体与上覆的地幔橄榄岩交代或者和玄武质岩浆的混合是可以形成中酸性岩浆的，并且形成花岗质岩浆的 MgO 含量也会相对高。

Sisson 等（2005）认为在俯冲带起源于地幔的含水中钾到高钾镁铁质岩浆结晶分异可以形成体积 12%～15%的花岗质岩浆。实验岩石学数据显示含水的橄榄拉斑玄武岩在极度分异的条件下（96%～97%）可以形成钾质低硅花岗质熔体，但组分大多数是以中性岩为主（Whitaker *et al*., 2008），并且这些分异形成的中酸性岩浆具有很高的黏度。Lee 和 Bachmann（2014）根据岩浆系列中的 Zr 和 P 微量元素体系，指出岛弧地区的中酸性岩浆主要是由含水玄武质岩浆在高压下的结晶分异形成的。但是要形成俯冲带和造山带大面积的花岗岩类，就需要更多的镁铁质岩浆，这是与野外观察事实不符的。

Clemens 和 Watkins（2001）认为高度移动的花岗质岩浆可以在流体缺失的条件下部分熔融形成，也就是说含水矿物（云母和角闪石）的脱水熔融反应。但是实验岩石学的结果显示，即使在 1000℃，这些地壳物质的部分熔融形成的熔体也很难有足够的镁铁质组分（Ca+Fe+Mg）来和自然界花岗岩中偏基性的端元镁铁质组分相匹配（Miller *et al*., 1985; Stevens *et al*., 2007）。熔融实验表明，通过对含角闪石和含黑云母的源岩进行部分熔融来模拟 I 型花岗岩熔体形成过程，I 型花岗岩的初始熔体是过铝质的，这也和经常观察到的偏基性花岗岩类的准铝质特征不一致。这也就是说，纯的地壳物质部分熔融很难直接形成这种偏基性的花岗质岩浆（花岗闪长岩-英云闪长岩），因此需要外来镁铁质组分的加入。Clemens 等（2011）认为偏基性花岗质岩浆中的镁铁质组分可以由岩浆携带源区残留组分的加入来增加[包晶矿物（peritectic minerals），如辉石、基性斜长石、钛铁矿等]，这些组分的加入也会导致岩浆从过铝质变成准铝质。研究花岗岩成因首先要解决

---

① Mg#为岩浆化学参数，Mg# = Mg/(Mg+Fe)×100。

的问题是花岗质岩浆是否是开放体系，如确定是岩浆混合、部分熔融或者结晶分异的结果。Castro（2013）利用相平衡理论给出一定的启示，他认为花岗质岩浆为熔体（liquid），虽然携带的包晶矿物可以对花岗质岩浆提供镁铁质组分（Ca+Fe+Mg），但是通过简单的质量平衡计算，如果仅是依靠包晶矿物来增加I型花岗岩的镁铁质组分需要大约20%的辉石（Castro *et al*., 1999），这是很难实现的。因此他认为花岗质岩浆是安山质母岩浆经过多元共结分异而成，而分异堆晶残留的偏基性组分可能就是与花岗岩有关的一些基性岩，这也是大陆地壳生长可能的成因模式（Castro *et al*., 2010），而安山质岩浆起源于剥蚀的俯冲板片和地幔楔物质的混杂岩部分熔融，即所谓的壳外模式（Castro *et al*., 2010; Castro, 2014）。镁铁质岩浆结晶分异形成花岗质岩浆成因可用来解释自然界花岗岩的形成，但结晶分异成因的花岗质岩浆是否有足够多的镁铁质组分和自然界观察到的花岗岩类相匹配，这个问题还没有得到充分的证明。

越来越多的地球化学和同位素证据及野外观察表明，幔源镁铁质岩浆对花岗质岩浆成因有很重要的作用，不仅为花岗质岩浆的形成提供热量，还有物质的加入（Eichelberger and Izbekov, 2000; Barbarin, 2005; Yang *et al*., 2007; Reubi and Blundy 2009; Kent *et al*., 2010; Ruprecht *et al*., 2012; Brown, 2013），如与花岗岩密切相关的基性岩或者岩脉，花岗岩类中代表镁铁质岩浆的暗色微粒包体等。寄主岩石中固结的暗色微粒包体在岩浆上升侵位过程中与花岗质岩浆残留液相也会发生相互作用，导致暗色微粒包体发生分解（García-Moreno *et al*., 2006; Miles *et al*., 2013; Farner *et al*., 2014）。镁铁质包体的分解会造成花岗质岩浆显示幔源特征，并且这一过程会增加花岗质岩浆中的偏基性组分（Ca+Fe+Mg）。

花岗岩成因的多样性取决于缺少对花岗岩形成过程系统的判别和认知，如花岗质岩浆在源区形成、提取、迁移、侵位机制等过程，以及物质（包括源岩、熔体及携带包晶或者结晶的矿物）在这些过程中的特征和属性（Brown, 2013; Clemens, 2014）。矿物是岩浆岩的基本组成单元，矿物的化学成分变化对花岗岩的成因及岩浆演化有重要的指示意义，结合全岩成分及矿物成分的分析可以理解岩浆演化的过程，但关于花岗岩的研究还需要漫长的探索。

1.1.2 新特提斯洋闭合及印度-欧亚大陆初始碰撞

本书主要讨论的是与新特提斯洋俯冲及闭合有关的岩浆活动，基于已有的研究，对新特提斯洋的闭合和印度-欧亚大陆初始碰撞的时间进行综合讨论和约束。

关于印度-欧亚大陆的初始碰撞时间和碰撞方式，仍存在诸多争论，依据不同学科方法的研究（古地磁、沉积学、地层古生物学、岩石学、构造地质和高压变质作用），不同学者确定出来的初始碰撞年龄变化较大，跨度在70～20Ma（Klootwijk *et al*., 1992; Rowley, 1996; Yin and Harrison, 2000; Guillot *et al*., 2003; Leech *et al*., 2005; Aitchison *et al*., 2007; Chen *et al*., 2010; Dupont-Nivet *et al*., 2010; Liebke *et al*., 2010; Najman *et al*., 2010; Yi *et al*., 2011; Bouilhol *et al*., 2013）。Lee 和 Lawver（1995）根据板片汇聚速率，提

出印度大陆和欧亚大陆在大约 60Ma 发生“软碰撞”和 45Ma 发生“硬碰撞”。虽然很多学者认为印度-欧亚大陆的碰撞是单次俯冲（Cai *et al.*, 2012），但近年来仍有部分学者提出印度大陆和欧亚大陆的碰撞方式是两阶段的拼贴过程。例如，印度大陆首先和新特提斯洋洋内弧碰撞（55~50Ma），然后在 40~34Ma 再与欧亚大陆发生碰撞（Aitchison *et al.*, 2007），或者，首先是特提斯喜马拉雅微地块和欧亚大陆在 50Ma 左右发生碰撞，然后在 25～20Ma 印度大陆再与欧亚大陆碰撞(van Hinsbergen *et al.*, 2012)。针对 Sangdanlin 和 Gyangze 前陆盆地的生物地层学和碎屑锆石年代学研究结果表明，印度-欧亚大陆精确的初始碰撞时间为 59±1Ma（Wu *et al.*, 2014; Hu *et al.*, 2015）。印度-欧亚大陆的碰撞是在拉萨地块中部先开始，然后向两边逐渐推进，最终在喜马拉雅西北部和东部分别在 50Ma 和 45Ma 闭合（Wu *et al.*, 2014）。但青藏高原东部缺少保留下来的陆陆碰撞时期的沉积岩地层，因此对于初始碰撞的时间难以确定。Ding 等（2001）和 Zhang 等（2010a）利用麻粒岩相高压变质年龄提出印度-欧亚大陆在青藏高原东部碰撞的时间应该早于 45Ma。此外，Xu 等（2008）在腾冲地块片马地区早白垩世花岗岩和梁河地区花岗岩中发现了具有板内属性的玄武岩岩脉，是俯冲大洋板片发生断离的结果，其结晶年龄为 40Ma 左右，因此，推断印度-欧亚大陆东向初始碰撞时间为 57～52Ma，这与三维数值模拟结果是一致的，碰撞带发生板片断离的时间一般是初始碰撞之后 10～20Ma（van Hunen and Allen, 2011）。

1.1.3 腾冲地块及拉萨地块晚白垩世—早始新世岩浆作用研究现状

1）拉萨地块晚白垩世—早始新世岩浆作用研究现状

新特提斯洋俯冲及印度-欧亚大陆碰撞形成了青藏高原及邻区特殊的构造和岩浆及变质作用，雅鲁藏布江蛇绿岩套及拉萨地块中新生代岩浆作用为研究北向俯冲-碰撞-造山过程提供了庞大的信息，近年来的研究成果比较成熟。火成岩的岩石成因能反映大洋俯冲-陆陆碰撞过程，对青藏高原火成岩岩石成因的研究，能够很好地反演各阶段的深部动力学过程。

拉萨地块被分为 3 个部分：从南向北依次是南、中、北拉萨地块（Zhu *et al.*, 2011）。拉萨地块中生代到新生代的岩浆作用普遍发育，包括在中-北拉萨地块的北部岩浆带、中-南拉萨地块的冈底斯岩浆带和林子宗火山岩套(Chung *et al.*, 2005; Chu *et al.*, 2006; Zhu *et al.*, 2011)。北部岩浆带与班公-怒江洋闭合和拉萨-羌塘地块拼贴有关，形成时间是侏罗纪到早白垩世，即 240～110Ma（Zhu *et al.*, 2011），岩石类型以过铝质或者 S 型花岗岩类为主。冈底斯岩浆带和林子宗火山岩是以晚白垩世到古近纪的岛弧岩浆作用为主，代表了沿欧亚大陆边缘安第斯型岛弧岩浆带，记录了新特提斯洋向北俯冲的过程。

拉萨地块晚白垩世发育大量具埃达克质属性的岩浆岩（Wen *et al.*, 2008a; Zhang *et al.*, 2010b; Jiang *et al.*, 2012, 2014; Ji *et al.*, 2014; Meng *et al.*, 2014; Pan *et al.*, 2014; Zheng *et al.*, 2014），这些埃达克质的岩石成因反映了拉萨地块在俯冲-碰撞过程中地壳发生加厚。在中-北拉萨地块，晚白垩世的埃达克岩（94～85Ma）被认为是由拉萨和羌塘地块

发生碰撞，加厚的古老地壳部分熔融形成（Pan *et al*., 2014; Meng *et al*., 2014; Wang *et al*., 2014b; Chen *et al*., 2015b），并且在中-北拉萨的交界处存在新生地壳物质（Wang *et al*., 2014b）。在南拉萨地块，具埃达克属性的岩浆岩形成年代集中在102～62Ma（Wen *et al*., 2008b; Zhang *et al*., 2010b; Jiang *et al*., 2014; Zheng *et al*., 2014）。Wen等（2008a）认为102～76Ma埃达克岩是加厚下地壳形成的，而越来越多的学者认为这些具有埃达克质属性岩石是新特提斯洋俯冲洋壳部分熔融形成（Zhang *et al*., 2010b; Ma *et al*., 2013; Jiang *et al*., 2014; Zheng *et al*., 2014）。Zheng等（2014）提出在这些埃达克岩形成侵位之前，南拉萨地块是正常地壳厚度，但Jiang等（2014）在泽东地区发现存在62Ma具埃达克属性的花岗岩类，认为这个时候的南拉萨地壳已经被加厚。Ji等（2014）根据在中-南拉萨地块三个不同阶段（95～86Ma、85～73Ma、68～60Ma）的花岗岩类研究，发现岩石属性从埃达克岩变为正常钙碱性花岗岩，认为68～60Ma中-南拉萨交界部位变为了一个正常的地壳厚度，该期花岗岩是和早期林子宗火山岩同时代，与林子宗火山岩有相似的地化和同位素特征（Mo *et al*., 2007）。因此，关于晚白垩世拉萨地块的地壳厚度变化仍存在较大的争议。Wen等（2008b）根据冈底斯岩浆带的25件SHRIMP锆石年龄，确定出明显的两期岩浆作用，晚白垩世（103～80Ma）和古新世—始新世（65～46Ma），同时发现在 80～70Ma，冈底斯岩浆带存在一个岩浆间隔，并且晚白垩世是以具有埃达克属性岩浆侵入结束的，古新世—始新世岩浆作用在50Ma左右存在一个峰期；他们认为晚白垩世的岩浆结束和80～70Ma的岩浆间隙是新特提斯洋平板俯冲所导致，古新世—始新世岩浆作用的开始是俯冲板片的回转所造成。这个过程也导致拉萨地块岩浆活动向南移动，同时在50Ma由俯冲板片的断裂形成了岩浆作用的爆发。此外，Chu等（2011）发现冈底斯岩基中花岗岩锆石中的Hf同位素值在55～50Ma发生了从亏损向富集转变的现象，并将其解释为有俯冲印度大陆地壳物质参与到岩浆作用中所引起，推测印度-欧亚大陆碰撞发生在55Ma以前。但Zhu等（2011）和赵志丹等（2011）认为Hf同位素组分的这种变化可能是地块内部古老地壳基底物质参与的结果，并不一定是印度大陆地壳物质的卷入。总体来说，冈底斯岩浆带晚白垩世—早始新世的花岗岩类的Hf同位素大多数显示出亏损的特征。

林子宗火山岩从上到下分为典中组、年波组和帕那组，呈带状大面积分布于南拉萨地块，角度不整合覆盖在强烈变形的上白垩统或更老地层之上（Yin and Harrison, 2000；莫宣学等，2003；潘桂棠等，2006），与林子宗火山岩同期的冈底斯侵入岩以含暗色包体的闪长岩、英云闪长岩和花岗闪长岩为主，主要为准铝质钙碱性岩石（纪伟强等，2009）。已有的Ar-Ar定年和锆石U-Pb年龄数据显示林周盆地典中组底部流纹岩年龄为69Ma，是林子宗火山岩最老年龄（He *et al*., 2007），年波组火山岩的年龄变化范围较大，为60～42Ma，帕那组火山岩的年龄为54～43Ma（莫宣学等，2003；Lee *et al*., 2009），年代学结果表明林子宗火山岩的侵入年龄集中在69～43Ma（Zhu *et al*., 2013）。对于其成因机制，众学者也有不同观点：①在 70～65Ma 印度-欧亚大陆碰撞时发生的同碰撞型岩浆作用（Mo *et al*., 2008；莫宣学等，2003）；②70～50Ma雅鲁藏布江洋壳岩石圈俯冲角度变陡和约 50Ma 俯冲板片断离引起的岩浆作用（Ding *et al*., 2003; Chung *et al*., 2005; Lee *et al*., 2009, 2012）。Mo 等（2008）根据林周盆地样品中具有地幔特征的 Sr-Nd 同位素组分，认为林子宗中酸性火成岩起源于雅鲁藏布特提斯洋壳，但 Lee 等（2012）提供的林子宗火山岩数据具有更分散的 Sr-Nd 同位素组分，即 $\varepsilon_{Nd}(t)= -18\sim+5.9$，认为地幔楔、软流圈地幔和岩石圈地幔物质，以及新生镁铁质下地壳的部分熔融和岩浆混合在林子宗火山岩形成时具有重要作用。Gao 等（2010）在羊八井地区林子宗火山岩中发现始新世的钾质-超钾质火山岩夹层，认为这些岩石可能是俯冲相关的流体或者沉积物重熔的熔体交代上覆地幔引起地幔物质部分熔融。

2）腾冲地块晚白垩世—早始新世的岩浆作用研究现状

腾冲地块白垩纪到早始新世发育大量的镁铁质到花岗质岩浆作用。这些岩浆作用可以分为 3 期，即早白垩世（130～115Ma）、晚白垩世（76～64Ma）、早始新世（55～50Ma），并且腾冲地块早白垩世晚期至晚白垩世早期（90～80Ma）的岩浆岩发育较少，这和拉萨地块发育同期岩浆作用是不同的。

腾冲地块早白垩世花岗岩主要发育在高黎贡带的西侧，梁河-泸水一带，年龄集中在 130～115Ma（杨启军等，2006; 戚学祥等，2011; 杨启军、徐义刚，2011; Xu *et al*., 2012; Cao *et al*., 2014），同波密-察隅地区早白垩世高分异花岗岩相似，与班公-怒江洋的演化有关，可能与中北拉萨地块的北部岩浆带相接，是中特提斯洋演化及拉萨-腾冲地块和羌塘-保山地块陆陆碰撞的岩浆响应。

晚白垩世的岩浆作用集中在 76～65Ma，岩性以花岗岩类为主，发育在腾冲北部的猴桥、古永、小龙河和苏典等地（杨启军等，2009; Xu *et al*., 2012; Chen *et al*., 2015a; Qi *et al*., 2015）。花岗岩以黑云母二长花岗岩和黑云母钾长花岗岩为主，为过铝质高钾钙碱性花岗岩类，其 Hf 同位素显示富集特征，表明花岗岩是陆壳物质部分熔融形成的。该期花岗岩与锡矿床的成因有关，因此备受关注，而对这期花岗岩形成的背景仍有争议，被认为是同碰撞背景（施琳等，1991; 杨启军等，2009）或伸展背景下（江彪等，2012; Chen *et al*., 2015a）或俯冲带岩浆弧腹地加厚地壳形成的（Xu *et al*., 2012; Qi *et al*., 2015）。

早始新世的岩石类型以基性和酸性侵入岩为主，出露在盈江及以西地区，年龄集中在 55～50Ma，部分岩石发生糜棱岩化作用，曾被认为是腾冲地块的结晶基底（钟大赉等，1998）。季建清等（2000）在那邦地区发现具有洋中脊玄武岩（MORB）属性的变质基性岩，与洋中脊拉斑玄武岩的地球化学特征相似，认为该变质基性岩是先前密支那新特提斯洋壳的上部组成部分，是新特提斯洋俯冲洋壳在断离作用后折返地表的麻粒岩相岩石。Wang 等（2014a, 2015a）通过对那邦-金竹寨-铜壁关-陇川地区的变质基性岩地球化学的分析，发现从西向东这些基性岩显示出明显的成分极性，富集组分逐渐增加，因此将这些变质基性岩分为那邦、金竹寨-铜壁关、铜壁关-陇川 3 组。那邦变质基性岩显示出亏损的 Nd 和 Hf 同位素，认为是类似于 MORB 的弧后盆地玄武岩，有俯冲洋壳或者沉积物起源的组分加入；金竹寨-铜壁关变质基性岩具有富集的 Nd 和 Hf 同位素，富集大离子亲石元素，亏损高场强元素，可能是在大陆岛弧背景下由俯冲板片起源流体交代的岩石圈地幔熔融形成的；铜壁关-陇川地区的变质基性岩具有更加富集的 Nd-Hf 同位素，可能起源于有限的俯冲板片流体交代的富集岩石圈地幔。Ma 等（2014）对那邦地区的花岗岩类进行了分析，认为这些含角闪石的花岗岩主要是古老壳内岩石部分熔融，但是有大量的新生地壳物质的参与，区域上花岗岩类与基性岩的成因关系密切。

目前来看，对腾冲地块晚白垩世—早始新世的花岗岩类成因机制以及构造动力学背景还没有系统性和综合性的约束和限制。这些花岗岩类的形成与新特提斯洋东向俯冲及印度-欧亚大陆碰撞息息相关，各期岩浆作用及相应的岩石类型与俯冲-碰撞过程一一对应，是新特提斯洋闭合和印度-欧亚大陆碰撞演化的真实物质记录和重要岩石学证据，能够很好地揭示在此过程中活动大陆边缘岛弧地区的岩浆响应。因此，针对腾冲地块晚白垩世—早始新世花岗岩类岩石成因研究，对探讨新特提斯洋东向俯冲及陆陆碰撞过程具有重要的科学价值。

1.2 腾冲地块大地构造位置及演化

腾冲地块位于青藏高原东南方向的滇西地区，地块边界主要受控于韧性剪切带和变质带。腾冲地块东接保山地块，以高黎贡带分割，西临缅甸地块，以实皆断裂（Sagaing fault）和抹谷变质带（Mogok metamorphic belt）为边界（Replumaz and Tapponnier, 2003）（图 1.1），腾冲地块西侧那邦地区被认为是抹谷变质带的北延部分（Bertrand *et al*., 2001）。腾冲地块和东侧的保山地块被认为是滇缅泰马地块（Sibumasu terrane）的北部（Metcalfe, 2013），而滇缅泰马地块被认为是基梅里大陆（Cimmerian continent）的东段（Sengör, 1988）。滇缅泰马地块和冈瓦纳大陆澳大利亚西北部的寒武纪—二叠纪动物群相似，因此被认为是在二叠纪分裂于冈瓦纳大陆澳大利亚西北部（Metcalfe, 2002, 2011, 2013），晚中生代与欧亚大陆发生拼贴（Morley *et al*., 2001; Ueno, 2003）。但是 Li 等（2014）通过对腾冲地块石炭系中的碎屑锆石进行年代学研究，发现腾冲地块石炭系中的碎屑锆石年代学波谱和冈瓦纳大陆的印度陆块边缘年代波谱相似，认为腾冲地块可能是早古生代分裂于印度大陆。因此，对于腾冲地块的起源仍存在一些争论，主要争论点是分离于印度大陆边缘或澳大利亚大陆边缘（Wopfner, 1996; Metcalfe, 2002, 2011, 2013; Liao *et al*., 2013; Metcalfe and Aung, 2014）。

腾冲地块和保山地块长期被当作一个整体来对待，均是从冈瓦纳大陆上分离出来的微陆块，但二者之间仍存在着一些差异：①腾冲地块和保山地块的基底是有差别的，腾冲地块以高黎贡山群中元古代变质岩为基底，而保山地块以新元古代—寒武纪陆相沉积的低级变质公养河群为基底（Jin, 1996）。②腾冲地块新元古代地层是未探明的，早古生代地层不发育，仅有非常少的下泥盆统；保山地块的地层比较完整，但是缺失上寒武统到上奥陶统（Jin, 1996; 黄勇等，2009, 2012）。③保山地块存在晚石炭世到早二叠世的火山活动（卧牛寺组）和红层（red beds），但是在腾冲地块不发育该期的火山活动和红层，并且石炭纪的地层是连续的（Jin, 1996, 2002; Wopfner, 1996）。④腾冲地块䗴类动物群和同时代保山地块及滇缅泰马地块的动物群具有相似性，但是两者属于明显不同的种（Wang *et al*., 2002）。因此，腾冲地块和保山地块虽然在古生代可能没有连接在一起，但是两个地块应该在地理位置上相差不远。

腾冲地块和保山地块之间的高黎贡带是由印度-欧亚大陆的碰撞，地壳物质的逃逸或者挤出形成的右行走滑断裂。高黎贡带的走滑剪切是发生在渐新世到中新世，走滑剪切的时间根据同动力变质矿物黑云母的 Ar-Ar 定年，确定为 35～21Ma 和 19～12Ma（Wang *et al*., 2006, 2008; Zhang *et al*., 2010c; Eroğlu *et al*., 2013），并且，高黎贡剪切带和青藏高原的 Karakorum-Jiali-Parlung 走滑剪切带是相连的（Lee *et al*., 2003; Lin *et al*., 2009）。

实皆断裂是切穿抹谷变质带的南北向超过 1200km 的右旋走滑断裂带，并且向南通过一系列的转换断层延伸至安达曼海的活动弧后盆地（Curray, 2005）。抹谷变质带北接东喜马拉雅，南连安达曼海北部，超过 1500km（Mitchell, 1993; Morley *et al*., 2001），带内出露早白垩世—早古新世基性-超基性岩，被认为是与新特提斯洋有关的蛇绿岩（Mitchell, 1993; Mitchell *et al*., 2012），并且腾冲地块的那邦地区被认为是该带的北延，与此带的岩性相似。

1.2.1 区域地层

腾冲地块由于经历复杂的地壳活动，地层连续性较差，出露地层有古元古界、新元古界、泥盆系、二叠系、三叠系、新近系和第四系。本书主要是根据云南省区域地质志和 1∶25 万腾冲市幅地质调查报告来对研究区地层进行描述。

古元古界高黎贡山群（Pt_1gl）：高黎贡山群作为腾冲地块的基底，占据了怒江以西和腾冲以南的广大区域，出露面积约 2500km^2，是一套中深变质岩系。高黎贡山群经历早元古代晚期的热动力变质作用，达到角闪岩相，并且经历后期的糜棱岩化作用的改造，原生结构被取代，主要的实测剖面是在腾冲古永镇桤木岭，上营乡大蒿萍和瑞丽市广汉地区。总体来说，高黎贡山群主要由一套黑云母斜长变粒岩、斜长片麻岩、云母片岩、石英岩、大理岩等组成。翟明国等（1990）获得高黎贡山群片麻岩中的 Sm-Nd 模式年龄为 2218Ma，钟大赉（1998）获得斜长角闪岩和花岗片麻岩 Nd 模式年龄为 1094～840Ma 和 2717～2218Ma。因此高黎贡山群被认为是一套古元古代的地层。

新元古界梅家山群（Pt_3m）：梅家山群由四个单元组成，包括二道河组、宝华山组、九渡河组、单龙河组，主要是由一套区域变质很浅、动力变质强烈的细碎屑岩组成，岩石普遍遭受强度不同的糜棱岩化改造。

泥盆系：泥盆系分布于盈江县支那-狮子山一带，由下往上为狮子山组和关山组，主要岩石类型为砂岩、粉砂岩、灰岩和板岩。根据狮子山组粉砂岩中鱼类化石，将其划分为下泥盆统。

二叠系：二叠系地层在腾冲出露较广，主要分布于腾冲市、盈江县和梁河县地区，由老到新依次为邦读组、空树河组、大东厂组。邦读组和空树河组为整合接触，大东厂组和空树河组为平行不整合接触。二叠系主要由泥岩、粉砂岩、砂岩和含生物碎屑结晶灰岩、含鲕粒生物碎屑灰岩和白云岩等组成。二叠系中的生物门类丰富，主要有腕足类、苔藓虫、䗴，以及少量双壳类、腹足类、三叶虫等生物。

三叠系：腾冲地块三叠系不太发育，在固东地区出露少量上三叠统，包括先锋营组和大洋火塘组。三叠系为一套浅陆缘滨浅海碳酸盐台地相和浅海陆棚相的沉积，主要由灰岩、含骨屑泥晶灰岩、钙质砾岩和泥质灰岩组成。

新近系和第四系：该期地块沉积地层主要为湖相和陆相沉积。新近系湖相沉积分布范围主要受控于盆地周围断裂，与地块的区域构造展布方向一致，包括中新统南临组和上新统芒棒组，为一套含煤砂砾泥碎屑建造，主要有花岗质砂砾岩和细砂岩等。第四系的沉积以火山堆积物及冲积和洪冲积为主。

1.2.2 区域岩浆活动

腾冲地块岩浆活动主要发生在显生宙，大致分为早古生代、三叠纪、早白垩世、晚白垩世—早始新世侵入岩和新生代火山岩。

早古生代花岗岩类：腾冲地块早古生代岩浆岩以片麻状花岗岩为主，分布于高黎贡变质带内和梁河地区，是与保山地块的早古生代岩浆作用同期。该期的花岗岩经历区域变质作用（混合岩化作用）和动力变质作用，主要呈现片麻状构造，形成时代为晚寒武世到晚奥陶世，年龄为518～456Ma（宋述光等，2007; Chen *et al*., 2007; Liu, *et al*., 2009; 丛峰等，2009；董美玲等，2012；李再会等，2012；林仕良等，2012；Dong *et al*., 2013; Wang *et al*., 2013）。腾冲地块早古生代岩浆作用与特提斯喜马拉雅、拉萨地块，羌塘地块和保山地块的同期岩浆作用被认为与原特提斯洋演化有关，是原特提斯洋俯冲及环冈瓦纳大陆北缘和外围微陆块发生碰撞，导致地壳物质发生部分熔融形成的花岗质岩浆作用（Li *et al*., 2016）。

三叠纪侵入岩：三叠纪岩浆岩分布在那邦、梁河一带，主要岩石类型有辉长岩、闪长岩、英云闪长岩、花岗闪长岩、黑云母二长花岗岩等。该时期被认为是与古特提斯洋的演化有关，是古特提斯洋演化过程中的岩浆活动（丛峰等，2010；李再会等，2010；李化启等，2011；邹光富等，2011）。黄志英等（2013）在那邦地区发现245Ma的辉长岩-闪长岩，认为这是与拉萨地块松多的三叠纪榴辉岩同期（262Ma）（Yang *et al*., 2009），因此推测三叠纪的岩浆事件及造山作用可以从拉萨地块一直延伸到腾冲地块。

早白垩世岩浆岩：早白垩世岩浆作用主要出露在腾冲地块东侧，沿着高黎贡带分布，主要岩石类型为英云闪长岩、花岗闪长岩、二长花岗岩和黑云母花岗岩，结晶年龄为130～115Ma （杨启军等，2006; Xu *et al*., 2012; 陈永清等，2013; Cao *et al*., 2014; Zhu *et al*., 2015）。腾冲地块早白垩世花岗岩类和东喜马拉雅构造结波密-察隅一带及拉萨地块的北部岩浆带形成时代基本一致，被认为是北部岩浆带的南延部分，是班公-怒江洋俯冲和拉萨-腾冲地块与羌塘-保山地块碰撞形成的活动大陆边缘岩浆带。

晚白垩世—早始新世岩浆岩：腾冲地块晚白垩世—早始新世岩浆岩分布广泛，主要出露于腾冲地块西侧。岩石类型主要为辉长岩、闪长岩、花岗闪长岩、二长花岗岩和黑云母花岗岩（Xu *et al*., 2012; Ma *et al*., 2014; Wang *et al*., 2014a, 2015a; Qi *et al*., 2015; Chen *et al*., 2015a）。本书将以该期花岗岩类为主要研究对象，对这些花岗岩类进行详细的岩石学研究，同时探讨其岩石成因与新特提斯洋俯冲和印度-欧亚大陆碰撞的关系。

新生代火山岩：新生代火山岩主要分布在腾冲周边，以火山熔岩为主，岩石类型为玄武岩、玄武安山岩、安山玄武岩、安山岩和英安岩等。该地区火山岩具有明显的岛弧火山岩岩石组合和岩相学特征，主要是新特提斯洋闭合后，印度大陆东向俯冲至缅甸-腾冲地块之下引起的岩浆作用，其形成时代可以分为多个阶段，即 5.5～4.0Ma，3.9～0.9Ma，0.8～0.01Ma 和小于 0.01Ma 的岩浆活动（Wang *et al*., 2007; Guo *et al*., 2015）。

1.3　研究思路及研究意义

1.3.1　问题提出

新特提斯洋俯冲、印度-欧亚大陆碰撞及青藏高原形成一直是地学界关注的热点话题。晚白垩世到始新世的岩浆活动是构造体制从新特提斯洋俯冲阶段向印度-欧亚大陆初始碰撞阶段转化时期的重要岩石学记录。新特提斯北向演化形成了安第斯型的冈底斯岩浆带和林子宗火山岩，东向的演化也在腾冲地块有明显的岩石学记录，因此对这些火成岩的研究有助于理解新特提斯洋俯冲及陆陆碰撞的过程。

作为新特提斯洋不同方向演化对应的陆缘弧，拉萨和腾冲地块普遍发育晚白垩世到早始新世的岩浆作用。腾冲地块晚白垩世以花岗岩为主，并且花岗岩中几乎没有记录幔源信息，但早始新世以花岗质和镁铁质岩浆作用共同发育为特征（Chen *et al*., 2015a; Qi *et al*., 2015; Xu *et al*., 2012）。相反，拉萨地块晚白垩世—早始新世发育冈底斯侵入岩和林子宗火山岩，并且同位素结果显示大多数的岩石显示亏损的特征（Wen *et al*., 2008a, 2008b; Ji *et al*., 2014; Jiang *et al*., 2014; Hou *et al*., 2015）。虽然大量的年代学研究表明，腾冲地块晚白垩世到早始新世的岩浆作用是与拉萨地块的冈底斯岩浆带和林子宗火山岩同期，可能是他们的南延，但是腾冲地块和拉萨地块晚白垩世到早始新世岩浆岩的同位素特征和地球化学属性有所区别，并且在拉萨地块发育大量的火山岩，而在腾冲地块没有相应的火山作用，对这种新特提斯洋北向和东向俯冲及陆陆碰撞形成岩浆作用差异的原因目前还没有明确的研究和认识。

基于前人研究资料，本书以腾冲地块为研究基地，尝试解决的问题主要有以下几个方面：①晚白垩世花岗岩类成因机制和深部动力学背景是什么？早始新世花岗质岩浆的成因机制是什么，与同期镁铁质岩浆有怎样的关系？早始新世花岗岩类中存在着大量暗色微粒包体，这些包体的成因机制是什么？②晚白垩世岩浆作用以壳内物质部分熔融形成的花岗岩为主，并且区域不发育晚白垩世的基性岩浆，而到了早始新世，花岗岩类中存在很多的幔源物质的信息记录，如锆石中亏损的 Hf 同位素值，花岗岩类与基性岩密切相关，这种岩性随着时间的变化反映出来的深部动力学过程是什么？③从岩石学的角度来分析新特提斯洋东向俯冲到印度-欧亚大陆碰撞的具体过程及壳幔热结构如何变化。

1.3.2 研究内容和研究思路

本书选择腾冲地块晚白垩世—早始新世典型花岗岩体为研究对象，包括古永岩体、户撒岩体、邦湾岩体和昔马-铜壁关岩体，结合已有研究资料，试图通过花岗岩类的岩石成因来探讨新特提斯洋东向俯冲和陆陆初始碰撞过程中，活动大陆边缘岛弧地区的岩浆作用。本书主要进行以下几方面的工作。

（1）梳理前人研究资料及成果，选择典型的花岗岩体进行野外地质考察，查明花岗岩体野外产状及与围岩之间的关系，尤其对花岗岩和基性岩之间的野外接触关系进行详细的考证。仔细观察花岗岩体内部的岩性相带变化，暗色微粒包体形态和空间分布特征。在此基础上对代表性样品进行采集。

（2）挑选代表性的花岗岩体和暗色微粒包体，利用西北大学大陆动力学国家重点实验室先进的LA-ICP-MS锆石U-Pb定年技术进行年代学研究。结合前人对该区的研究资料，建立和明确腾冲地块晚白垩世到早始新世花岗岩类年代学格架和时空分布特征。

（3）对典型花岗岩类和暗色微粒包体样品磨制薄片，进行岩相学分析，在此基础上，进行主微量地球化学、Sr-Nd-Pb同位素地球化学和锆石Lu-Hf同位素分析测试。以实验岩石学理论为基础，探讨不同时代，不同类型花岗岩类的地球化学属性，讨论可能的岩石成因和壳幔物质在岩浆形成时的作用及贡献，进一步理解源区物质组成和花岗岩类的形成机制。

（4）对早始新世花岗岩类中的暗色微粒包体进行详细的岩相学和矿物学分析，利用电子探针分析矿物化学成分，反映岩浆演化过程中暗色微粒包体和寄主岩石矿物成分变化，结合全岩地球化学和同位素分析，讨论暗色微粒包体的成因机制。

（5）综合所有分析测试数据，讨论新特提斯洋俯冲到印度-欧亚大陆碰撞时期，晚白垩世—早始新世腾冲地块的岩浆响应，分析花岗岩类的时空格局与壳幔热结构随时间的变化，深入了解晚白垩世—早始新世岛弧地区的深部动力学过程。

本书所涉及的室内分析实验均在西北大学大陆动力学国家重点实验室和中国科学院地球化学研究所贵阳分部完成，具体实验方法步骤及操作流程可见相关文献（Qi and Gregoire, 2000; Yuan *et al*., 2004, 2008; 刘烨等, 2007）。

1.3.3 研究意义

通过对腾冲地块晚白垩世到早始新世花岗岩类和相关暗色微粒包体的研究，查明花岗岩和暗色包体的岩石成因，明确晚白垩世—早始新世新特提斯洋东向俯冲到印度-欧亚大陆碰撞期间的岩浆响应。本书的研究内容具有以下几方面的重要意义：

（1）通过厘定腾冲地块从晚白垩世到早始新世岩浆作用随时间和空间的变化规律，理解活动大陆边缘岛弧岩浆作用的时空演化特征，可以反演新特提斯洋俯冲和印度-欧亚大陆碰撞的过程，以及晚白垩世—早始新世腾冲地块壳幔热结构的变化，揭示深部动力学过程。

（2）通过对早始新世花岗岩类和相关暗色微粒包体及同期基性岩的综合分析与讨论，进一步理解活动大陆边缘岛弧地区花岗岩类形成过程中镁铁质岩浆的作用及可能的物质贡献和物质交换过程，对花岗岩的成因机制提供新的认识。

1.3.4 研究成果

本书通过对腾冲地块晚白垩世—早始新世典型花岗岩体，以及暗色微粒包体的野外地质调查、岩相学、锆石 U-Pb 年代学、地球化学、Sr-Nd-Pb 锆石 Lu-Hf 同位素和矿物化学的研究，初步获得以下认识：

（1）详细的锆石 U-Pb 年代学研究结果表明，腾冲地块晚白垩世—早始新世岩浆活动集中在 76～50Ma，结合系统的野外地质调查、岩石学和地球化学的研究，可将腾冲地块晚白垩世—早始新世花岗质岩浆作用分为以下两个形成阶段。第一阶段形成时限为晚白垩世—早古新世（76～64Ma），岩石类型以高钾钙碱性的花岗岩-花岗闪长岩为主；第二阶段形成时限为早始新世（55～50Ma），岩石类型以花岗岩-花岗闪长岩-石英闪长岩为主，在早始新世花岗岩类中存在大量的暗色微粒包体，暗示着同期幔源镁铁质岩浆作用。

（2）晚白垩世—早古新世的花岗岩类具有高钾的特征，Sr-Nd-Pb 及锆石 Hf 同位素结果表明，晚白垩世—早古新世花岗岩类主要为古老地壳物质部分熔融形成，以古永岩体为代表；部分花岗岩类具有源区混合的特征，是以古老地壳物质和新生地壳物质为源区部分熔融的结果，以户撒岩体为代表；少量高硅花岗岩类为新生地壳物质低程度部分熔融的结果。因此晚白垩世—早古新世花岗岩类的源区有古老地壳物质和少量新生地壳物质。根据户撒岩体花岗闪长岩的 Sr/Y 值计算得到，晚白垩世—早古新世时腾冲地块为减薄的地壳。

（3）早始新世花岗岩类岩石类型多样，SiO_2 含量变化范围较广，属于钙碱-高钾钙碱系列。腾冲地块 SiO_2 含量为 60%～70%的早始新世花岗岩类由西向东富集组分逐渐增加，初始 Sr 同位素比值逐渐升高，Nd 和锆石 Hf 同位素比值逐渐减小，但 Pb 同位素比值逐渐减小。根据早始新世花岗岩类和暗色微粒包体及伴生的基性岩地球化学、矿物化学和同位素特征，这些花岗岩类是幔源的镁铁质岩浆和壳源的花岗质岩浆混合的结果，同时，证实在具有厚地壳的活动大陆边缘岛弧地区中酸性岩成分变化是受控于混合的镁铁质岩浆成分变化。早始新世花岗岩类源区物质主要由古老地壳物质、同期镁铁质岩浆及新生地壳物质组成。

（4）腾冲地块晚白垩世—早古新世到早始新世岩浆活动逐渐向西迁移，并且早始新世与晚白垩世—早古新世花岗岩类相比较，幔源物质参与到花岗质岩浆活动中，保留大量暗色微粒包体，同时，区域上未见晚白垩世—早古新世中基性岩石，而发育大量早始新世基性岩，并且腾冲地块不发育俯冲洋壳部分熔融形成的岩石。因此，腾冲地块作为新特提斯洋东向俯冲及印度-欧亚大陆东向碰撞的活动大陆边缘岛弧地区，俯冲洋壳和岩石圈地幔的热状态由晚白垩世—早古新世的冷壳-冷幔结构转变为早始新世的冷壳-热幔结构，而这种壳幔热结构的转变是由印度-欧亚大陆的初始碰撞所引起，也再次证实印度-欧亚大陆的东向初始碰撞时间约为55Ma。

第2章　晚白垩世—早古新世花岗岩类

2.1　引　　言

青藏高原及其邻区微地块中新生代演化与新特提斯洋俯冲、印度-欧亚大陆碰撞密切相关。欧亚大陆边缘的拉萨地块被划分为三部分，由南向北依次为北拉萨地块、中拉萨地块和南拉萨地块[图2.1（a）]（Zhu *et al*., 2011; Qi *et al*., 2015）。在中-北拉萨地块发育三叠纪到早白垩世的岩浆岩，被称为北部岩浆带，其形成年龄为240～110Ma（Zhu *et al*., 2009, 2011）。北部岩浆带被认为是由班公-怒江洋俯冲和拉萨-羌塘地块的碰撞形成，主要由过铝质或者S型花岗岩类组成（Chung *et al*., 2005; Chu *et al*., 2006）。在中-南拉萨地块发育一套中新生代安第斯型的岛弧岩浆带，冈底斯岩浆带和林子宗火山岩套（Chung *et al*., 2005; Chu *et al*., 2006; Zhu *et al*., 2011）。冈底斯岩浆带的形成时代为190～42Ma（Wen *et al*., 2008a, 2008b; Ji *et al*., 2009; Wu *et al*., 2010），林子宗火山岩套的形成时代是晚白垩世到始新世（Mo *et al*., 2007），指示印度大陆逐渐向北拼贴到欧亚大陆南缘的拉萨地块之上。由此引发的问题就是，东向的汇聚过程具体如何，是否能和北向的拼贴过程相对应？

Mitchell 等（2012）报道新特提斯洋的俯冲在缅甸地块西部形成了文多-波帕（Wuntho-Popa）岩浆岛弧，该岩浆岛弧形成于105Ma之前，并可向北延伸经过腾冲地块的西侧，与冈底斯岩浆岛弧相连。近期研究地震层析成像结果表明，印度大陆板片向东俯冲至缅甸-腾冲地块之下（Li *et al*., 2008; He *et al*., 2010; Zhao *et al*., 2011）。这就意味着在大陆俯冲之前新特提斯洋的洋壳同样俯冲至缅甸-腾冲地块之下，并且晚白垩世到始新世的大陆边缘岛弧岩浆带可以由拉萨地块经过南迦巴瓦构造结，与腾冲地块、缅甸地块和抹谷变质带相连接，代表了与新特提斯洋北向和东向演化有关的岛弧岩浆带（Mitchell *et al*., 2012; Xu *et al*., 2012, 2015; Ma *et al*., 2014; Wang *et al*., 2014a, 2015a）。印度-欧亚大陆初始碰撞是在拉萨地块中部最早，在59±1Ma发生碰撞（Wu *et al*., 2014; Hu *et al*., 2015），逐渐向两边推进，在东喜马拉雅构造结和腾冲地块初始碰撞略晚，大陆边缘岛弧带晚白垩世到早古新世地壳结构和深熔作用与新特提斯洋俯冲相关。但关于腾冲地块晚白垩世—早古新世花岗岩类成因仍存在不同的观点：①花岗岩为S型花岗岩类，代表了新特提斯洋俯冲导致岛弧加厚地壳物质部分熔融的产物（Xu *et al*., 2012; Qi *et al*., 2015）；②该期花岗岩是在新特提斯洋俯冲有关的弧后扩张背景下形成（Wang *et al*., 2014a）或加厚地壳拆沉后的伸展背景下形成（Chen *et al*., 2015a）。因此，本章主要讨论腾冲地块晚白垩世到早古新世壳源花岗岩的成因机制，进一步约束新特提斯洋俯冲过程中，岩浆岛弧带（中-南拉萨地块，东喜马拉雅构造结和腾冲地块）的地壳结构和深熔作用。

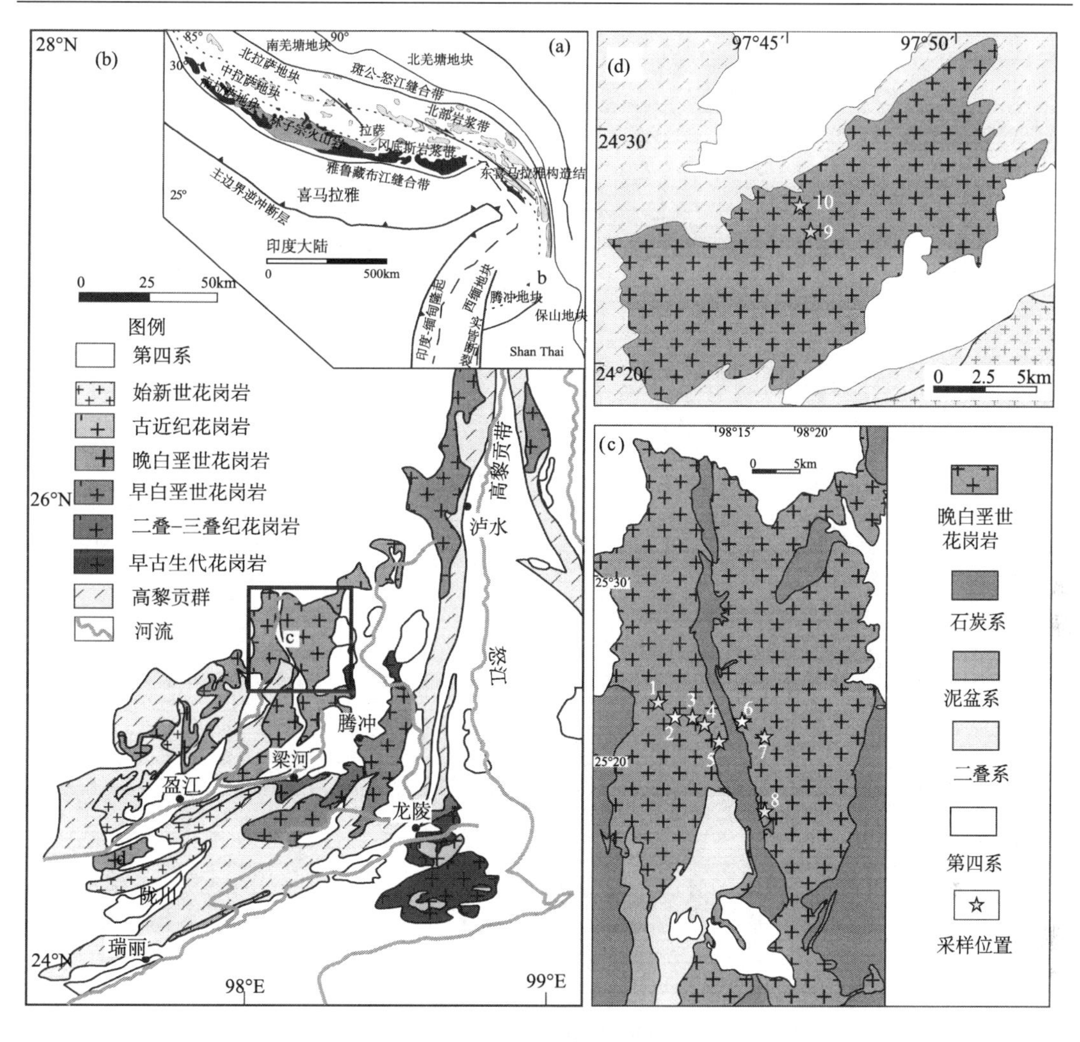

图 2.1 研究区地质图

（a）喜马拉雅-西藏地区地质简图（据 Qi *et al.*, 2015）；（b）腾冲地块及邻区地质简图（据 Xu *et al.*, 2012）；（c）古永岩体地质图及采样位置；（d）户撒岩体地质图及采样位置

2.2 野外地质背景和样品岩石学特征

腾冲地块晚白垩世—早古新世岩体主要分布在腾冲西北部古永-小龙河一带和陇川户撒地区，本书将这两个地区的花岗岩体称为古永岩体和户撒岩体（图 2.1）。具体采样位置可见表 2.1。

古永岩体呈 N-S 向分布，岩体走向与区域断裂走向一致[图 2.1（b）]，云南省内出露面积约 500km^2。该岩体为一复式岩体，中间以断裂分割，侵位于上石炭统空树河组砂页岩中，与锡等多金属矿密切相关（Cao *et al.*, 2016）。岩体从东向西年龄逐渐变小，断裂以东形成年龄为 76～68Ma（江彪等，2012; Xu *et al.*, 2012; 马楠等，2013; Chen *et al.*,

2015a; Cao *et al*., 2016），断裂以西形成年龄为 65～64Ma（Qi *et al*., 2015）。岩体局部呈现相带分布，但整体分布规律和岩石类型错综复杂，并且古永岩体交代较强，发育各种显微交代结构。

表 2.1 古永和户撒岩体采样位置及样品描述

岩体	采样点	样品	纬度（N）	经度（E）	岩性	结构	矿物组合
古永	1	GY02 GY04 GY06 GY07	25°22.695'	98°12.251'	黑云母花岗岩	似斑状结构	斑晶：钾长石(5%) 基质：石英(25%)+斜长石(20%)+微斜长石(10%)+钾长石(25%)+黑云母(10%)+角闪石(3%)+副矿物(2%)
	2	GY10 GY11 GY16 GY17	25°21.476'	98°13.647'	花岗岩	细粒结构	石英(30%)+斜长石(25%)+微斜长石(20%)+钾长石(20%)+黑云母(3%)+副矿物(2%)
	3	GY23 GY28	25°21.564'	98°14.037'	花岗岩	中粒结构	石英(30%)+斜长石(40%)+钾长石(25%)+黑云母(3%)+副矿物(2%)
	4	GY31	25°21.269'	98°14.657'	花岗岩	细粒结构	石英(25%)+斜长石(35%)+微斜长石(15%)+钾长石(20%)+黑云母(3%)+副矿物(2%)
	5	GY36 GY37 GY42 GY46	25°20.715'	98°15.840'	花岗岩	粗粒结构	石英(20%)+斜长石(40%)+钾长石(30%)+黑云母(8%)+副矿物(2%)
	6	GY47 GY48	25°22.806'	98°16.401'	花岗岩	中粒结构	石英(23%)+斜长石(30%)+微斜长石(15%)+钾长石(25%)+黑云母(5%)+副矿物(2%)
	7	GY53 GY55	25°20.830'	98°17.673'	黑云母花岗岩	似斑状结构	斑晶：钾长石(5%) 基质：石英(30%)+斜长石(23%)+微斜长石(10%)+钾长石(20%)+黑云母(10%)+副矿物(2%)
	8	GY63	25°12.876'	98°17.127'	花岗岩	中粒结构	石英(25%)+斜长石(33%)+微斜长石(10%)+钾长石(25%)+黑云母(5%)+副矿物(2%)
户撒	9	LL120 LL121	24°27.454'	97°45.244'	花岗闪长岩	似斑状结构	斑晶：微斜长石(10%) 基质：石英(20%)+斜长石(30%)+微斜长石(10%)+钾长石(15%)+黑云母(5%)+角闪石(8%)+副矿物(2%)
	10	LC20 LC21	24°27.855'	97°45.040'	花岗闪长岩	似斑状结构	斑晶：微斜长石(10%) 基质：石英(20%)+斜长石(30%)+微斜长石(10%)+钾长石(15%)+黑云母(5%)+角闪石(8%)+副矿物(2%)

古永岩体岩石类型以似斑状黑云母花岗岩和中细粒花岗岩为主（图 2.2）。似斑状花岗岩中斑晶为钾长石，含量大约为 5%，粒径最长可达 4cm。基质中浅色矿物为钾长石、微斜长石和条纹长石（Kf+Mc+Pth, 30%～35%），石英（Qtz, 25%～30%），酸性斜长石（Pl, 20%～23%），暗色矿物主要为黑云母（Bi, 10%），岩石中可见少量的角闪石（Hb，0～3%）。基质中钾长石呈他形或者半自形板状，可见明显的简单双晶，微斜长石具格子双晶，条纹长石常具条纹结构，呈半自形板状，石英以他形充填于粒间或者呈半自形粒状结构产出。酸性斜长石可见聚片双晶或者卡钠复合双晶，颗粒内部多具有绢云母化（图 2.2）。黑云母呈片状，具一组极完全解理，角闪石突起较高，经常和黑云母共生或被黑云母所替代（图 2.2）。花岗岩矿物组合和似斑状黑云母花岗岩矿物组合相似，但体积百分含量有所差别，浅色矿物以钾长石、微斜长石和条纹长石（25%～40%），石英（20%～30%），酸性斜长石（25%～40%）为主，暗色矿物以黑云母（3%～8%）为主。似斑状花岗岩和中细粒花岗岩的副矿物相似（2%），以磁铁矿、锆石、榍石和磷灰石等为主。

图 2.2　腾冲地块古永和户撒岩体野外、手标本及显微照片

户撒岩体呈 NE-SW 向展布，岩体走向和东侧的瑞丽断裂平行[图 2.1（b）和（d）]，岩石类型为似斑状花岗闪长岩，块状构造（图 2.2）。斑晶为微斜长石（10%），颗粒长 2～5cm，具有两组解理。基质以酸性斜长石（30%）、微斜长石（10%）、钾长石（15%）、石英（20%）、黑云母（5%）和角闪石（8%）为主，副矿物（2%）主要为锆石、磷灰石、磁铁矿和榍石等。

2.3　锆石 U-Pb 年代学

本节共挑选 4 个样品进行 LA-ICP-MS 锆石 U-Pb 年代学研究，结果如图 2.3 和附表 1 所示，阴极发光（CL）图像如图 2.4 所示，其中 3 个样品（GY06，GY17 和 GY46）采集于古永岩体，1 个样品（LC28）采集于户撒岩体。GY06 为似斑状黑云母花岗岩，GY17 和 GY46 为中细粒花岗岩，LC28 为似斑状花岗闪长岩。

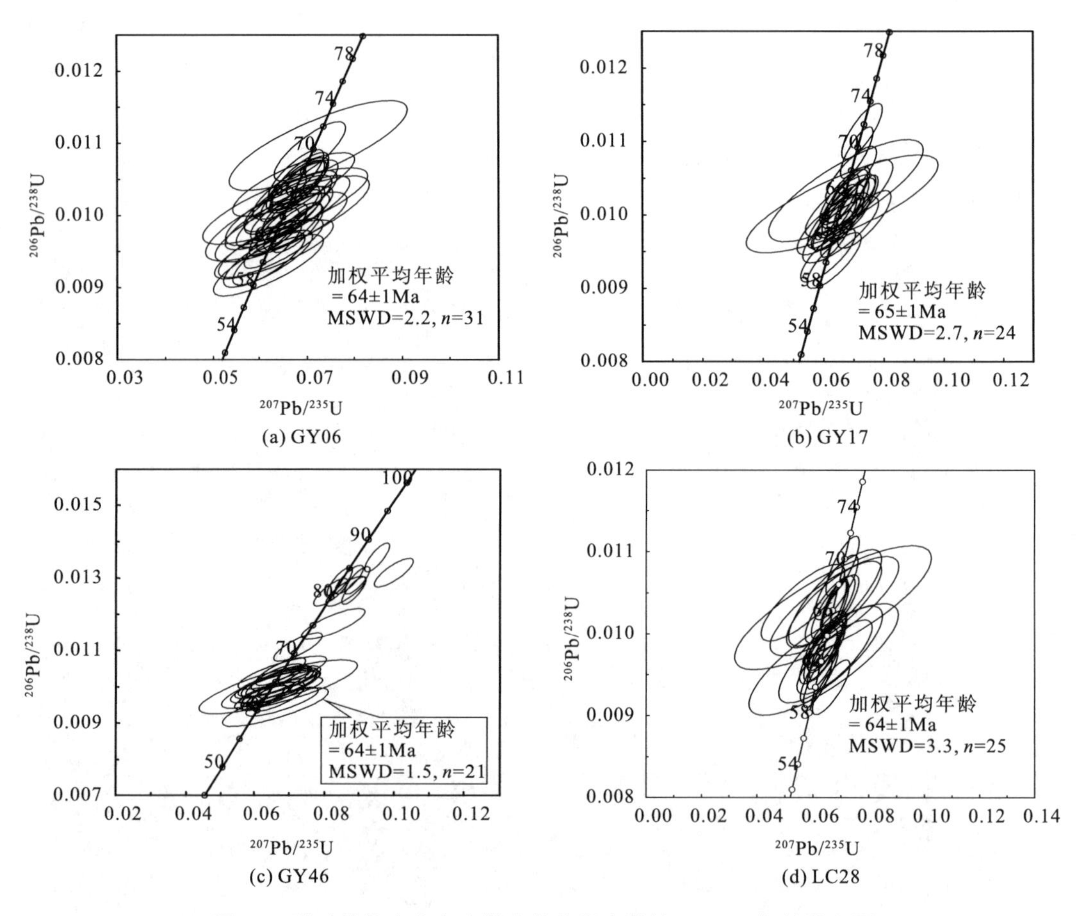

图 2.3　腾冲地块古永和户撒岩体花岗岩类锆石 U-Pb 年龄谐和图

古永岩体中的锆石大多数呈无色或浅棕色透明状，半自形-自形柱状晶体，长度为 100～300μm，长宽比为 2∶1～3∶1。在锆石 CL 图像上，大多数晶体显示出清晰的振荡环带，表明是岩浆成因，但部分锆石具有岩浆成因的核部和薄的黑色边，本书认为这是由于后期流体对锆石晶体的影响，个别锆石中可以见到颜色较亮的椭圆状核，可能为继承锆石或者捕获锆石（图 2.4）。户撒岩体中的锆石同样呈现无色透明，半自形-自形柱状，长度为 150～130μm，长宽比为 1.5∶1～3∶1。锆石 CL 图像上显示出明显的同心环状岩浆振荡环带，表明为岩浆结晶锆石（图 2.4）。

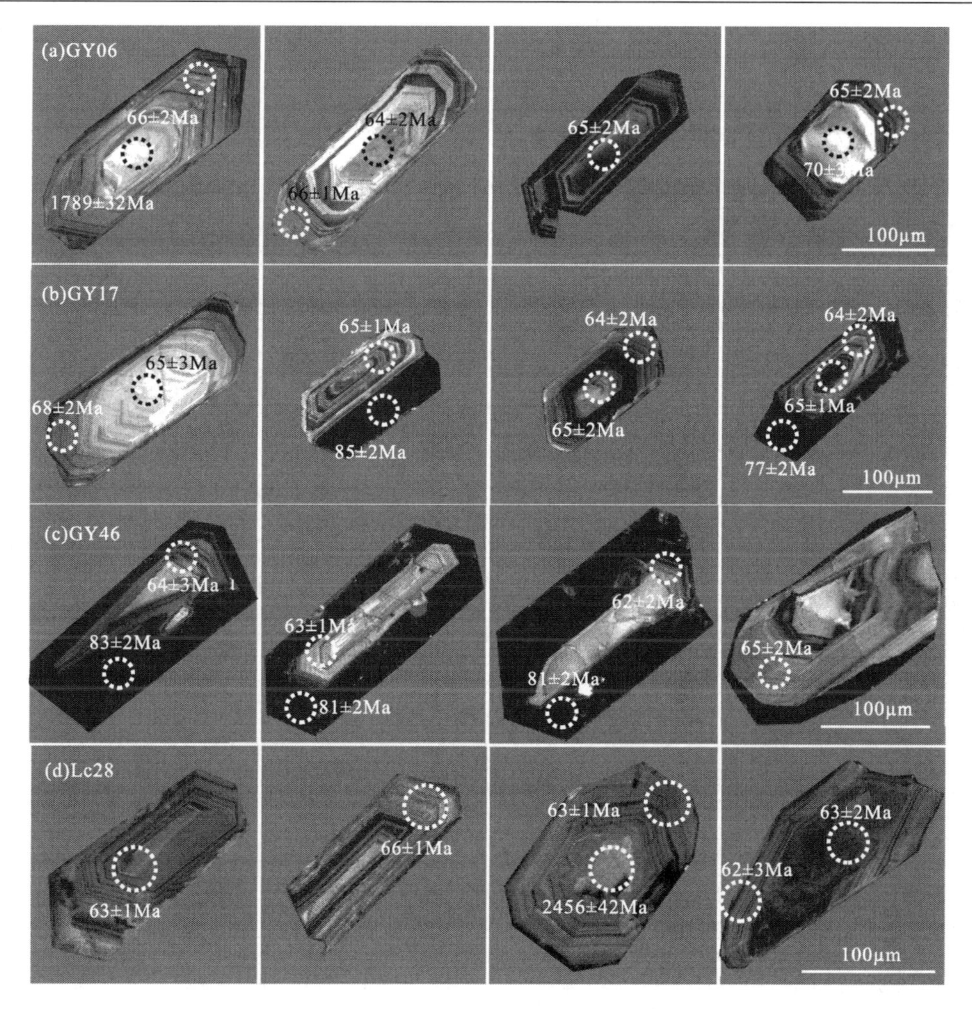

图 2.4　腾冲地块古永和户撒岩体花岗岩类代表性锆石 CL 图像

本书对古永岩体中的似斑状黑云母花岗岩 GY06 进行了 33 个点分析测试，获得 $^{206}Pb/^{238}U$ 年龄为 60～1789Ma。其中两个锆石核部测得 $^{206}Pb/^{238}U$ 年龄为 1789±32Ma 和 1080±33Ma，通过锆石形态学研究，这两个年龄是捕获锆石或者继承锆石的结晶年龄。其余 31 个测试点获得了晚白垩世到早占新世的年龄，它们具有多变的 Th 和 U，Th 含量为 121×10^{-6}～1079×10^{-6}，U 含量为 313×10^{-6}～3067×10^{-6}，Th/U 值为 0.27～0.89，$^{206}Pb/^{238}U$ 年龄介于 60±2Ma 和 70±2Ma，加权平均年龄为 64±1Ma（MSWD=2.2，n=31），如图 2.3（a）所示。

对古永岩体中的细粒花岗岩样品 GY17 挑选 29 个点进行测试，部分锆石具有明显的黑色边。其中 3 个核部测试点获得继承或者捕获锆石结晶年龄，$^{206}Pb/^{238}U$ 年龄为 899Ma、634Ma 和 89Ma。有两个锆石黑色边部测得的 $^{206}Pb/^{238}U$ 年龄为 77Ma 和 85Ma，但本书认为该年龄不能代表实际的地质事件，锆石边部应该是在富 Pb 流体条件下被改造或者结晶的。其他 24 个测试点获得晚白垩世到早古新世的结晶年龄，Th 含量为 66×10^{-6}～

3205×10^{-6}，U 含量为 144×10^{-6}～6396×10^{-6}，Th/U 值为 0.26～1.36，大多数大于 0.4，指示典型的岩浆成因。它们获得的 $^{206}Pb/^{238}U$ 年龄介于 60±2Ma 和 71±2Ma，加权平均年龄为 65±1Ma（MSWD=2.7，n=24），如图 2.3（b）所示。

古永岩体的中粒花岗岩 GY46 测试 30 个点，其中 9 个点位于锆石的黑色边上，获得的 $^{206}Pb/^{238}U$ 年龄为 75～87Ma，类似于 GY17 中的锆石黑色边，其年龄不能代表真实的地质事件，因此不予以讨论。其余的 21 个测试点获得 $^{206}Pb/^{238}U$ 年龄介于 61±2Ma 和 71±2Ma，加权平均年龄为 64±1Ma（MSWD=1.5，n=21），如图 2.3（c）所示，同时 Th 含量为 144×10^{-6}～1705×10^{-6}，U 含量为 331×10^{-6}～3899×10^{-6}，Th/U 值为 0.29～1.31，代表岩浆成因锆石。

户撒岩体似斑状花岗闪长岩 LC28 测试 31 个点，其中 27 个点获得晚白垩世到早古新世年龄，Th 含量为 83×10^{-6}～2382×10^{-6}，U 含量为 129×10^{-6}～3568×10^{-6}，Th/U 值为 0.26～1.66，指示岩浆成因。这些测试点获得 $^{206}Pb/^{238}U$ 年龄为 60～69Ma，加权平均年龄为 64±1Ma（MSWD=3.3，n=25），这个年龄被认为是花岗闪长岩的结晶年龄［图 2.3（d）］。其他 6 个点获得的年龄为 72～2456Ma，被解释为捕获锆石或者继承锆石的年龄。

2.4 主微量元素地球化学特征

本节挑选古永岩体 16 个样品和户撒岩体 4 个样品进行主量和微量元素的测试和分析，结果见表 2.2 和表 2.3。

古永岩体花岗岩具有较高的 SiO_2（70.64%～76.45%）、K_2O（4.14%～5.08%），相对低的 TF_2O_3（0.80%～3.55%）、CaO（0.38%～2.28%）、MgO（0.06%～0.65%）。花岗岩的 K_2O/Na_2O 值较高，为 1.2～1.6，铝饱和指数 A/CNK 为 1.01～1.12，属于典型的过铝质高钾钙碱性花岗岩（图 2.5）。岩石的 Mg#[Mg#=Mg/(Mg+Fe)×100]值为 11～40。

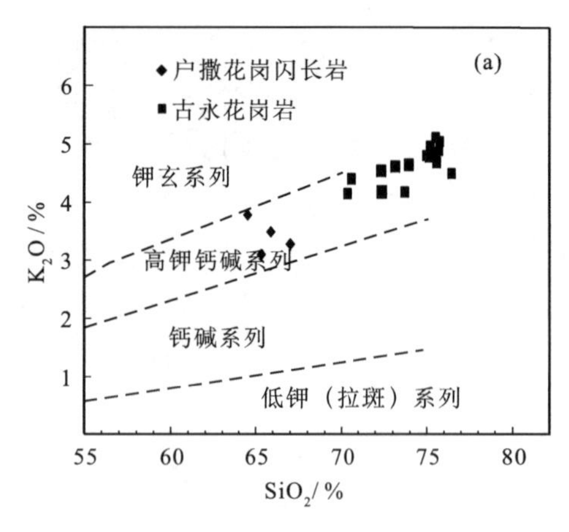

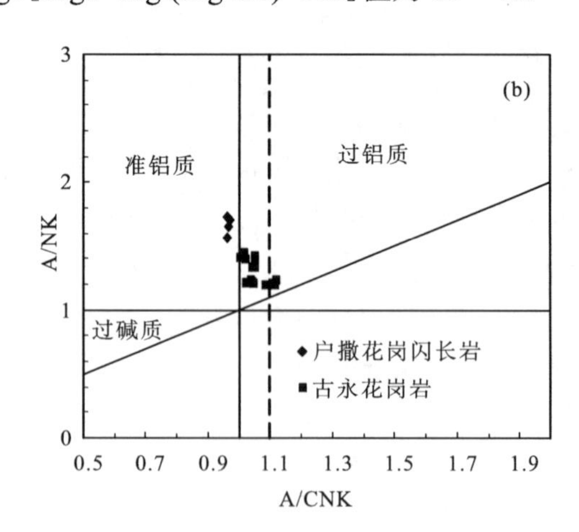

图 2.5 腾冲地块古永和户撒岩体花岗岩类 SiO_2-K_2O 图解（a）（据 Rollinson, 1993）和 A/CNK-A/NK 图解（b）（据 Maniar and Piccoli, 1989）

表 2.2　古永和户撒岩体主量元素分析结果

样品	GY02	GY04	GY07	GY10	GY11	GY16	GY23	GY31	GY36	GY37	GY42	GY47	GY48	GY53	GY55	GY63	LL120	LL121	LC21	LC22
SiO_2/%	72.33	72.33	70.64	75.20	75.58	75.04	75.62	75.22	70.44	73.97	73.21	75.77	75.51	76.45	73.75	75.72	66.99	65.37	65.89	64.50
TiO_2/%	0.22	0.26	0.28	0.11	0.08	0.10	0.07	0.06	0.33	0.16	0.22	0.13	0.12	0.30	0.32	0.05	0.52	0.54	0.59	0.66
Al_2O_3/%	14.03	13.80	14.55	12.92	12.87	12.95	12.88	13.23	14.47	13.59	13.48	12.78	12.85	12.13	13.08	13.18	15.75	15.98	15.82	16.15
TFe_2O_3/%	2.15	2.34	2.71	1.30	1.02	1.23	1.11	0.80	3.55	1.80	2.48	1.20	1.30	2.05	2.26	1.10	4.38	4.92	4.69	5.44
MnO/%	0.06	0.06	0.08	0.05	0.04	0.05	0.07	0.04	0.10	0.05	0.07	0.01	0.01	0.03	0.05	0.05	0.08	0.09	0.08	0.10
MgO/%	0.49	0.55	0.64	0.17	0.13	0.16	0.10	0.07	0.61	0.28	0.40	0.12	0.12	0.36	0.65	0.06	1.19	1.34	1.21	1.53
CaO/%	2.17	1.97	2.28	1.02	0.94	1.05	0.86	0.86	1.92	1.46	1.48	0.54	0.48	0.38	1.56	0.54	3.84	4.07	3.49	3.83
Na_2O/%	3.36	3.05	3.28	3.29	3.27	3.35	3.45	3.47	3.52	3.19	3.16	3.25	3.17	3.26	3.12	3.35	3.45	3.56	3.85	3.44
K_2O/%	4.14	4.53	4.38	4.75	4.85	4.79	4.66	4.93	4.14	4.65	4.62	5.03	5.08	4.46	4.14	4.85	3.29	3.10	3.48	3.78
P_2O_5/%	0.06	0.06	0.08	0.03	0.02	0.02	0.02	0.02	0.08	0.04	0.06	0.03	0.03	0.08	0.10	0.01	0.15	0.16	0.17	0.17
烧失量/%	0.73	0.58	0.75	0.75	0.77	0.81	0.66	0.84	0.44	0.37	0.32	0.67	0.84	0.82	0.55	0.78	0.33	0.38	0.32	0.66
总含量/%	99.74	99.53	99.67	99.59	99.57	99.55	99.50	99.54	99.60	99.56	99.50	99.53	99.51	100.32	99.58	99.69	99.97	99.51	99.59	100.26
Mg#	35	35	35	23	23	23	17	17	29	27	27	19	18	29	40	11	39	39	38	40
K/Na	1.2	1.5	1.3	1.4	1.5	1.4	1.4	1.4	1.2	1.5	1.5	1.6	1.6	1.4	1.3	1.5	1.0	0.9	0.9	1.1
A/CNK	1.01	1.02	1.02	1.04	1.04	1.03	1.05	1.05	1.05	1.05	1.05	1.09	1.11	1.11	1.05	1.12	0.97	0.96	0.96	0.97

表 2.3　古永和户撒岩体

样品	GY02	GY04	GY07	GY10	GY11	GY16	GY23	GY31	GY36
Li/10^{-6}	42.3	44.3	49.9	34.6	25.9	34.8	64.3	15.5	76.2
Be/10^{-6}	3.47	3.12	3.16	3.40	3.29	3.45	5.00	4.72	4.47
Sc/10^{-6}	6.63	6.36	8.06	4.29	4.22	4.56	5.17	5.22	6.91
V/10^{-6}	28.5	28.5	34.0	10.1	9.81	9.01	6.48	4.40	26.5
Cr/10^{-6}	4.24	5.60	3.67	2.79	3.97	5.91	3.73	3.04	5.51
Co/10^{-6}	38.7	127	36.1	44.1	42.7	43.9	53.0	60.2	39.9
Ni/10^{-6}	5.10	5.22	3.58	3.27	2.78	4.02	3.02	2.93	4.28
Cu/10^{-6}	1.14	2.30	1.77	0.62	0.72	1.27	0.11	0.69	2.64
Zn/10^{-6}	38.7	62.7	52.6	34.9	23.9	41.2	40.8	46.6	124
Ga/10^{-6}	16.1	15.1	16.7	13.9	13.7	14.5	14.8	14.7	19.7
Ge/10^{-6}	1.25	1.20	1.25	1.45	1.41	1.44	1.75	1.63	1.64
Rb/10^{-6}	283	303	309	404	388	401	497	475	440
Sr/10^{-6}	158	148	159	50.7	40.9	49.3	25.1	36.4	118
Y/10^{-6}	26.8	27.2	25.7	34.4	28.8	29.3	42.6	35.1	46.2
Zr/10^{-6}	96.1	116	144	68.2	52.0	73.2	84.7	66.5	154
Nb/10^{-6}	14.1	15.1	15.6	16.5	16.3	16.5	17.3	15.9	21.4
Cs/10^{-6}	6.15	6.46	6.77	7.93	6.50	7.87	8.47	4.82	10.0
Ba/10^{-6}	355	415	375	50.4	38.9	53.4	30.1	116	167
La/10^{-6}	37.1	33.3	38.4	16.9	11.0	14.5	11.3	9.88	45.8
Ce/10^{-6}	65.7	56.3	72.9	38.2	26.0	33.2	27.3	26.1	95.7
Pr/10^{-6}	6.78	5.65	7.48	3.71	2.53	3.08	2.92	2.67	9.78
Nd/10^{-6}	23.8	19.9	27.0	14.1	9.81	12.2	12.3	11.0	34.4
Sm/10^{-6}	4.40	3.73	4.63	3.61	2.49	2.95	3.95	3.57	5.97
Eu/10^{-6}	0.72	0.67	0.73	0.29	0.23	0.27	0.16	0.20	0.53
Gd/10^{-6}	3.73	3.45	4.04	3.65	2.66	2.92	4.49	3.83	5.15
Tb/10^{-6}	0.66	0.61	0.69	0.66	0.51	0.54	0.82	0.68	0.85
Dy/10^{-6}	3.96	3.99	3.96	4.40	3.63	3.67	5.65	4.50	5.25
Ho/10^{-6}	0.82	0.85	0.81	0.96	0.79	0.82	1.21	0.96	1.12
Er/10^{-6}	2.53	2.64	2.46	3.07	2.58	2.68	3.90	3.11	3.78
Tm/10^{-6}	0.38	0.42	0.38	0.51	0.45	0.47	0.68	0.53	0.60
Yb/10^{-6}	2.78	2.93	2.78	3.90	3.29	3.58	5.29	3.92	4.57
Lu/10^{-6}	0.42	0.44	0.42	0.60	0.51	0.56	0.80	0.62	0.71
Hf/10^{-6}	2.92	3.34	3.99	2.84	2.07	3.00	3.97	2.92	5.71
Ta/10^{-6}	2.12	2.39	2.11	3.65	4.40	3.18	4.92	4.32	2.65
Pb/10^{-6}	25.9	26.2	26.6	32.6	33.2	33.3	42.9	40.5	25.4
Th/10^{-6}	31.6	28.4	39.9	30.1	24.9	30.1	27.9	25.1	63.2
U/10^{-6}	7.70	7.37	9.62	9.73	10.5	7.88	16.6	20.1	13.3
Sr/Y	5.9	5.4	6.2	1.5	1.4	1.7	0.6	1.0	2.6
$(La/Yb)_N$	10	8	10	3	2	3	2	2	7
δEu	0.54	0.58	0.52	0.24	0.28	0.28	0.12	0.16	0.29
REE/10^{-6}	154	135	167	95	66	81	81	72	214

微量元素分析结果

GY37	GY42	GY47	GY48	GY53	GY55	GY63	LL120	LL121	LC21	LC22
45.8	58.8	10.3	10.0	36.1	79.4	9.82	19.6	21.3	37.3	30.9
3.69	3.75	3.85	3.86	5.08	8.24	3.92	2.69	2.84	3.49	2.84
5.22	5.32	5.10	3.97	3.42	7.33	5.66	8.35	9.58	9.11	9.94
13.9	19.7	7.87	8.64	17.7	30.5	2.34	59.4	68.6	57.6	74.2
4.74	8.62	3.07	3.10	7.54	46.4	4.96	2.77	4.69	4.42	4.57
62.4	60.0	67.9	75.2	55.8	54.9	44.6	107	109	69.7	74.2
4.33	14.7	3.10	3.42	7.11	15.1	3.23	2.90	5.27	2.47	2.67
1.90	5.89	1.41	1.81	3.24	2.73	1.10	4.44	4.54	3.87	5.81
65.0	100	51.0	29.8	73.7	54.6	62.6	52.8	59.0	61.3	66.6
16.3	16.9	18.7	18.7	16.3	18.8	14.6	19.0	19.9	20.7	20.5
1.48	1.51	1.51	1.47	1.49	1.47	1.38	1.23	1.29	1.39	1.35
406	420	384	391	487	494	433	109	111	156	153
102	96.8	46.2	46.5	89.9	140	13.4	320	324	270	309
32.3	39.8	26.2	29.4	83.4	40.5	26.9	29.6	28.3	39.5	32.3
103	144	115	122	20.7	142	96.2	185	207	193	202
16.5	20.6	13.2	13.4	29.6	22.3	18.3	12.6	12.0	14.4	13.3
6.73	7.77	4.84	4.85	11.9	12.3	5.52	1.73	1.89	2.81	3.92
174	170	154	155	299	307	13.3	972	872	733	1031
31.5	37.0	38.9	33.3	87.2	58.4	14.2	38.9	44.1	43.3	64.2
56.8	73.8	83.0	55.1	184	122	26.5	73.2	80.7	81.3	112
6.25	7.85	8.70	6.74	20.5	12.6	3.79	7.98	8.55	9.33	11.8
21.9	27.6	30.4	26.1	72.4	42.4	15.4	29.3	30.6	34.1	39.8
4.25	4.91	5.50	5.89	13.9	7.40	4.67	5.72	5.65	6.78	6.55
0.46	0.48	0.27	0.34	0.81	0.73	0.19	1.28	1.24	1.30	1.34
3.76	4.25	5.02	5.68	11.8	6.07	4.58	5.20	5.18	6.40	6.05
0.63	0.72	0.80	0.87	2.02	0.98	0.73	0.81	0.79	1.01	0.88
3.90	4.42	4.47	5.07	12.0	5.65	4.41	4.84	4.63	6.27	5.24
0.83	0.99	0.88	0.99	2.47	1.18	0.88	0.99	0.95	1.29	1.05
2.73	3.19	2.62	2.81	7.27	3.77	2.59	2.88	2.74	3.83	3.11
0.45	0.52	0.34	0.39	1.08	0.57	0.38	0.42	0.40	0.57	0.46
3.39	3.98	2.18	2.47	6.79	4.08	2.57	2.73	2.62	3.78	3.09
0.54	0.62	0.31	0.34	0.91	0.63	0.38	0.38	0.37	0.56	0.47
3.26	4.31	4.00	4.09	0.82	4.47	3.74	4.44	4.93	4.95	5.05
2.41	2.96	1.53	1.62	4.16	3.26	1.53	1.12	1.11	1.27	1.20
28.4	28.5	36.9	37.2	32.9	32.3	43.7	19.2	19.3	21.8	21.0
49.0	49.8	31.3	37.7	75.9	51.5	44.0	17.4	18.2	20.6	25.4
12.9	12.5	4.91	6.32	13.2	9.88	9.81	3.06	2.87	3.60	3.54
3.2	2.4	1.8	1.6	1.1	3.5	0.5	10.8	11.5	6.8	9.5
7	7	13	10	9	10	4	10	12	8	15
0.35	0.32	0.16	0.18	0.19	0.33	0.13	0.71	0.70	0.60	0.65
137	170	183	146	423	266	81	175	189	200	256

在原始地幔标准化微量元素蛛网图上[图 2.6（a）]，古永花岗岩具有富集 Rb、Th、U、K 等大离子亲石元素，亏损 Nb、Ta、Ti 等高场强元素的特征。岩石具有较高的 Th 含量（24.9×10^{-6}～75.9×10^{-6}）、Rb 含量（283×10^{-6}～497×10^{-6}），低的 Sr 含量（13.0×10^{-6}～159×10^{-6}）、Cr 含量（2.79×10^{-6}～46.4×10^{-6}）、Ni 含量（2.78×10^{-6}～15.1×10^{-6}），Rb/Sr 值为 1.8～32.3，指示成熟地壳物质起源的岩浆。岩石具有相对高的 Y 含量（25.7×10^{-6}～83.4×10^{-6}），较低的 Sr/Y 值，为 0.5～6.2，表明源区石榴子石不稳定。在球粒陨石标准

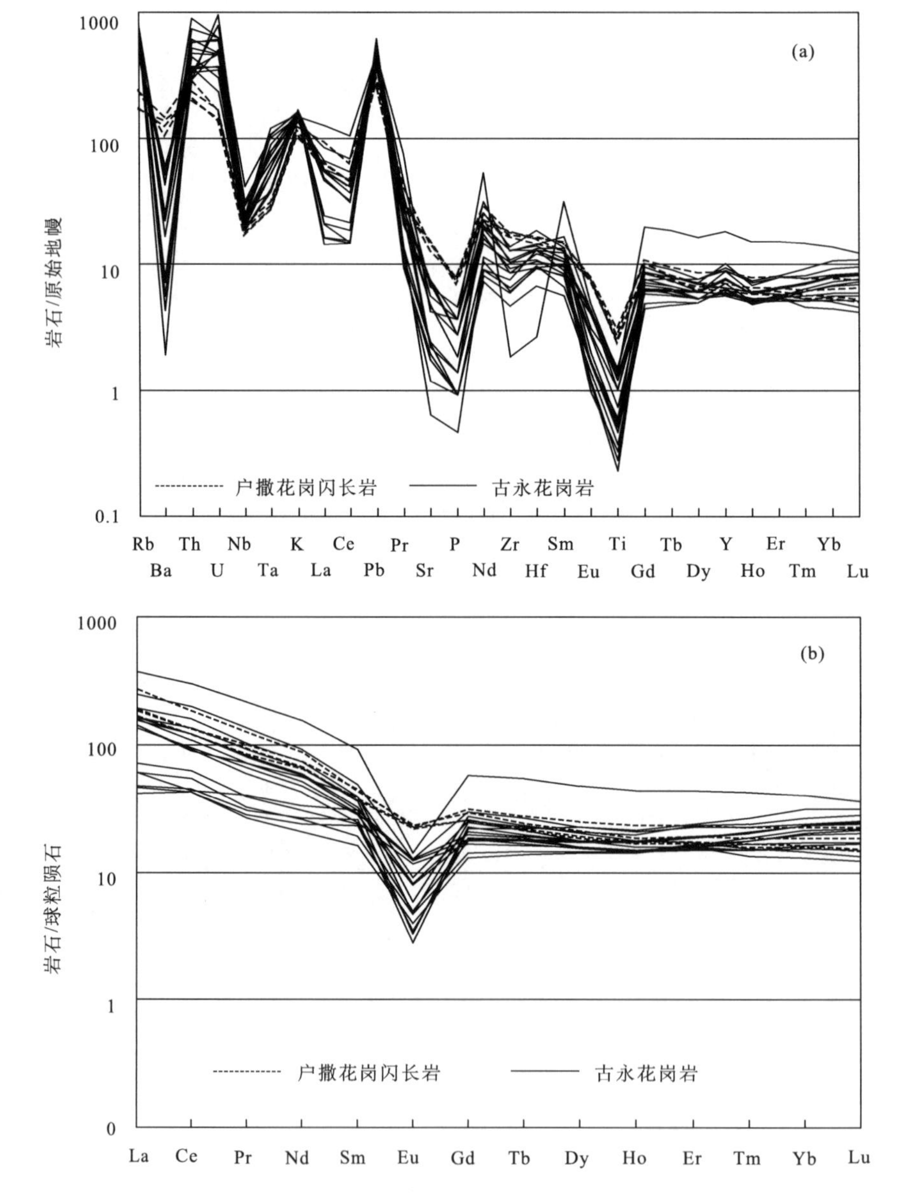

图 2.6　古永和户撒岩体花岗岩类原始地幔标准化微量元素蛛网图（a）和球粒陨石标准化稀土元素配分图解（b）

标准化值据 Sun 和 McDonough（1989）

化稀土元素配分图上[图 2.6（b）]，古永花岗岩呈现出富集轻稀土，亏损重稀土，重稀土配分平坦的模式，岩石的$(La/Yb)_N$值为 2～13，变化较大，同时具有明显的 Eu 负异常，δEu 为 0.12～0.58。古永花岗岩稀土的总含量为 66×10^{-6}～423×10^{-6}。

相比于古永岩体，户撒岩体似斑状花岗闪长岩具有相对较低的 SiO_2（64.50%～66.99%）、K_2O（3.10%～3.78%）含量，相对较高的 Na_2O（3.44%～3.85%）、TFe_2O_3（4.38%～5.44%）、MgO（1.19%～1.53%）、TiO_2（0.52%～0.66%）、CaO（3.49%～4.07%）含量。岩石的 K_2O/Na_2O 值为 0.9～1.1，铝饱和指数 A/CNK 值为 0.96～0.97，Mg#值为 38～40，为准铝质高钾钙碱性花岗岩（图 2.5）。

在原始地幔标准化微量元素蛛网图中[图 2.6（a）]，户撒花岗闪长岩和古永花岗岩配分模式基本相似，富集大离子亲石元素，亏损高场强元素，但户撒花岗闪长岩具有相对低的 Rb 含量（109×10^{-6}～156×10^{-6}），和相对高 Ba（733×10^{-6}～1031×10^{-6}）、Sr（270×10^{-6}～324×10^{-6}）含量，Rb/Sr 值为 0.34～0.58，同时它们也具有低的 Cr（2.77×10^{-6}～4.69×10^{-6}）、Ni（2.47×10^{-6}～5.27×10^{-6}）含量，高的 Y（28.3×10^{-6}～39.5×10^{-6}）含量，Sr/Y 值为 6.8～11.5。在球粒陨石标准化稀土元素配分图中[图 2.6（b）]，花岗闪长岩的稀土配分模式类似于古永花岗岩，富集轻稀土，重稀土分异不明显，但 Eu 负异常较古永花岗岩弱，δEu 为 0.60～0.71。岩石的$(La/Yb)_N$值为 8～15，$(Ga/Yb)_N$值为 1.4～1.6。花岗闪长岩稀土总量为 175×10^{-6}～256×10^{-6}。

2.5　全岩 Sr-Nd-Pb 同位素

古永花岗岩和户撒花岗闪长岩的全岩 Sr-Nd-Pb 同位素测试分析结果见表 2.4 和图 2.7、图 2.8。样品初始同位素比值是根据 LA-ICP-MS 锆石 U-Pb 年龄 *t*=64Ma 来进行计算的。

表 2.4　古永和户撒岩体样品全岩 Sr-Nd-Pb 同位素数据

样品	GY07	GY16	GY42	GY55	LL120
t/Ma	64	64	64	64	64
Rb /10^{-6}	309	401	420	494	109
Sr /10^{-6}	159	49.3	96.8	140	320
$^{87}Rb/^{86}Sr$	5.6	23.6	12.6	10.2	1.0
$^{87}Sr/^{86}Sr$	0.714969	0.727950	0.723184	0.717268	0.717389
2σ	22	25	24	18	7
$^{87}Sr/^{86}Sr(t)$	0.709853	0.706511	0.711753	0.707977	0.716496
Sm/10^{-6}	4.63	2.95	4.91	7.40	5.72
Nd /10^{-6}	27.0	12.2	27.6	42.4	29.3
$^{147}Sm/^{144}Nd$	0.10	0.15	0.11	0.11	0.12
$^{143}Nd/^{144}Nd$	0.512123	0.512145	0.512008	0.512097	0.511759

续表

样品	GY07	GY16	GY42	GY55	LL120
2σ	13	23	9	7	5
T_{DM2} /Ga	1.39	1.39	1.55	1.43	1.89
$\varepsilon_{Nd}(t)$	–9.3	–9.2	–11.6	–9.8	–16.5
U /10^{-6}	9.62	7.88	12.5	9.88	3.06
Th/10^{-6}	39.9	30.1	49.8	51.5	17.4
Pb/10^{-6}	26.6	33.3	28.5	32.3	19.2
$^{206}Pb/^{204}Pb$	19.236	19.204	19.141	19.036	18.573
2σ	2	2	2	1	1
$^{207}Pb/^{204}Pb$	15.704	15.708	15.706	15.734	15.691
2σ	1	2	1	2	1
$^{208}Pb/^{204}Pb$	39.338	39.350	39.502	39.557	39.474
2σ	4	5	3	4	1
$^{238}U/^{204}Pb$	23.3	15.3	28.3	19.7	10.2
$^{232}Th/^{204}Pb$	99.3	59.8	115.8	105.6	59.4
$^{206}Pb/^{204}Pb(t)$	19.003	19.051	18.859	18.839	18.471
$^{207}Pb/^{204}Pb(t)$	15.693	15.701	15.693	15.725	15.686
$^{208}Pb/^{204}Pb(t)$	39.022	39.159	39.132	39.220	39.285

注：Rb、Sr、Sm、Nd、U、Th、Pb、Lu 和 Hf 含量是根据 ICP-MS 测试；T_{DM2} 代表二阶段模式年龄，计算中所需参数为现今的 $(^{147}Sm/^{144}Nd)_{DM}=0.2137$、$(^{147}Sm/^{144}Nd)_{DM}=0.51315$、$(^{147}Sm/^{144}Nd)_{crust}=0.1012$、$(^{147}Sm/^{144}Nd)_{CHUR}=0.1967$、$(^{143}Nd/^{144}Nd)_{CHUR}=0.512638$；$\varepsilon_{Nd}(t)=[(^{143}Nd/^{144}Nd)_{sample}(t)/(^{143}Nd/^{144}Nd)_{CHUR}(t)-1]\times104$，$\lambda$(仪器衰变常数)$=6.54\times10^{-12}$/a，$T_{DM2}=1/\lambda\times\{1+[(^{143}Nd/^{144}Nd)_{sample}-((^{147}Sm/^{144}Nd)_{sample}-(^{147}Sm/^{144}Nd)_{crust})\times(e^{\lambda t}-1)-(^{143}Nd/^{144}Nd)_{DM}]/[(^{147}Sm/^{144}Nd)_{crust}-(^{147}Sm/^{144}Nd)_{DM}]\}$

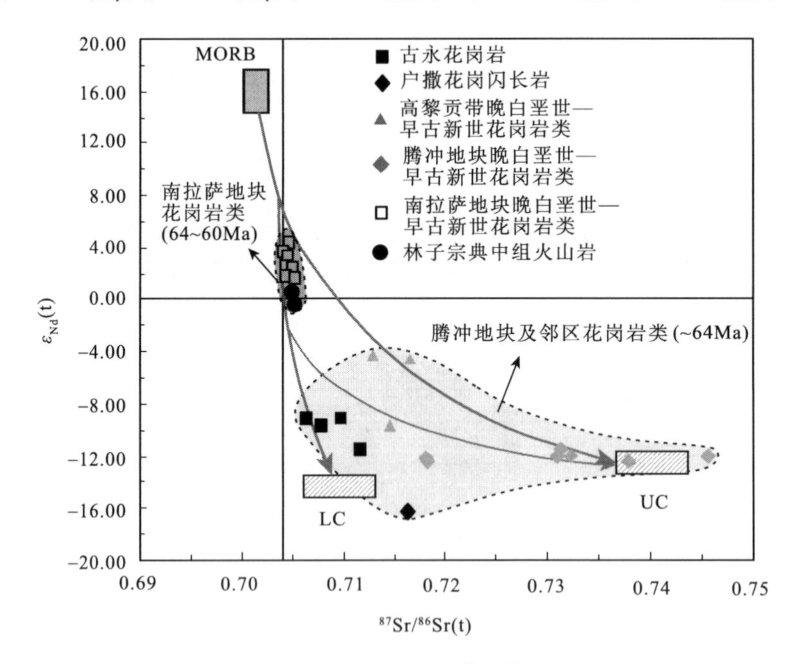

图 2.7　古永和户撒花岗岩类的 $^{87}Sr/^{86}Sr(t)$-$\varepsilon_{Nd}(t)$ 图解

南拉萨地块花岗岩类和火山岩数据引自 Mo 等（2007）和 Jiang 等（2014）；腾冲地块花岗岩类数据引自 Chen 等（2015a）

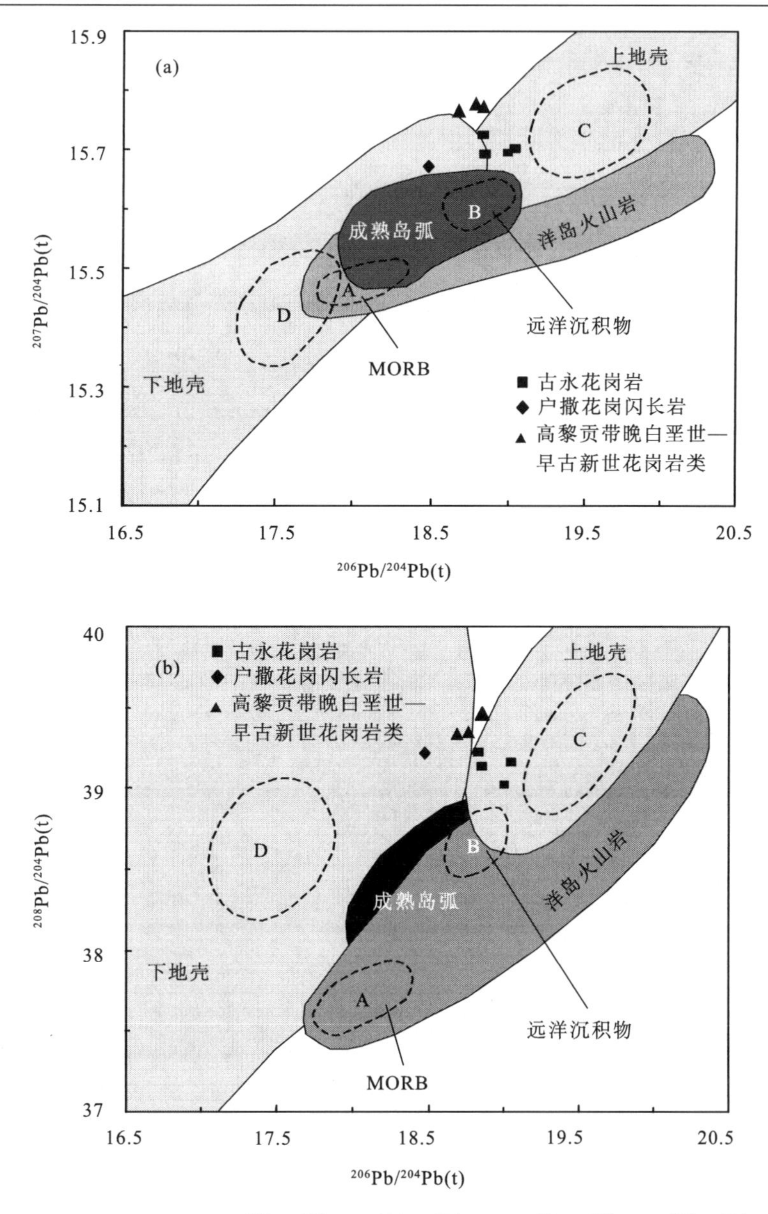

图 2.8　古永和户撒花岗岩类 $^{207}Pb/^{204}Pb(t)$-$^{206}Pb/^{204}Pb(t)$和 $^{208}Pb/^{204}Pb(t)$-$^{206}Pb/^{204}Pb(t)$图解（据 Zartman and Doe, 1981）

古永花岗岩具有相似的 Sr-Nd 同位素组分，岩石具有高的 Rb（309×10^{-6}～494×10^{-6}）和低的 Sr（49.3×10^{-6}～159×10^{-6}）含量，其 $^{87}Rb/^{86}Sr$ 值较高和变化范围较大，为 5.6～23.6，初始 Sr 同位素值 $^{87}Sr/^{86}Sr(t)$=0.706511～0.711753。花岗岩的 $^{147}Sm/^{144}Nd$ 值为 0.10～0.15，Nd 同位素比值 $^{143}Nd/^{144}Nd$=0.512008～0.512145，$\varepsilon_{Nd}(t)$为–11.6～–9.2，全岩 Nd 同位素二阶段模式年龄为 1.39～1.55Ga。同时这些花岗岩的初始 Pb 同位素比值分别为 $^{206}Pb/^{204}Pb(t)$=18.839～19.051、$^{207}Pb/^{204}Pb(t)$=15.693～15.725、$^{208}Pb/^{204}Pb(t)$=39.022～39.220。

户撒花岗闪长岩具有高的 Rb（109×10^{-6}）和 Sr（320×10^{-6}）含量，$^{87}Rb/^{86}Sr$ 值较小，为 1.0，初始 Sr 同位素比值 $^{87}Sr/^{86}Sr(t)$为 0.716496，$^{147}Sm/^{144}Nd$ 值为 0.12，Nd 同位素比值 $^{143}Nd/^{144}Nd$ 为 0.511759，$\varepsilon_{Nd}(t)$为–16.5，全岩 Nd 同位素二阶段模式年龄为 1.89Ga。花岗闪长岩初始 Pb 同位素组成为 $^{206}Pb/^{204}Pb(t)$=18.471、$^{207}Pb/^{204}Pb(t)$=15.686、$^{208}Pb/^{204}Pb(t)$=39.285。

2.6 锆石 Lu-Hf 同位素

本节仅对户撒花岗闪长岩中的锆石进行 Lu-Hf 同位素分析，结果见附表 2 和图 2.9。古永花岗岩的锆石 Lu-Hf 同位素参考前人研究结果（Chen *et al.*, 2015a; Qi *et al.*, 2015; Cao *et al.*, 2016）。

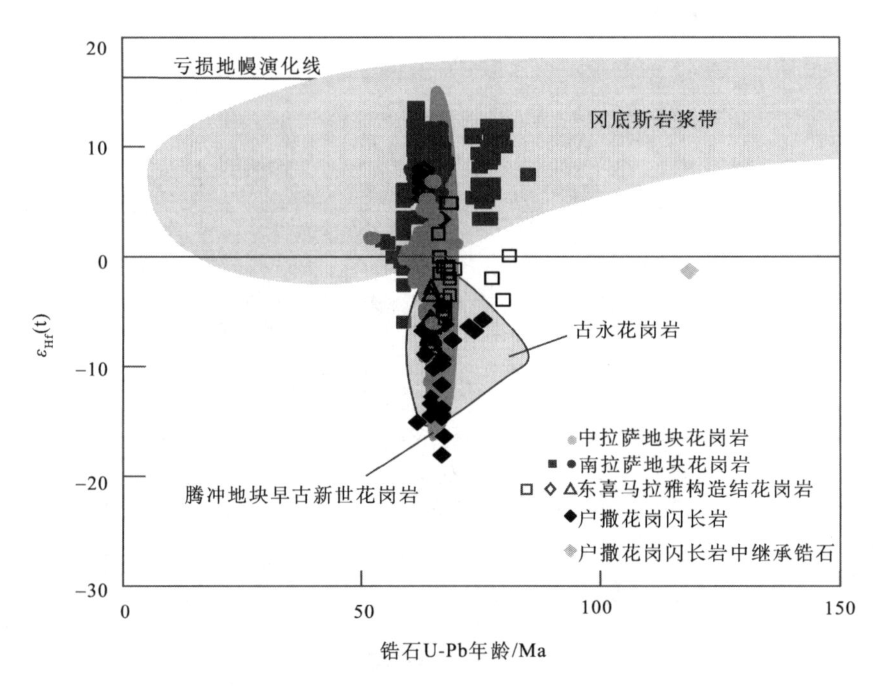

图 2.9 古永和户撒花岗岩类 $\varepsilon_{Hf}(t)$-锆石 U-Pb 年龄图解

冈底斯岩浆带数据引自 Ji 等（2009）；南拉萨地块数据引自黄玉等（2010），Zhu 等（2011），Jiang 等（2014），Ji 等（2014），Hou 等（2015）和 Zheng 等（2014）；中拉萨地块数据引自高一鸣等（2011），Wang 等（2012），Hou 等（2015）和 Zheng 等（2015）；东喜马拉雅构造结数据引自 Chui 等（2009），Guo 等（2011, 2012）和 Pan 等（2016），腾冲地块数据引自 Xu 等（2012），Qi 等（2015），Chen 等（2015a）和 Xie 等（2016）

花岗闪长岩 LC28 共进行 24 个点分析测试 Lu-Hf 同位素，其中三颗锆石年龄为 74～127Ma，是捕获锆石或者继承性锆石，对应的 $\varepsilon_{Hf}(t)$值为–6.9～–1.3。其他 21 个测试点锆石为岩浆成因，年龄为 69～60Ma，其中 20 个具有变化较大的 $\varepsilon_{Hf}(t)$负值，为–18.1～–4.4，相应的 Hf 同位素二阶段模式年龄为 1.42～2.28Ga，另外一个测试点的 $\varepsilon_{Hf}(t)$为 3.4，对应的单阶段模式年龄为 0.68Ga。

2.7 讨　　论

2.7.1 古永花岗岩和户撒花岗闪长岩成因

腾冲地块晚白垩世—早古新世古永和户撒花岗质岩石可以被分为两类，第一类为相对高硅的花岗岩，第二类为相对低硅的花岗闪长岩。虽然这两类岩石形成时代基本一致，但是其物质组成有差异，所反映出来岩浆起源的源区物质组成也是不同的。以下主要针对两种不同岩石类型的源区进行讨论。

古永花岗岩呈现出过铝质高钾钙碱性特征，同时具有高 SiO_2 含量（70.44%～76.45%）和 K_2O/Na_2O 值（1.2～1.6），低 MgO 含量（0.06%～0.65%）和 Mg#值（11～40）。岩石富集轻稀土，重稀土分布平坦，中稀土轻度亏损（图 2.6）。全岩的 Sr-Nd 同位素结果显示，古永花岗岩具有高初始 $^{87}Sr/^{86}Sr$ 值（0.706511～0.711753）和负的 $\varepsilon_{Nd}(t)$值（–11.6～–9.2）（图 2.7）。这些地球化学和同位素特征表明，古永花岗岩是地壳物质部分熔融的结果。这与全岩 Pb 同位素分析结果一致，表明其源区主要为古老的中下地壳物质（图 2.8）。低的 Mg#值（<45）和过铝质特征类似于地壳物质中的变质火成岩和变质沉积岩部分熔融所形成的熔体（Patiño Douce, 1995; Rapp and Watson, 1995）。而变质基性岩部分熔融形成的熔体是富 Na_2O 的，熔体组分类似于花岗闪长岩-奥长花岗岩（Rapp and Watson，1995）。但古永花岗岩具有富 K_2O 的特征，因此不可能为下地壳的变质基性岩部分熔融，其源区应为变质沉积岩。岩石具有多变的 CaO/Na_2O 值（0.1～0.7），Al_2O_3/Ti_2O 值（40～263），高的 Rb 含量（283×10^{-6}～497×10^{-6}）和 Rb/Sr 值（1.8～32.3），这些元素比值表明古永花岗岩源岩为变质泥质岩的或者泥质岩和杂砂岩的混合源区（Sylvester, 1998）（图 2.10）。

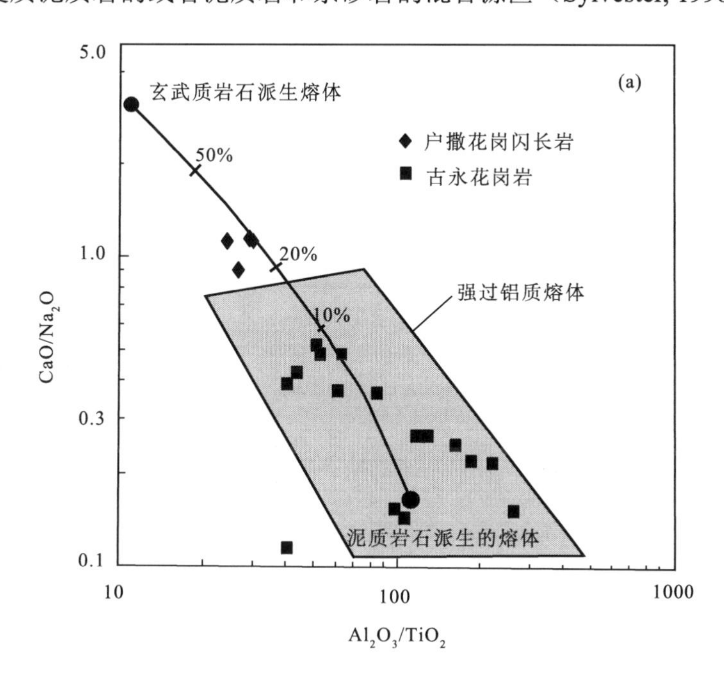

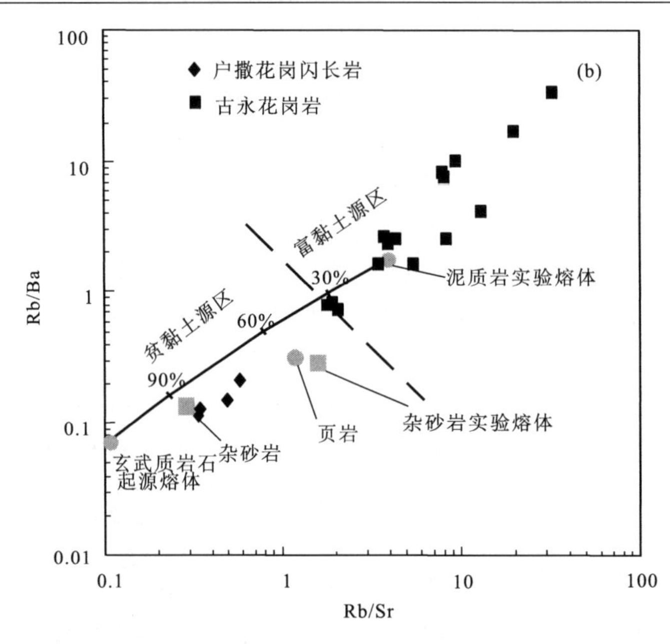

图 2.10　古永和户撒花岗岩类 Al_2O_3/TiO_2-CaO/Na_2O 和 Rb/Sr-Rb/Ba 图解（据 Sylvester，1998）

根据全岩 Nd 同位素二阶段模式年龄（1.39～1.55Ga），这些沉积岩的时代可能为中元古代，与腾冲地块的基底年代基本相似。这些花岗岩亏损高场强元素，如 Nb、Ta、Hf、Ti、P 等，富集大离子亲石元素，如 Rb、K 等，被认为是岛弧岩浆作用的特征。事实上，如果花岗质岩浆源区要是以角闪石和副矿物（如钛铁矿、磷灰石、锆石）为残留相，分离的花岗质熔体会形成类似于古永花岗岩的地球化学特征。同时，强烈的负 Eu 异常（δEu=0.12～0.58）说明源区物质缺少斜长石，或者斜长石以残留相存在于源区或者岩浆经过强烈的斜长石结晶分异。

相比较古永花岗岩，户撒花岗闪长岩含有大量的角闪石（体积百分比为 8%左右）。这些花岗闪长岩具有较低的 SiO_2（64.50%～66.99%）含量，高的 Na_2O（3.44%～3.85%）含量，相对低的 K_2O/Na_2O 值（0.9～1.1），但这些花岗闪长岩仍呈现出准铝质高钾钙碱性特征。全岩的 Sr-Nd-Pb 同位素结果显示，花岗闪长岩具有高的初始 $^{87}Sr/^{86}Sr$ 值（0.716496），负的 $\varepsilon_{Nd}(t)$值（–16.5），以及下地壳特征的 Pb 同位素组分（图 2.7、图 2.8）。这些同位素组分说明户撒花岗闪长岩的源岩以壳源岩石为主。户撒花岗闪长岩具有相对均匀的组分（如 SiO_2 含量为 64.50%～66.99%），因此，在花岗闪长质岩浆形成过程中结晶分异所起的作用很小。花岗闪长岩经常是在活动大陆边缘或者碰撞造山带中形成大的岩基（Castro, 2013），可用的实验结果表明，这些准铝质高钾钙碱性岩石主要有以下几种可能的成因模式：①岛弧地区已经存在的含水高钾到中钾钙碱性镁铁质岩石部分熔融（Rapp *et al*., 1991; Rushmer, 1991; Robetrts and Clemens, 1993; Rapp and Watson, 1995）；②混合模型，包含岩浆混合和源区混合，岩浆混合模型是幔源的镁铁质岩浆和壳源的长英质岩浆混合（Castro *et al*., 1991; Davis and Hawkesworth, 1993），源区混合模型是古老地壳物质（变质沉积岩）和变质火成岩（新生地壳）形成的混合源区（mixing sources）发生部分熔融。锆石的 Lu-Hf 同位素比值可以很好地反映源岩信息和岩石成因，岩浆混合一般会造成锆石 Lu-Hf 同位素的不均一性，单个样品的 $\varepsilon_{Hf}(t)$变化范围会超过 10 个单位（Kemp *et al.*, 2007; Bolhar *et al.*, 2008）。而户撒花岗闪长岩的 Hf 同位素表现出离散的特征，其 $\varepsilon_{Hf}(t)$值为–18.1～3.4，变化范围超过 20 个单位，和混合模型形成的 Hf 同位素相似。因此户撒花岗闪长岩被认为是镁铁质和长英质岩浆混合或者是古老地壳和新生地壳物质的混合源区部分熔融所形成。据 Xie 等（2016）报道，在腾冲地块早古新世两个二长花岗岩样品的 SiO_2 含量为 70.20%和 77.40%，对应的 $\varepsilon_{Hf}(t)$值分别为 0.5～3.1 和–6.9～6.5。这意味着腾冲地块是存在新生地壳的，与黄志英等（2013）在那邦地区发现存在有三叠纪的辉长岩-闪长岩是一致的，这些辉长岩和闪长岩具有亏损地幔特征的 Hf 同位素组分，其 $\varepsilon_{Hf}(t)$值为 7.8～14.9。此外，在腾冲地块区域上还未发现存在晚白垩世到早古新世的镁铁质岩浆作用，已有研究资料表明该期以花岗质岩浆作用为主（Xu *et al.*, 2012; Chen *et al.*, 2015a; Qi *et al.*, 2015; Cao *et al.*, 2016; Xie *et al.*, 2016）。因此，本书认为户撒花岗闪长岩是由古老地壳和新生地壳物质混合的源岩发生部分熔融形成的，但不能完全排除镁铁质岩浆和长英质岩浆混合的结果。这些花岗闪长岩显示出富集大离子亲石元素，亏损高场强元素的特征（图 2.6），并且具有较高的重稀土含量，$Yb=2.62\times10^{-6}$～3.78×10^{-6}、$Y=28.3\times10^{-6}$～39.5×10^{-6}。这些地球化学特征表明，源区的残留相为角闪石而不是石榴子石。花岗闪长岩中的 Eu 负异常和低的 Sr 含量进一步说明源岩是在斜长石稳定区间发生的部分熔融，而石榴子石是不稳定的。石榴子石作为下地壳片麻岩或者石英角闪岩脱水熔融时的源区残留相需要的稳定压力（≥12.5kbar[①]）（Patiño Douce and Beard, 1995），因此户撒花岗闪长岩起源的地壳厚度相对较薄（<40km）。

2.7.2　晚白垩世—早古新世岩浆弧的熔融深度

古永花岗岩和户撒花岗闪长岩均获得了晚白垩世—早古新世的结晶年龄（～64Ma），同期的酸性岩浆岩在腾冲地块（Xu *et al.*, 2012; Eroğlu *et al.*, 2013; Chen *et al.*, 2015a; Qi *et al.*, 2015; Cao *et al.*, 2016）和相邻的中-南拉萨地块以及东喜马拉雅构造结（Mo *et al.*, 2007; Guo *et al.*, 2011, 2012; Zhu *et al.*, 2011; Ji *et al.*, 2014; Jiang *et al.*, 2014; Pan *et al.*, 2014, 2016; Hou *et al.*, 2015; Zheng *et al.*, 2014, 2015）普遍发育。这些地区是新特提斯洋北向俯冲和东向俯冲的活动大陆边缘岛弧地区，记录着新特提斯洋的演化历程，因此对这些地区晚白垩世—早古新世的壳源岩石进行研究对比，可以揭示新特提斯洋北向和东向俯冲过程中岛弧地壳的深熔作用和地壳结构。腾冲地块的晚白垩世—早古新世花岗质岩石以岩体或者岩株分布于猴桥、古永、小龙河和户撒等地，其形成年龄为 76～64Ma（Xu *et al.*, 2012; Eroğlu *et al.*, 2013; Chen *et al.*, 2015a; Qi *et al.*, 2015）。中-南拉萨地块和东喜马拉雅构造结的同期壳源岩石主要为闪长岩和花岗岩（76～62Ma）（Kapp *et al.*,

---

① 巴（bar），1 bar=10^5Pa。

2005; Wen *et al*., 2008b; Ji *et al*., 2014; Pan *et al*., 2014, 2016; Zheng *et al*., 2014, 2015; Hou *et al*., 2015），以及同期的林子宗火山岩典中组的安山岩（60.6～64.5Ma）（莫宣学等，2003; He *et al*., 2007; Mo *et al*., 2007; Lee *et al*., 2009）。对比壳源岩石的地球化学特征可以反映地壳深熔作用发生的相对深度（图 2.11）（Mo *et al*., 2007; Zhu *et al*., 2011; Ji *et al*., 2014; Chiaradia, 2015）。

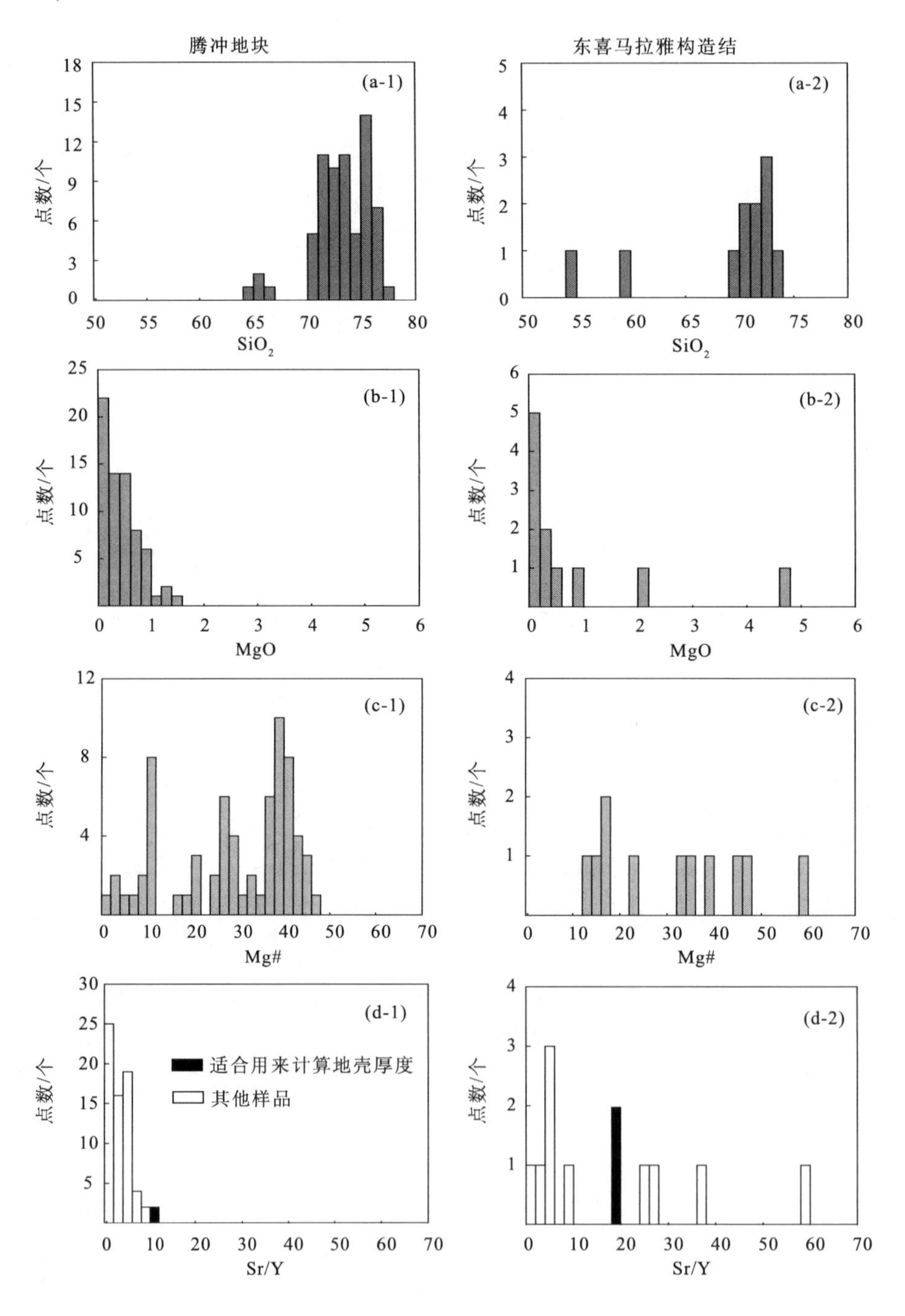

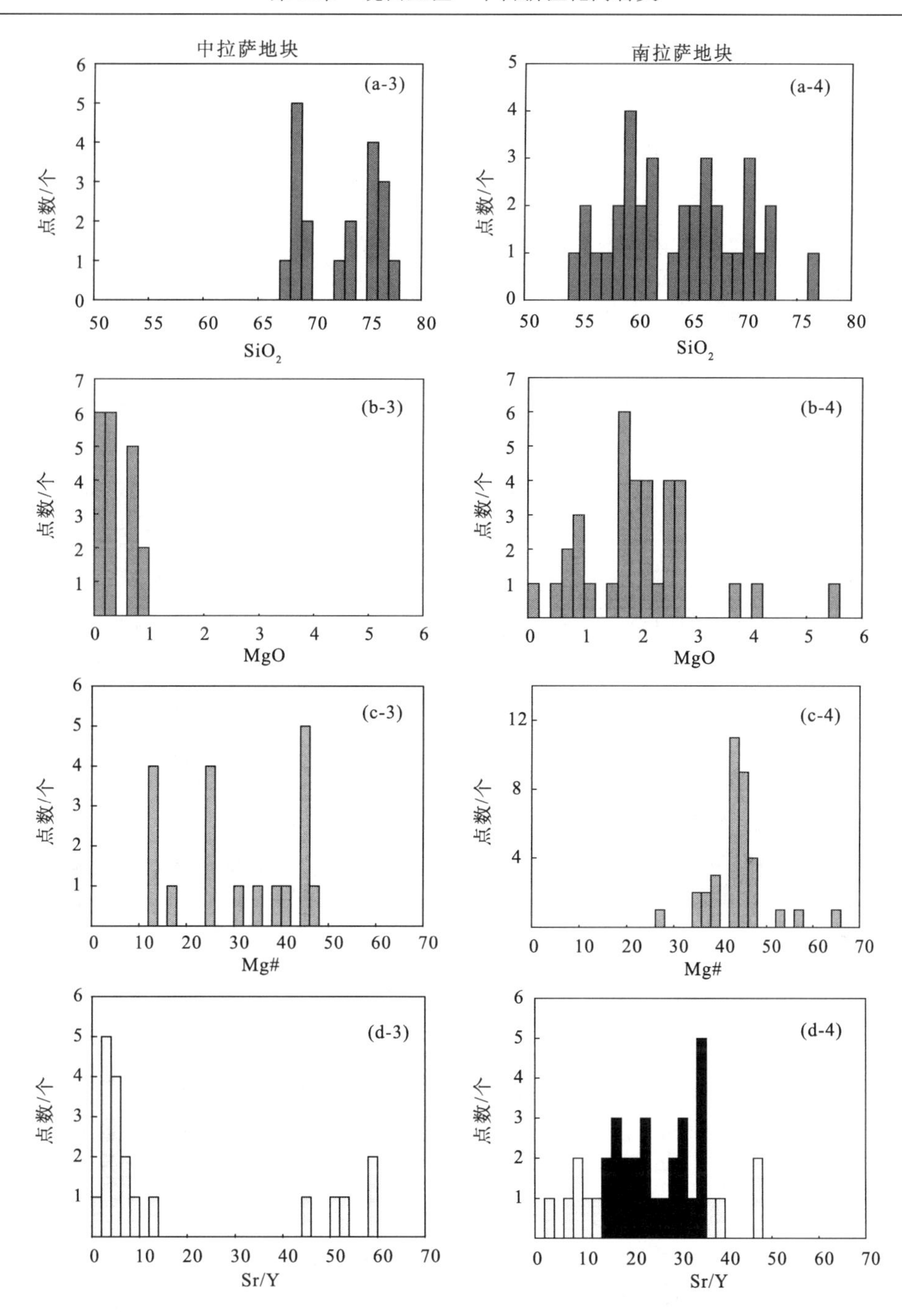

图 2.11　腾冲地块、东喜马拉雅构造结和中-南拉萨地块晚白垩世—早古新世花岗岩类 SiO_2、MgO、Mg#和 Sr/Y 柱状图

中-南拉萨地块数据引自 Mo 等（2007，2008），Ji 等（2009，2012，2014），黄玉等（2010），Zhu 等（2011），Wang 等（2012），Jiang 等（2014），Hou 等（2015），Zheng 等（2014，2015）；东喜马拉雅构造结数据引自 Guo 等（2011，2012），Lin 等（2012），Pan 等（2014，2016）；腾冲地块数据引自 Qi 等（2015），Chen 等（2015a）

腾冲地块晚白垩世—早古新世花岗岩类具有相对高的 SiO_2 含量（64.50%～77.37%）、K_2O/Na_2O 值（0.4～2.8，大多数大于 1）、Y 含量（13.9×10^{-6}～182.4×10^{-6}）和 Yb 含量（1.10×10^{-6}～21.0×10^{-6}），相对低的 MgO（0.01%～1.53%）含量和 Mg#值（2～40）、Sr/Y 值（0.1～11.5）（Chen *et al.*, 2015a; Qi *et al.*, 2015）[图 2.11（a-1）～（d-1）]。相反，南拉萨地块同期的岩石类型主要为闪长岩到花岗岩（Kapp *et al.*, 2005; Ji *et al.*, 2012, 2014; Jiang *et al.*, 2014; Zheng *et al.*, 2014; Hou *et al.*, 2015）和相应的林子宗安山岩（莫宣学等，2003; Mo *et al.*, 2007），具有多变的 SiO_2（54.38%～76.03%，大多数小于 70%），相对富集 Na_2O，Na_2O/K_2O 值为 0.2～1.5，大多数大于 1，同时这些岩石具有较高的 MgO 含量（0.18%～5.34%）和 Mg#值（12～46），多变的 Sr/Y 值（3～47）[图 2.11（a-4）～（b-4）]。中拉萨地块的晚白垩世—早古新世花岗岩类具有较高的 SiO_2 含量（68%～77.01%），低的 MgO 含量（0.08%～0.96%）和 Mg#值（12～46），多变的 Sr/Y 值（1～58）[图 2.11（a-3）～（b-3）]。东喜马拉雅构造结同期的花岗岩类的 SiO_2 含量为 54.60%～73.05%，MgO 含量为 0.11%～4.78%，Mg#值为 13～59，Sr/Y 值为 2～58[图 2.11（a-2）～（b-2）]。一般来说，壳源岩浆越偏基性，其起源深度和所需要的温度就越高（Rapp and Watson, 1995）。南拉萨地块的壳源岩石表现出相对低的 SiO_2 含量和 K_2O/Na_2O 值，高的 MgO 含量、Mg#值及 Sr/Y 值，然而东喜马拉雅构造结的这些地球化学指标显示出中等的值，在中拉萨和腾冲地块表现出相对高的 SiO_2 含量和 K_2O/Na_2O 值，低的 MgO 含量、Mg#值及 Sr/Y 值。因此，本书初步得到结论：晚白垩世到早古新世岛弧熔融深度在南拉萨地块最深，东喜马拉雅构造结中等，中拉萨和腾冲地块最浅。

壳源岩浆中镁铁质岩浆加入的比例或者新生地壳部分熔融的程度也能从侧面反映出其岩浆起源的深度，尤其锆石的原位 Lu-Hf 同位素分析可以揭示是否是成熟的古老地壳物质或者新生地壳的熔融（Griffin *et al.*, 2002; Kemp *et al.*, 2006; Scherer *et al.*, 2007; Zhu *et al.*, 2011）。Nd 同位素和 Hf 同位素具有相似的源区示踪功能，因此本书对中-南拉萨地块、东喜马拉雅构造结及腾冲地块晚白垩世—早古新世的壳源岩石 Nd-Hf 同位素进行对比，如图 2.12 所示。腾冲地块的 Hf 同位素组分显示出由负到正的特征，$\varepsilon_{Hf}(t)$值为–18.1～6.5（Xu *et al.*, 2012; Chen *et al.*, 2015a; Qi *et al.*, 2015; Xie *et al.*, 2016），相应的 $\varepsilon_{Nd}(t)$值为–16.5～–4.4（Chen *et al.*, 2015a）。中拉萨地块同期壳源岩石的 $\varepsilon_{Hf}(t)$和 $\varepsilon_{Nd}(t)$值与腾冲地块的相似，分别为–13.9～6.4 和–13.48～–3.90（Wang *et al.*, 2012; Zheng *et al.*, 2015）。这些同位素特征指示着腾冲地块和中拉萨地块晚白垩世—早古新世时的深融作用是以古老地壳物质为主及少量新生地壳物质低程度的部分熔融。南拉萨地块同期的 $\varepsilon_{Hf}(t)$值为 2.3～13.6（Ji *et al.*, 2009, 2012, 2014; 黄玉等，2010; Zhu *et al.*, 2011; Jiang *et al.*, 2014; Zheng *et al.*, 2014; Hou *et al.*, 2015），$\varepsilon_{Nd}(t)$值为–2.6～4.3（莫宣学等，2003; Mo *et al.*, 2007; Jiang *et al.*, 2014）。东喜马拉雅构造结的同期岩石 $\varepsilon_{Hf}(t)$值为–9.6～8.0，$\varepsilon_{Nd}(t)$值为–10.5～–1.7（Guo *et al.*, 2011, 2012; Pan *et al.*, 2014, 2016）。这些特征表明南拉萨地块主要是新生地壳物质部分熔融，而在东喜马拉雅构造结主要是古老地壳物质和新生地壳的源区的部分熔融。一般来说，新生地壳起源的岩浆所需要的温度会更高，在地壳内其熔融的深度也会相对更深。因此结合其他的地球化学指标，本书认为在南拉萨地块地壳深熔作用的深度最大，东喜马拉雅构造结中等，中拉萨地块和腾冲地块相对最浅。

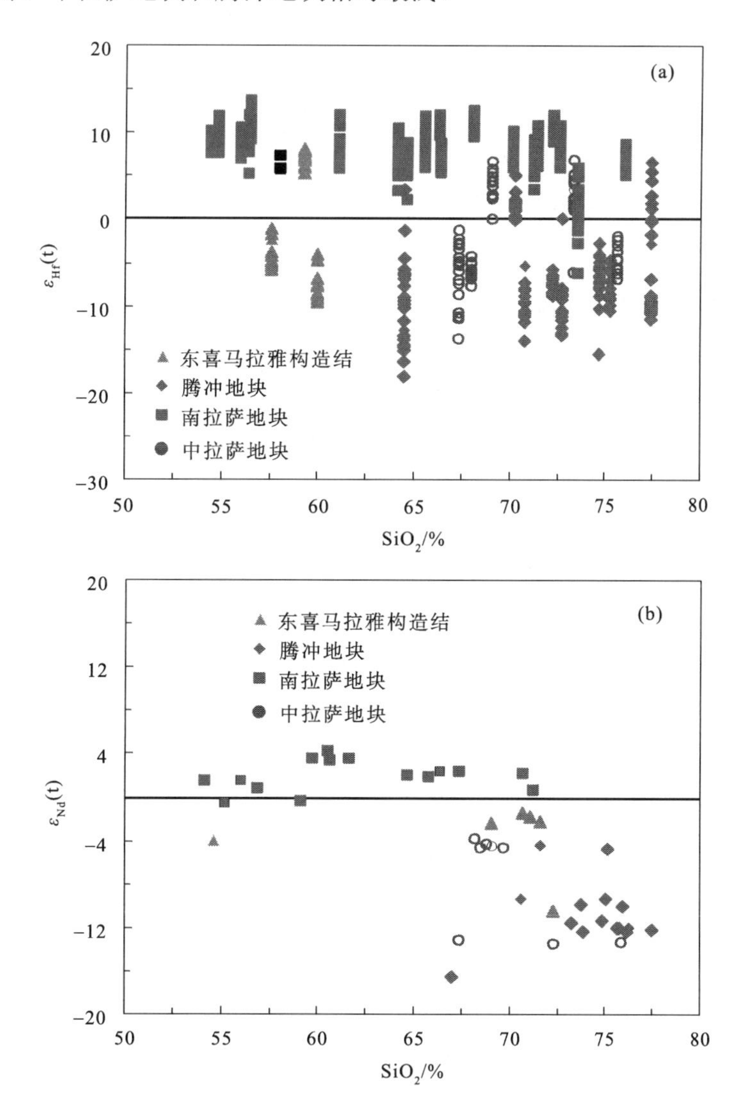

图 2.12 腾冲地块、东喜马拉雅构造结和中-南拉萨地块晚白垩世—早古新世花岗岩类 SiO_2-$\varepsilon_{Hf}(t)$和 SiO_2-$\varepsilon_{Nd}(t)$图解

中-南拉萨地块数据引自 Mo 等（2007, 2008），Ji 等（2009, 2012, 2014），黄玉等（2010），Zhu 等（2011），Wang 等（2012），Jiang 等（2014），Zheng 等（2014, 2015），Hou 等（2015）；东喜马拉雅构造结数据引自 Guo 等（2011, 2012），Lin 等（2012），Pan 等（2014, 2016）；腾冲地块数据引自 Chen 等（2015a），Qi 等（2015），Xie 等（2016）

2.7.3 晚白垩世—早古新世岩浆弧的地壳深度

一些地球化学指标经常被用来计算地壳的厚度，如 K_2O 的含量，Sr/Y 值（Condie, 1982; Mantle and Collins, 2008; Chapman, 2015; Chiaradia, 2015）。这些指标是在区域上进

行校正，然后再利用到全球尺度上，尤其是利用中酸性岩石的 Sr/Y 值来计算地壳厚度（Chapman, 2015; Chiaradia, 2015）。Sr/Y 值受控于含 Sr 和 Y 矿物的稳定性，如长石和石榴子石，而这些矿物的稳定性是和岩浆形成或演化过程中的压力有关（Chiaradia, 2015）。当下地壳物质（包括变质沉积岩和火成岩）部分熔融时或者幔源岩浆在下地壳发生结晶分异时，Sr 在低压条件下（<10kbar）是相容的；进入斜长石中，而在高压条件下（>12kbar），斜长石是不稳定的，Sr 为不相容的，进入熔体中（Kay and Mpodozis，2001）。相反地，Y 在高压条件下是相容的，进入石榴子石或者角闪石中，而低压条件下不相容，进入液相（Lee *et al*., 2007）。Chapman（2015）在美国的科迪勒拉山系利用大陆岛弧中酸性岩浆岩的 Sr/Y 值来计算地壳厚度随时空的变化。地壳厚度与 Sr/Y 值之间经过校正的计算公式为 $y=0.90x-7.25$，其中 y 代表 Sr/Y 值，x 代表地壳厚度或者莫霍面的深度。此公式在应用时，其选取的数据应该满足以下条件，SiO_2 的含量应该为 55.00%～70.00%，MgO 含量应该为 1.00%～6.00%，Rb/Sr 值为 0.05～0.35。满足这些元素特征的数据可以排除起源于地幔的镁铁质岩石和起源于中上地壳变质沉积岩的淡色花岗岩（Chapman，2015）。

虽然俯冲洋壳能够形成中酸性岩浆并且具有高的 Sr/Y 值（Defant and Durmmond，1990），但在中-南拉萨地块、东喜马拉雅构造结和腾冲地块的晚白垩世—早古新世的这些中酸性岩石均是壳内岩石部分熔融的结果（Mo *et al*., 2007, 2008; Zhu *et al*., 2011; Guo *et al*., 2012; Lin *et al*., 2012; Ji *et al*., 2014; Jiang *et al*., 2014; Pan *et al*., 2014, 2016; Zheng *et al*., 2014, 2015; Chen *et al*., 2015a; Hou *et al*., 2015; Qi *et al*., 2015）。可用来计算地壳厚度的数据列于表 2.5。但中拉萨地块的数据不满足计算条件，因此，中拉萨地块的地壳厚度不能计算。根据本书计算的结果可知，在晚白垩世—早古新世时，腾冲地块的地壳厚度为 20～21km，东喜马拉雅构造结和南拉萨地块北部的地壳厚度大约为 30km，而在南拉萨地块南部地区地壳厚度大约为 42km。这些计算结果与地层学的记录一致，在印度和欧亚大陆碰撞之前拉萨地块白垩纪地层的变形说明在新特提斯洋北向俯冲时，活动大陆边缘的地壳发生加厚缩短（Ratschbacher *et al*., 1993）。从中-南拉萨地块穿过东喜马拉雅构造结到腾冲地块，这些岛弧地壳厚度的不一致可能是由于新特提斯洋北向和东向俯冲的机制不同或者形成的岩浆作用所处岛弧地区的位置不同，腾冲地块晚白垩世—早古新世的岩浆作用可能是在大陆边缘岛弧的弧后部位。

表 2.5　腾冲地块、东喜马拉雅构造结和南拉萨地块地壳厚度计算结果

地区	样品	Rb/Sr	SiO_2	MgO	Sr/Y	地壳厚度	参考文献
腾冲地块	LL120	0.34	66.99	1.19	11	20	本书
	LL121	0.34	65.37	1.34	11	21	本书
东喜马拉雅构造结	T656	0.14	59.24	2.15	20	30	Guo *et al*., 2011
	T1224	0.18	57.60	3.09	20	30	Pan *et al*., 2016

续表

地区	样品	Rb/Sr	SiO_2	MgO	Sr/Y	地壳厚度	参考文献
南拉萨地块北部	08FW51	0.27	66.35	1.97	15	24	Ji *et al*., 2012
	D-2	0.09	59.16	3.66	19	30	Mo *et al*., 2008
	D-15	0.13	58.05	2.53	17	26	Mo *et al*., 2008
	BD-145	0.18	61.57	1.77	16	26	Mo *et al*., 2008
	BD-160	0.13	58.77	1.77	25	36	Mo *et al*., 2008
	BD-123	0.09	56.97	2.30	18	28	Mo *et al*., 2007
	Lz9913	0.08	55.21	4.01	21	31	Mo *et al*., 2007
	LS5	0.08	56.09	4.01	20	30	黄玉等，2010
南拉萨地块南部	07TB22a	0.20	66.39	1.61	30	41	Jiang *et al*., 2014
	07TB22b	0.21	66.37	1.68	29	40	Jiang *et al*., 2014
	07TB23	0.27	67.39	1.53	27	38	Jiang *et al*., 2014
	07TB24c	0.17	65.85	1.86	34	46	Jiang *et al*., 2014
	07TB24d	0.24	67.18	1.73	30	41	Jiang *et al*., 2014
	07TB25a	0.18	64.67	2.06	31	43	Jiang *et al*., 2014
	07TB26a	0.20	64.14	2.12	29	40	Jiang *et al*., 2014
	07TB27	0.15	63.90	2.10	32	44	Jiang *et al*., 2014
	07TB28a	0.05	59.79	2.57	35	47	Jiang *et al*., 2014
	07TB29a	0.06	59.12	2.67	34	46	Jiang *et al*., 2014
	07TB30b	0.05	59.44	2.79	36	48	Jiang *et al*., 2014
	07TB32	0.07	60.59	2.55	35	47	Jiang *et al*., 2014
	09TB119	0.11	61.70	2.67	21	31	Jiang *et al*., 2014
	09TB120	0.12	61.52	2.70	23	34	Jiang *et al*., 2014
	NML03-1	0.06	58.03	3.14	27	38	Zhu *et al*., 2011

2.8　小　　结

（1）锆石 U-Pb 年代学研究结果表明古永花岗岩和户撒花岗闪长岩形成于晚白垩世—早古新世，年龄为 64Ma 左右。古永花岗岩起源于变质泥质岩或者变质泥质岩和杂砂岩混合岩的部分熔融，户撒花岗闪长岩是古老地壳和新生地壳物质的混合岩部分熔融形成的。

（2）根据晚白垩世—早古新世时，新特提斯洋东段中-南拉萨地块、东喜马拉雅构造结和腾冲地块的壳源岩浆岩地球化学特征的对比，本书认为地壳部分熔融深度在南拉萨地块最深，且部分熔融的源区以新生地壳物质为主（镁铁质岩石），东喜马拉雅构造结中等，深融的源区主要为新生地壳物质和古老地壳物质（变质沉积岩），腾冲地块和中拉萨地块最浅，熔融的物质主要为古老地壳物质和少量新生地壳物质。

（3）根据起源于下地壳的户撒花岗闪长岩 Sr/Y 值，通过计算得到，在晚白垩世—早古新世时，南拉萨地块南部的地壳厚度大，为加厚地壳，南拉萨地块北部为正常地壳，东喜马拉雅构造结为正常地壳，腾冲地块地壳厚度最小，为减薄的地壳。

第 3 章　早始新世花岗岩类

3.1　引　　言

晚白垩世到早始新世岩浆作用的爆发是新特提斯洋闭合和印度-欧亚大陆碰撞所引起，在活动大陆边缘的拉萨地块形成了冈底斯岩浆带和林子宗火山岩（Chung *et al*., 2005; Guo *et al*., 2007, 2013; Wen *et al*., 2008a, 2008b; Zhu *et al*., 2011; Zhang *et al*., 2013; Wang *et al*., 2015b），并且向东南可延伸至东喜马拉雅构造结和腾冲地块（Qi *et al*., 2015; Xie *et al*., 2016）。结合现如今的地震层析成像研究结果，印度大陆正向东俯冲至缅甸-腾冲地块之下（Li *et al*., 2008; He *et al*., 2010; Zhao *et al*., 2011），因此新特提斯洋洋壳也应沿着这条俯冲带向东俯冲闭合。新特提斯洋北向俯冲及闭合时在拉萨地块上形成了早始新世岩浆作用，以中-南拉萨地块的林子宗火山岩和同期的侵入岩为主（Mo *et al*., 2007, 2008; Gao *et al*., 2010; 赵志丹等，2011）；而新特提斯洋东向俯冲闭合过程中，在腾冲地块盈江-梁河一带形成了大量的早始新世花岗岩类和基性岩（季建清等，2000; Xu *et al*., 2012; Ma *et al*., 2014; Wang *et al*., 2014a, 2015a），其形成年龄集中在 55～50Ma。新特提斯洋东向的闭合时间在 57～52Ma（Xu *et al*., 2008），因此早始新世花岗岩类被认为是陆陆初始碰撞到同碰撞期间的岩浆作用。季建清等（2000）在腾冲地块西侧的那邦地区发现大量的变质基性岩，通过对其源岩恢复和地球化学属性的判断，他们认为这些变质基性岩经历了麻粒岩相的变质作用，具有低的稀土总量（24×10^{-6}～50×10^{-6}）和亏损的 Nd 同位素特征[$\varepsilon_{Nd}(t)$=4.85～9.67]，很可能是新特提斯洋洋壳的上部组成部分，后期折返于地表。Wang 等（2014a，2015a）通过对腾冲地块盈江-陇川一带的变质基性岩系统的研究，发现这些基性岩可大致分为三组，并且由西向东，其富集组分逐渐增多，说明这三组变质基性岩可能是不同源区部分熔融的产物。那邦地区片麻状花岗岩以富 Na_2O 为特征，属于钙碱性系列，根据其地球化学和同位素组分，这些富钠花岗岩被认为是古老地壳物质和新生地壳物质混合部分熔融形成的（Ma *et al*., 2014）。但在腾冲地块邦湾地区发育有一套高钾钙碱性的花岗闪长岩和黑云母花岗岩，并包裹高钾钙碱性-钾玄质的暗色微粒包体，其地球化学特征明显与那邦地区的花岗岩类有区别。因此，本章主要针对这些高钾钙碱性黑云母花岗岩、花岗闪长岩和暗色包体的岩石成因进行讨论。

3.2　野外地质及岩石学

邦湾岩体位于腾冲地块盈江东南方向，与陇川相邻，岩体呈现 NE-SW 向展布，与东侧的瑞丽走滑剪切带几乎平行（图 3.1）。该岩体为一复式岩体，侵入高黎贡山群中，由花岗闪长岩和黑云母花岗岩组成[图 3.2（a）、（b）]，花岗闪长岩构成岩体主体部分，黑云母花岗岩呈岩株侵入花岗闪长岩中。黑云母花岗岩野外露头尺度一般几平方米，与花岗闪长岩突变接触，界线明显。花岗闪长岩呈块状构造，似斑状结构，并含有椭球状或者球状的暗色微粒包体[图 3.2（c）]，其粒径一般为 5～50cm，暗色微粒包体富暗色矿物，以角闪石和黑云母为主，并且包体中出现钾长石大晶和针状磷灰石，说明暗色微粒包体可能是岩浆混合成因。黑云母花岗岩呈块状构造，细粒结构，岩性均一，无明显变化，不含暗色微粒包体[图 3.2（a）]。

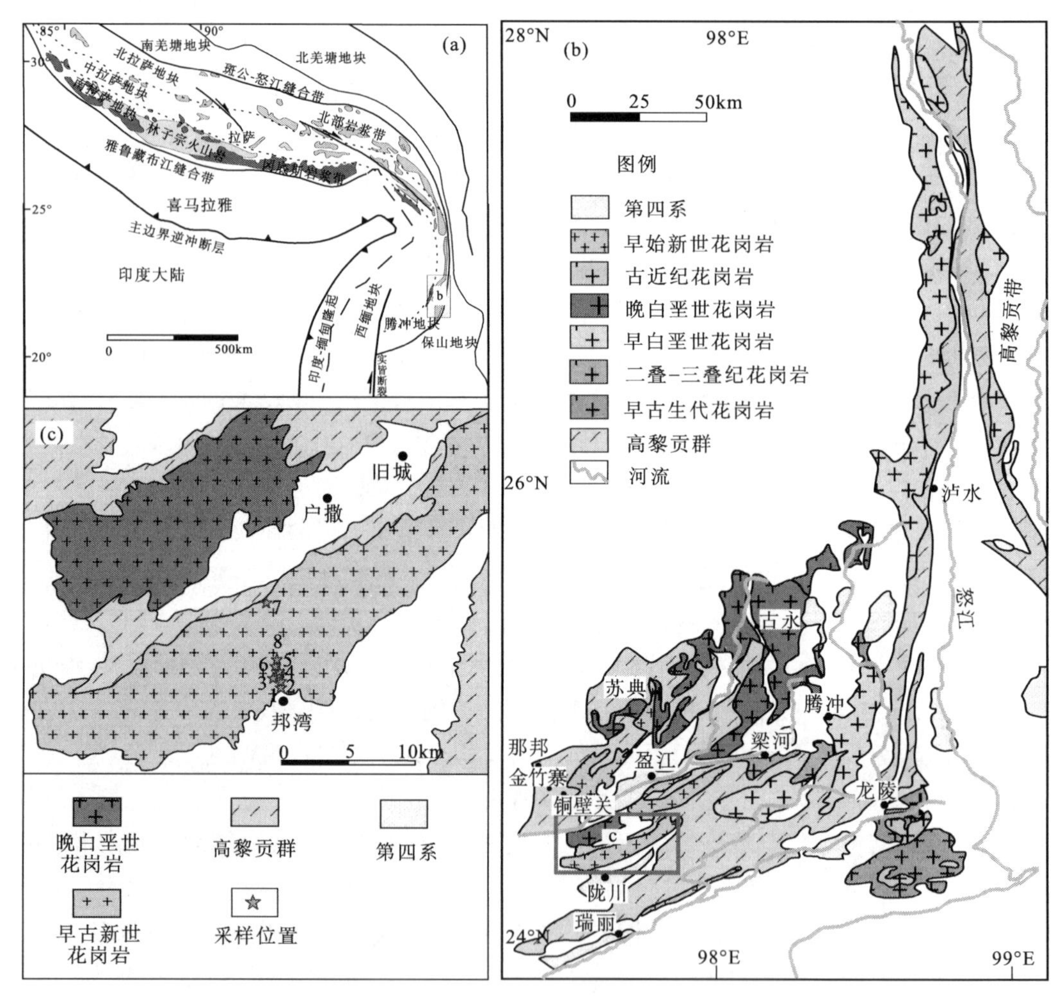

图 3.1　研究区地质图

（a）喜马拉雅-西藏地区地质简图（据 Qi *et al.*, 2015）；（b）腾冲地块及邻区地质简图（据 Xu *et al.*, 2012）；（c）邦湾岩体地质图及采样位置

花岗闪长岩中斑晶为条纹长石，含量在 5%左右，其粒径长度一般为 2～3cm。基质中的浅色矿物为条纹长石（20%～25%）、微斜长石（10%～15%）、斜长石（30%）、石英（15%～18%），暗色矿物为黑云母（7%～10%）和角闪石（3%～5%），副矿物（2%）

主要为榍石、锆石、磷灰石和磁铁矿[图 3.2（e）和（h）]。暗色微粒包体呈现细粒结构，矿物粒径明显小于寄主花岗闪长岩[图 3.2（f）和（i）]，主要组成矿物为角闪石（20%～25%）、黑云母（20%～23%）、斜长石（30%）、钾长石（20%～23%）和石英（3%～5%）。黑云母花岗岩的主要组成矿物为钾长石（15%～25%）、条纹长石（20%）、微斜长石（0～15%）、酸性斜长石（20%～25%）、石英（20%～25%）和黑云母（5%～7%），其副矿物（2%～3%）组成与花岗闪长岩中的类似[图 3.2（d）和（g）]。各类岩石具体组成可见表 3.1。

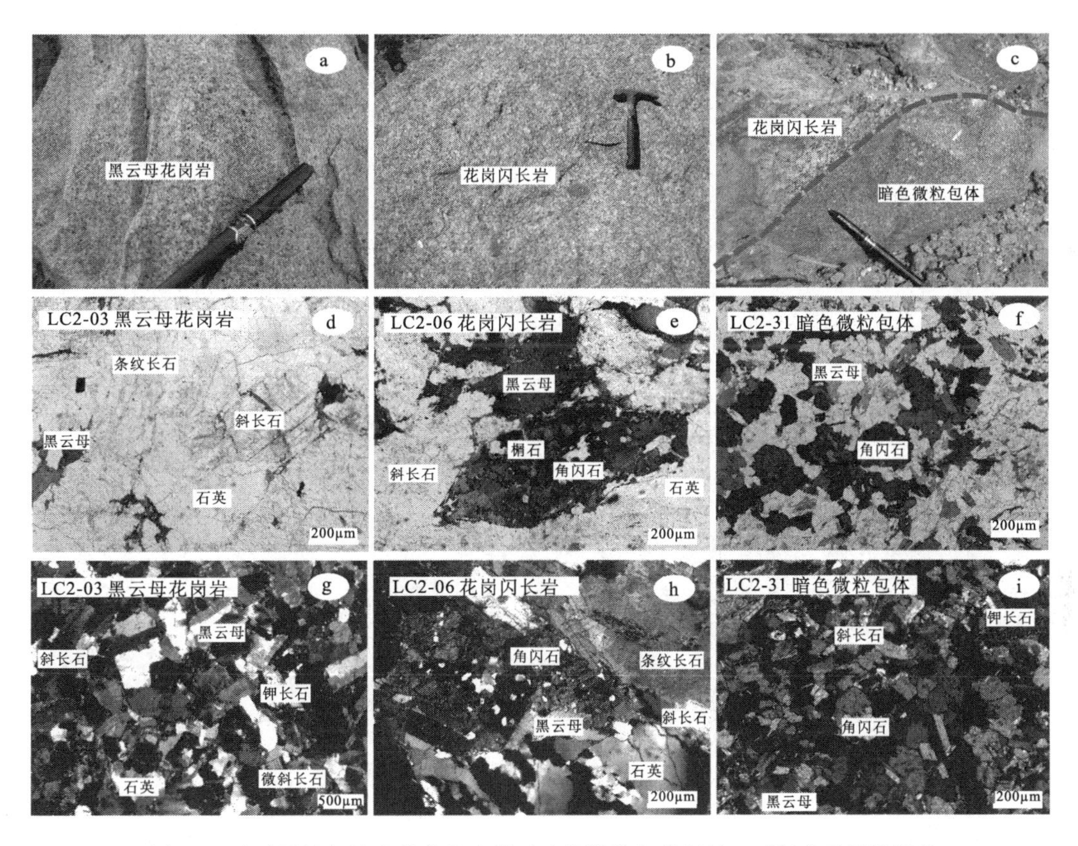

图 3.2　腾冲地块邦湾岩体花岗岩类及暗色微粒包体野外、手标本及显微照片

表 3.1　腾冲地块邦湾岩体样品描述及采样位置

采样点	样品	纬度（N）	经度（E）	岩性	结构	矿物组合
1	LL87 LL90 LL94 LL95	24°20.371'	97°50.562'	黑云母花岗岩	细粒结构	钾长石(25%)+条纹长石(20%)+斜长石(25%)+石英(20%)+黑云母(7%)+副矿物(3%)

续表

采样点	样品	纬度(N)	经度(E)	岩性	结构	矿物组合
2	LC2-02 LC2-03	24°20.379'	97°50.562'	黑云母花岗岩	细粒结构	钾长石(15%)+条纹长石(25%)+斜长石(20%)+微斜长石(10%)+石英(23%)+黑云母(5%)+副矿物(2%)
3	LC2-18 LC2-19	24°20.404'	97°50.397'	黑云母花岗岩	细粒结构	钾长石(15%)+条纹长石(20%)+斜长石(20%)+微斜长石(15%)+石英(20%)+黑云母(7%)+副矿物(3%)
4	LC2-06 LC2-10	24°20.421'	97°50.575'	花岗闪长岩	似斑状结构	斑晶：条纹长石 (5%) 基质：条纹长石(20%)+微斜长石(15%)+斜长石(30%)+石英(15%)+黑云母(10%)+角闪石(3%)+副矿物(2%)
5	LC2-13	24°20.471'	97°50.585'	花岗闪长岩	似斑状结构	斑晶：条纹长石(5%) 基质：条纹长石(20%)+微斜长石(15%)+斜长石(30%)+石英(15%)+黑云母(10%)+角闪石(3%)+副矿物(2%)
6	LC2-27 LC2-28	24°20.823'	97°50.286'	花岗闪长岩	似斑状结构	斑晶：条纹长石(5%) 基质：条纹长石(25%)+微斜长石(10%)+斜长石(30%)+石英(15%)+黑云母(8%)+角闪石(5%)+副矿物(2%)
7	LL112 LL113	24°24.176'	97°49.854'	花岗闪长岩	似斑状结构	斑晶：条纹长石 (5%) 基质：条纹长石(20%)+微斜长石(15%)+斜长石(30%)+石英(18%)+黑云母(7%)+角闪石(3%)+副矿物(2%)
6	LC2-24 LC2-25	24°20.823'	97°50.286'	暗色微粒包体	细粒结构	黑云母(23%)+角闪石(20%)+斜长石(30%)+钾长石(20%)+石英(5%)+副矿物(2%)
8	LC2-31 LC2-32 LC2-33	24°21.015'	97°50.392'	暗色微粒包体	细粒结构	黑云母(20%)+角闪石(25%)+斜长石(30%)+钾长石(20%)+石英(3%)+副矿物(2%)

3.3　锆石 U-Pb 年代学

本书选取四个样品进行锆石单矿物挑选和 LA-ICP-MS 锆石 U-Pb 同位素分析测试，其中两个样品为黑云母花岗岩，即 LL96 和 LC2-17，一个花岗闪长岩样品 LC2-09，一个暗色微粒包体样品 LC2-30。锆石 U-Pb 分析结果可见附表 3。

黑云母花岗岩中的锆石颗粒呈无色透明状、短柱或长柱状半自形到自形晶，晶体长度为 80～250μm，长宽比为 1.5∶1～3∶1。在 CL 图像上，这些锆石均表现出明显的岩浆振荡环带，说明这些锆石是岩浆结晶形成的[图 3.3（a）、（b）]。本书对黑云母花岗岩中的两个锆石样品分别做了 U-Pb 同位素测试。在样品 LL96 中共分析 28 点，其中#16 获得 $^{206}Pb/^{238}U$ 年龄为 63Ma，这与户撒岩体的结晶年龄一致，可能是在岩浆侵位过程中捕获围岩中的锆石。其他的 27 个测试点获得 $^{206}Pb/^{238}U$ 年龄为 49～54Ma，加权平均年龄为 51±1Ma（MSWD=3.5，*n*=27），它们的 U 含量为 $132×10^{-6}$～$2087×10^{-6}$，Th 含量为 $133×10^{-6}$～$1490×10^{-6}$，Th/U 值为 0.22～1.04。在样品 LC2-17 共进行了 32 个测试点分析，获得 $^{206}Pb/^{238}U$ 年龄为 47～51Ma，加权平均年龄为 49±1Ma（MSWD=3.4，*n*=32）。这些锆石的 U 含量为 $470×10^{-6}$～$4358×10^{-6}$，Th 含量为 $366×10^{-6}$～$3077×10^{-6}$，Th/U 值为 0.41～1.37。因此，黑云母花岗岩的结晶年龄为 49～51Ma。

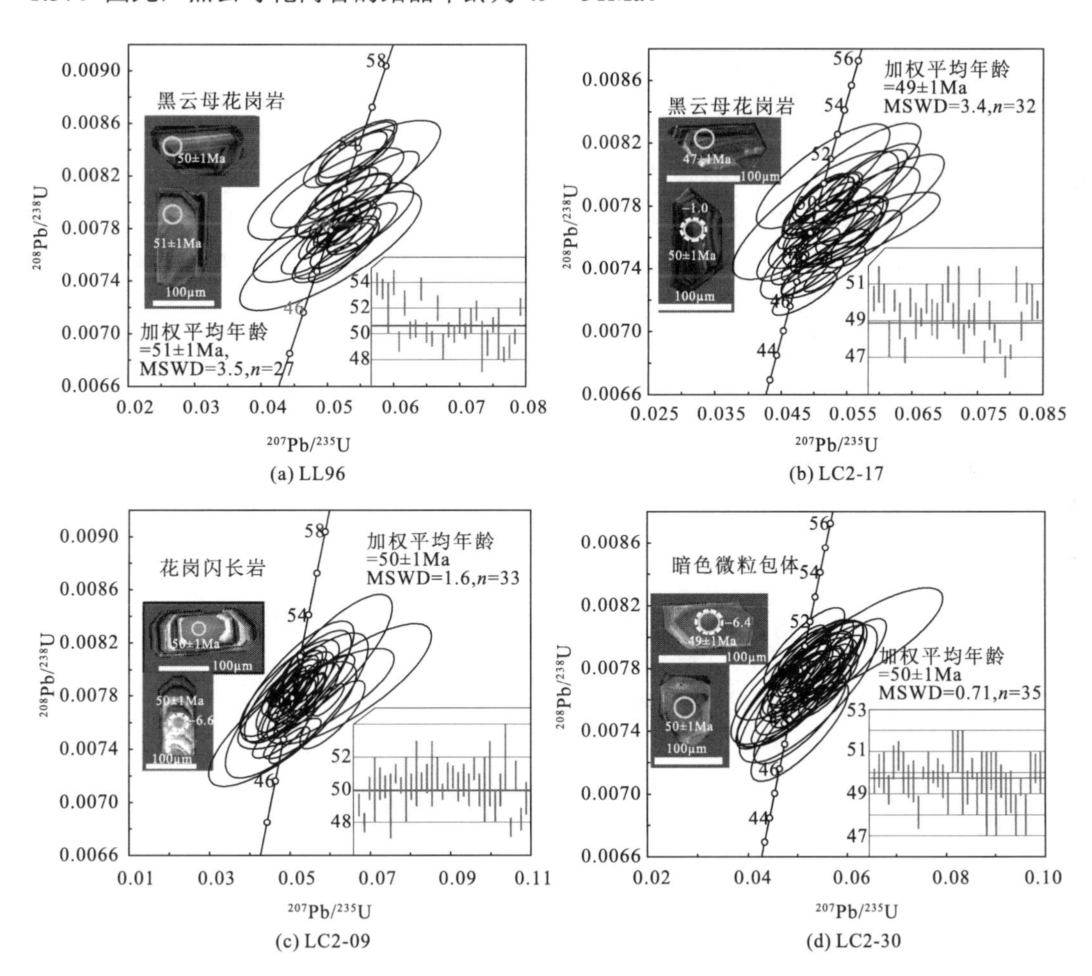

图 3.3　邦湾花岗岩类及暗色微粒包体锆石 U-Pb 年龄谐和图及代表性锆石 CL 图像

花岗闪长岩中的锆石颗粒呈无色透明，长柱状自形晶，晶体长 150～250μm，长宽比为 2∶1～3∶1，在 CL 图像上，显示出清晰的岩浆振荡环带，说明为岩浆成因[图 3.3（c）]。对样品 LC2-09 进行了 35 个点的测试，其中#10 和#31 获得的 $^{206}Pb/^{238}U$ 年龄为

457Ma 和 1056Ma，这些锆石被认为是继承锆石或者是捕获围岩的锆石。其余的 33 个测试点得到一致的 $^{206}Pb/^{238}U$ 年龄，为 48～52Ma，加权平均年龄为 50±1Ma（MSWD=1.6，n=33），该年龄值被认为是花岗闪长岩的结晶年龄。此外，这些锆石的 U 含量为 103×10^{-6}～2211×10^{-6}，Th 含量为 93×10^{-6}～2333×10^{-6}，Th/U 值为 0.25～1.29，其中#12 和#18 的 U 含量为 6477×10^{-6} 和 16451×10^{-6}，Th 含量为 2334×10^{-6} 和 10738×10^{-6}，Th/U 值为 0.36 和 0.65。

暗色微粒包体中的锆石为无色透明状，短柱状自形晶，粒径长度为 50～100μm，在 CL 图像上，部分锆石呈现微弱的振荡环带，部分锆石呈暗色无环带的特征，这些锆石形态表明其结晶环境可能是富流体，富 Th 和 U 的[图 3.3（d）]。对样品 LC2-30 共测试了 35 个点，其 U 含量为 150×10^{-6}～8636×10^{-6}，Th 含量为 126×10^{-6}～5260×10^{-6}，Th/U 值为 0.22～1.65。这些测试点获得谐和的 $^{206}Pb/^{238}U$ 年龄为 48～51Ma，加权平均年龄为 50±1Ma（MSWD=0.71，n=35），该年龄为暗色微粒包体的结晶年龄。

通过对黑云母花岗岩、花岗闪长岩和暗色微粒包体中的锆石年代学研究，它们的形成时代基本一致，大约在 50Ma，是与腾冲地块那邦地区的片麻状花岗岩和那邦-铜壁关-陇川地区基性岩同期，均为早始新世（Ma *et al*., 2014; Wang *et al*., 2014a, 2015a）。

3.4 主微量元素地球化学

本书对邦湾岩体中的似斑状花岗闪长岩及暗色微粒包体和黑云母花岗岩分别进行主量和微量元素分析测试，结果见表 3.2 和表 3.3。

黑云母花岗岩具有高的 SiO_2（74.33%～75.41%）和 K_2O（5.57%～6.23%）含量，低的 Na_2O（2.48%～2.88%）含量，其 K_2O/Na_2O 值为 1.9～2.5，属于高钾钙碱系列[图 3.4（b）]。同时这些黑云母花岗岩具有相对低的 MgO（0.14%～0.22%）、TFe_2O_3（1.06%～1.46%）和 CaO（0.88%～1.11%）含量，相对高的 Al_2O_3（12.85%～13.61%）含量，铝饱和指数 A/CNK 值为 1.00～1.09，属于过铝质花岗岩[图 3.4（c）]，Mg#值为 18～31。黑云母花岗岩具有低的 Cr（1.10×10^{-6}～10.4×10^{-6}）、Ni（1.19×10^{-6}～7.52×10^{-6}）和 Sr（62.1×10^{-6}～83.9×10^{-6}）含量，高的 Rb（335×10^{-6}～376×10^{-6}）、Y（40.0×10^{-6}～66.0×10^{-6}）含量，其 Rb/Sr 值为 4.0～6.0，说明源岩主要为成熟地壳物质。在原始地幔标准化蛛网图中[图 3.5（a）]，黑云母花岗岩富集 Rb、K、Th、U 等大离子亲石元素，亏损 Nb、Ta 和 Ti 等高场强元素。在球粒陨石标准化稀土配分图中[图 3.5（b）]，该区黑云母花岗岩呈现出富集 LREE、亏损 HREE 的特征，重稀土具有相对平坦的分配模式，$(La/Yb)_N$=10～17，$(Gd/Yb)_N$=1.3～1.9，并且这些岩石呈现出明显的负 Eu 异常（δEu=0.19～0.22），其 Lu/Yb=5.9～6.7，表明源区残留相中含有大量的角闪石，而低的 Sr/Y（1.3～2.1）值，说明残留相中的石榴子石不稳定。岩石的稀土元素总量为 266×10^{-6}～435×10^{-6}。

表 3.2　腾冲地块邦湾岩体花岗岩类和暗色微粒包体主量元素数据

样品	黑云母花岗岩				寄主花岗闪长岩											暗色微粒包体				
	LC2-02	LC2-03	LC2-18	LC2-19	LL87	LL90	LL94	LL95	LL112	LL113	LC2-06	LC2-10	LC2-13	LC2-27	LC2-28	LC2-24	LC2-25	LC2-31	LC2-32	LC2-33
SiO_2/%	74.51	74.50	75.41	75.11	74.33	74.86	74.85	75.02	69.09	69.57	68.70	68.17	68.93	67.21	67.81	64.95	53.10	55.27	59.41	59.84
TiO_2/%	0.13	0.13	0.09	0.09	0.13	0.14	0.15	0.15	0.46	0.46	0.45	0.42	0.42	0.52	0.45	0.47	1.23	1.10	0.92	0.88
Al_2O_3/%	13.36	13.22	13.04	12.85	13.61	13.50	13.45	13.42	14.89	15.36	14.93	15.33	14.75	14.75	14.99	10.29	16.83	17.74	16.45	16.33
TFe_2O_3/%	1.14	1.11	1.46	1.40	1.29	1.06	1.07	1.11	3.28	3.02	3.64	3.36	3.34	4.26	3.65	9.35	10.60	8.44	6.93	6.51
MnO/%	0.02	0.02	0.03	0.03	0.02	0.02	0.02	0.02	0.05	0.05	0.06	0.06	0.06	0.07	0.06	0.24	0.19	0.14	0.12	0.11
MgO/%	0.22	0.19	0.14	0.15	0.16	0.18	0.19	0.19	0.85	0.74	0.88	0.81	0.80	1.06	0.90	2.76	2.69	2.66	2.46	2.31
CaO/%	1.06	1.04	0.95	0.95	1.00	1.11	1.09	0.88	2.49	2.84	2.10	2.00	2.16	2.60	2.31	4.28	4.63	4.98	4.52	4.34
Na_2O/%	2.61	2.79	2.76	2.88	2.70	2.68	2.63	2.48	2.84	3.19	2.85	2.95	2.95	3.04	2.99	1.40	3.30	3.75	3.41	3.47
K_2O/%	6.21	6.19	5.71	5.57	6.23	6.12	6.19	6.16	5.18	4.48	5.58	5.95	5.52	5.05	5.66	4.77	5.02	4.14	4.18	4.17
P_2O_5/%	0.02	0.02	0.01	0.01	0.03	0.03	0.04	0.03	0.14	0.13	0.14	0.13	0.12	0.17	0.15	0.13	0.48	0.47	0.41	0.38
烧失量/%	0.64	0.67	0.66	0.66	0.41	0.52	0.48	0.55	0.51	0.38	0.80	0.75	0.82	0.95	0.82	1.00	1.46	1.12	1.08	1.20
总含量/%	99.92	99.88	100.26	99.70	99.91	100.22	100.16	100.01	99.78	100.22	100.13	99.93	99.87	99.68	99.79	99.64	99.53	99.81	99.89	99.54
K/Na	2.4	2.2	2.1	1.9	2.3	2.3	2.4	2.5	1.8	1.4	2.0	2.0	1.9	1.7	1.9	3.4	1.5	1.1	1.2	1.2
A/CNK	1.03	1.00	1.05	1.03	1.05	1.03	1.03	1.09	1.01	1.01	1.03	1.03	1.00	0.97	0.98	0.67	0.87	0.90	0.90	0.90

表 3.3　腾冲地块邦湾岩体花岗岩类

样品	黑云母花岗岩				寄主花岗闪长岩					
	LC2-02	LC2-03	LC2-18	LC2-19	LL87	LL90	LL94	LL95	LL112	LL113
$Li/10^{-6}$	25.4	25.5	63.1	61.2	24.1	28.3	29.4	25.1	28.9	22.9
$Be/10^{-6}$	15.4	6.93	5.69	7.50	12.4	6.45	11.1	6.59	2.75	2.96
$Sc/10^{-6}$	3.64	3.15	3.12	3.05	2.99	3.66	4.63	3.90	7.42	5.97
$V/10^{-6}$	4.44	3.60	1.73	1.58	3.94	4.46	5.14	4.56	40.2	36.9
$Cr/10^{-6}$	1.83	10.4	7.31	2.46	2.73	1.10	2.01	3.74	26.5	4.64
$Co/10^{-6}$	37.7	48.9	34.2	41.2	84.3	111	94.3	130	105	67.3
$Ni/10^{-6}$	1.91	7.52	4.62	2.20	3.08	2.60	2.76	3.61	16.8	3.79
$Cu/10^{-6}$	5.87	2.30	0.76	0.58	1.52	0.66	0.80	0.83	4.53	2.58
$Zn/10^{-6}$	18.0	17.2	20.6	21.5	15.5	16.1	16.1	18.1	52.1	43.8
$Ga/10^{-6}$	17.2	17.4	17.9	17.8	18.1	17.5	17.7	17.5	19.4	18.9
$Ge/10^{-6}$	1.29	1.32	1.48	1.25	1.58	1.57	1.57	1.61	1.46	1.34
$Rb/10^{-6}$	340	340	376	372	349	335	337	375	189	156
$Sr/10^{-6}$	83.0	81.3	62.1	62.6	83.1	83.6	83.9	82.4	260	256
$Y/10^{-6}$	50.1	46.2	41.0	46.1	40.0	45.8	66.0	49.6	31.2	29.6
$Zr/10^{-6}$	160	154	130	125	142	150	163	167	270	214
$Nb/10^{-6}$	21.8	22.3	26.0	24.5	19.3	22.7	25.8	21.2	15.1	15.7
$Cs/10^{-6}$	8.89	8.43	11.4	11.2	7.09	8.40	8.62	9.48	2.55	2.13
$Ba/10^{-6}$	152	130	97.8	96.2	135	132	145	145	898	662
$La/10^{-6}$	80.9	81.3	55.8	55.9	83.4	79.3	87.9	113	77.8	80.4
$Ce/10^{-6}$	162	164	114	114	161	157	174	164	145	148
$Pr/10^{-6}$	18.1	18.1	13.0	12.8	18.2	17.7	19.3	24.7	15.2	15.5
$Nd/10^{-6}$	63.3	62.2	46.3	45.4	60.9	60.1	67.3	83.9	51.6	52.3
$Sm/10^{-6}$	11.5	11.1	9.80	9.57	10.6	11.0	13.1	15.1	8.46	8.29
$Eu/10^{-6}$	0.70	0.68	0.53	0.53	0.66	0.69	0.74	0.83	1.38	1.36
$Gd/10^{-6}$	9.55	9.13	8.42	8.38	8.26	8.80	10.9	11.2	7.08	6.96
$Tb/10^{-6}$	1.25	1.16	1.23	1.24	1.04	1.17	1.61	1.51	0.98	0.93
$Dy/10^{-6}$	7.07	6.40	6.96	7.17	5.59	6.50	9.28	7.95	5.39	5.16
$Ho/10^{-6}$	1.43	1.30	1.33	1.40	1.11	1.32	1.93	1.53	1.06	1.00
$Er/10^{-6}$	4.52	4.06	3.89	4.21	3.51	4.12	6.13	4.58	3.03	2.84
$Tm/10^{-6}$	0.74	0.63	0.59	0.64	0.57	0.66	1.00	0.70	0.43	0.40
$Yb/10^{-6}$	5.19	4.25	3.93	4.22	3.91	4.37	6.96	4.84	2.74	2.62
$Lu/10^{-6}$	0.88	0.69	0.59	0.64	0.66	0.70	1.09	0.72	0.39	0.37
$Hf/10^{-6}$	5.88	5.71	4.76	4.56	5.25	5.42	5.95	6.05	6.57	5.34
$Ta/10^{-6}$	2.58	2.49	3.11	2.80	2.25	2.63	3.14	2.71	1.07	1.06
$Pb/10^{-6}$	42.5	43.0	54.7	55.0	45.8	45.6	45.6	46.2	33.8	30.8
$Th/10^{-6}$	102	101	90.0	88.7	95.0	98.0	112	107	29.5	31.9
$U/10^{-6}$	17.4	13.8	15.2	16.1	12.9	14.7	15.2	12.5	2.26	2.80
$REE/10^{-6}$	367	365	266	266	359	354	401	435	320	326
Mg#	31	29	18	20	22	28	29	29	38	36
δEu	0.20	0.21	0.18	0.18	0.22	0.21	0.19	0.20	0.55	0.55

和暗色微粒包体微量元素数据

寄主花岗闪长岩					暗色微粒包体				
LC2-06	LC2-10	LC2-13	LC2-27	LC2-28	LC2-24	LC2-25	LC2-31	LC2-32	LC2-33
60.2	49.9	53.4	54.2	46.4	38.8	102	87.0	70.0	66.1
9.45	7.14	6.10	6.03	5.82	5.93	12.8	5.70	4.13	4.05
6.86	6.20	6.07	8.43	6.97	25.3	23.2	16.5	13.4	13.3
31.7	29.0	27.6	39.6	33.9	73.5	129	112	115	109
10.5	8.83	6.78	13.1	7.51	57.3	10.7	10.2	13.3	11.6
33.7	32.4	36.0	37.8	38.5	55.1	30.0	29.4	28.2	34.4
4.63	4.36	2.89	3.88	3.07	14.7	6.00	3.73	5.50	5.31
2.73	2.45	2.41	3.19	2.67	2.74	14.6	16.5	10.2	8.99
55.0	49.5	49.1	58.9	51.2	117	142	113	90.0	83.7
22.0	20.8	20.8	21.7	21.1	18.5	30.7	27.3	21.6	21.3
1.62	1.51	1.55	1.59	1.37	2.35	2.51	1.84	1.55	1.51
308	303	306	281	286	214	394	301	254	249
230	252	227	239	243	146	178	291	352	358
91.4	52.6	47.0	45.8	40.6	135	126	77.8	33.6	31.2
242	196	198	206	198	201	260	249	195	220
30.2	24.5	27.4	29.5	27.0	37.4	67.6	40.1	20.0	17.7
9.45	9.15	10.8	15.0	12.3	13.8	38.4	8.63	7.02	6.90
645	785	631	598	681	475	671	667	1063	1044
102	93.9	81.0	92.8	96.3	39.8	40.9	99.9	73.8	84.0
180	178	158	184	188	130	110	215	145	160
22.2	19.9	16.9	20.0	20.0	22.4	17.9	26.5	16.0	17.2
79.2	70.7	58.6	71.0	69.2	103	83.8	97.8	59.2	61.4
16.1	12.2	10.3	12.5	11.5	27.5	23.6	19.2	10.6	10.4
1.68	1.65	1.27	1.32	1.33	1.58	1.48	1.78	1.71	1.64
16.7	11.0	8.93	10.8	9.83	25.1	22.2	16.7	9.22	8.94
2.68	1.48	1.22	1.47	1.31	4.10	3.65	2.32	1.19	1.11
16.2	8.38	6.98	8.09	7.14	24.3	21.8	13.0	6.33	5.88
3.18	1.63	1.38	1.52	1.34	4.76	4.31	2.47	1.15	1.07
8.88	4.67	4.00	4.29	3.80	13.3	12.4	6.81	3.12	2.88
1.25	0.67	0.58	0.62	0.55	1.92	1.84	0.94	0.43	0.41
7.67	4.29	3.72	3.96	3.62	11.9	11.9	5.71	2.76	2.59
1.05	0.64	0.55	0.57	0.53	1.71	1.74	0.80	0.41	0.39
6.49	5.40	5.53	5.81	5.54	5.86	7.65	6.16	4.73	5.33
2.94	2.13	2.58	2.52	2.59	1.92	5.07	2.03	1.32	1.21
31.1	34.5	33.3	32.6	34.2	32.1	30.2	24.6	28.9	25.8
50.7	48.0	55.6	60.5	59.2	19.4	28.8	42.6	40.6	34.1
8.60	11.0	6.49	15.7	11.4	2.90	8.89	5.74	7.09	6.05
459	409	353	413	414	411	358	509	331	358
36	36	35	36	36	40	37	42	45	45
0.31	0.44	0.40	0.35	0.38	0.18	0.20	0.30	0.53	0.52

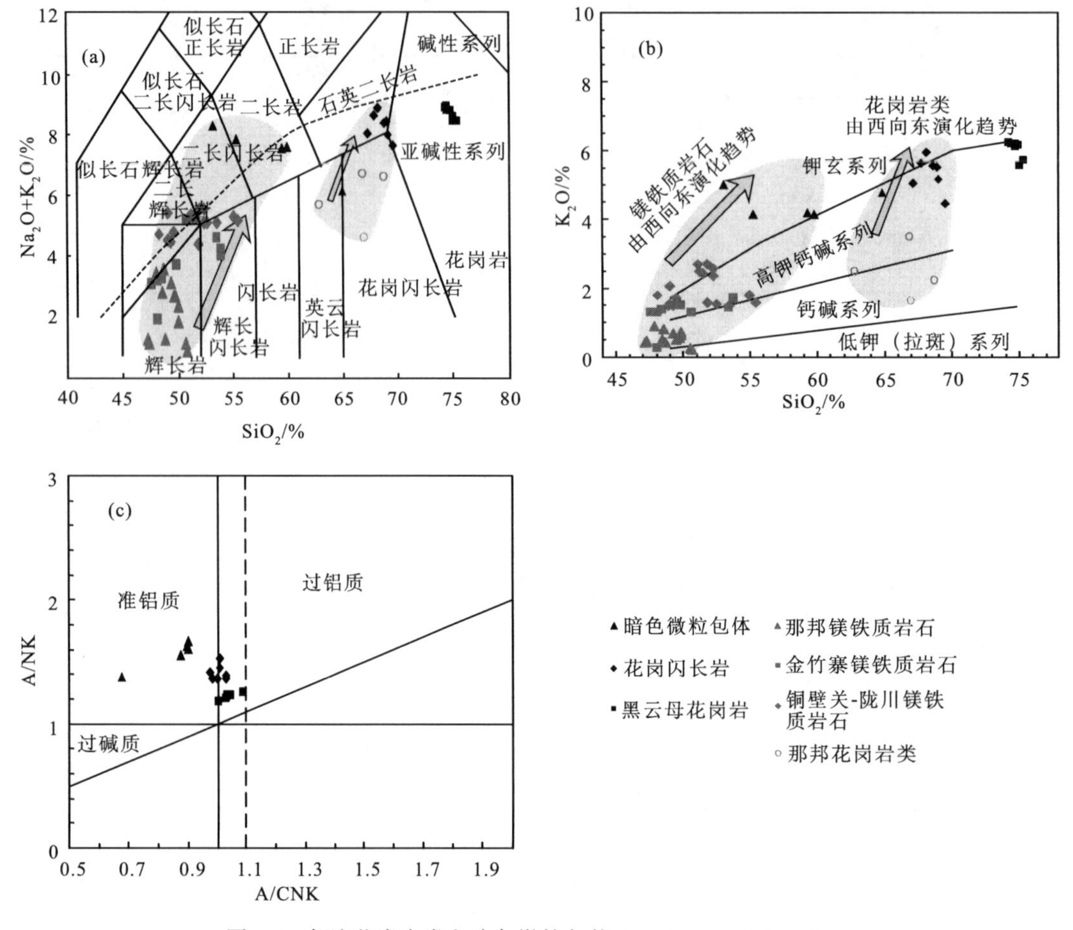

图 3.4　邦湾花岗岩类和暗色微粒包体 SiO_2-Na_2O+K_2O（a）、SiO_2-K_2O（b）和 A/CNK-A/NK（c）图解

据 Rollinson（1993）、Maniar 和 Piccoli（1989）；其中，那邦、金竹寨和铜壁关及陇川地区的数据引自 Ma 等（2014），Wang 等（2014a, 2015a）

花岗闪长岩组分相当于石英二长岩[图 3.4（a）]，具有相对低的 SiO_2（67.21%～69.57%）和 Na_2O（2.84%～3.04%）含量，相对高的 MgO（0.74%～1.06%）、TFe_2O_3（3.02%～4.26%）、CaO（2.00%～2.84%）、TiO_2（0.42%～0.52%）和 K_2O（4.48%～5.95%）含量，其 Mg#值为 36～38，K_2O/Na_2O 值为 1.4～2.0，铝饱和指数 A/CNK 值为 0.97～1.03，属于高钾钙碱性准铝质到过铝质花岗岩类[图 3.4（b）、（c）]。微量元素分析结果表明其 Rb=156×10^{-6}～308×10^{-6}，Sr=227×10^{-6}～260×10^{-6}，Ba=598×10^{-6}～898×10^{-6}，Y=29.6×10^{-6}～91.4×10^{-6}，Cr=4.64×10^{-6}～26.5×10^{-6}，Ni=2.89×10^{-6}～16.8×10^{-6}，Rb/Sr 值为 0.61～1.35，表明其源区为成熟壳源物质，但其源区和黑云母花岗岩有明显的不同，具有高的 Y 含量和低的 Sr 含量及 Sr/Y（2.5～8.7）值，说明源区的主要残留相为角闪石和斜长石。在球粒陨石标准化稀土配分图中[图 3.5（d）]，这些花岗闪长岩同样具有富集 LREE、亏损 HREE、HREE 配分平坦的特征，其$(La/Yb)_N$=10～22，$(Gd/Yb)_N$=1.8～2.3，具有明显的

Eu 负异常（δEu=0.31～0.55），稀土元素总量为 320×10^{-6}～459×10^{-6}。在原始地幔标准化微量元素蛛网图中[图 3.5（c）]，该岩石富集 Rb、K、Th、U 等大离子亲石元素，亏损 Nb、Ta 和 Ti 等高场强元素。

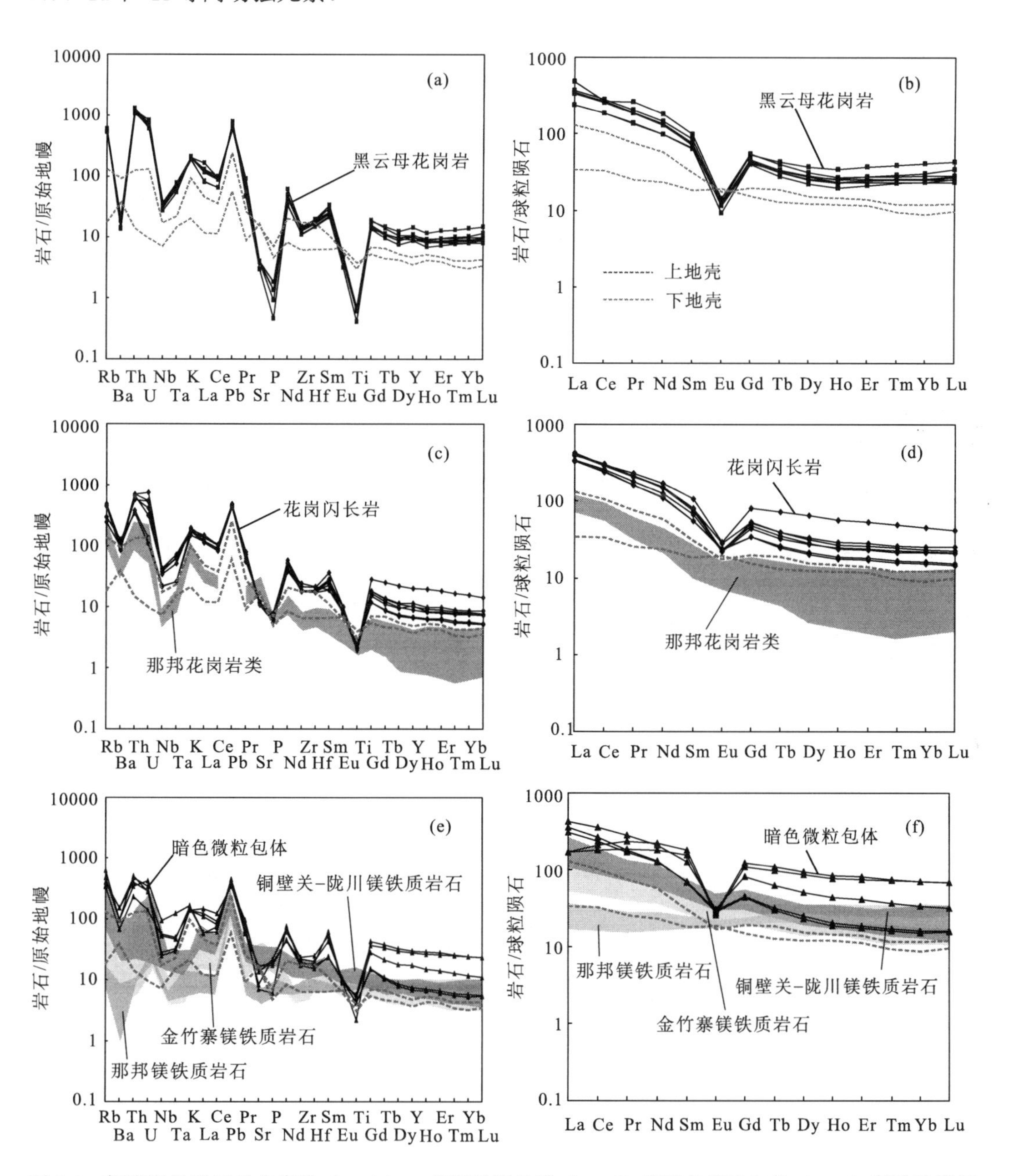

图 3.5　邦湾岩体黑云母花岗岩（a，b）、花岗岩闪长岩（c，d）和暗色微粒包体（e，f）原始地幔标准化微量元素蛛网图和球粒陨石标准化稀土元素配分图解

标准化值据 Sun 和 McDonough（1989）；那邦、金竹寨、铜壁关和陇川地区同期基性岩和花岗岩类数据引自 Ma 等（2014），Wang 等（2014a, 2015a）

暗色微粒包体的组分相当于二长岩或二长闪长岩[图 3.4（a）]，与寄主花岗闪长岩相比，暗色微粒包体具有更低的 SiO_2（53.10%～64.95%）和相似的 K_2O（4.14%～5.02%）含量，相对高的 Na_2O（1.40%～3.75%）、MgO（2.31%～2.76%）、TFe_2O_3（6.93%～10.60%）、TiO_2（0.47%～1.23%）、CaO（4.28%～4.98%）和 Al_2O_3（10.29%～17.74%）含量，其 K_2O/Na_2O 值为 1.1～3.4，铝饱和指数 A/CNK 为 0.67～0.90[图 3.4（c）]，Mg#值为 37～45。微量元素分析结果表明，这些暗色微粒包体具有低的 Cr（10.2×10^{-6}～57.3×10^{-6}）、Ni（3.73×10^{-6}～14.7×10^{-6}）含量。在原始地幔标准化微量元素蛛网图中[图 3.5（e）]，这些包体的微量元素配分模式与其寄主花岗岩的相似，同样具有富集 Rb、Th、U、Pb 等大离子亲石元素，亏损 Nb、Ta、Ti 等高场强元素，Rb=214×10^{-6}～394×10^{-6}，Sr=146×10^{-6}～358×10^{-6}，Y=31.2×10^{-6}～135×10^{-6}，Rb/Sr 值为 0.70～2.21。球粒陨石标准化稀土配分图中[图 3.5（f）]，该岩石表现出富集 LREE、亏损 HREE、HREE 配分平坦的特征，$(La/Yb)_N$ =2～23，$(Gd/Yb)_N$=1.5～2.9，具有明显的 Eu 负异常（δEu=0.18～0.53），稀土元素总量为 331×10^{-6}～509×10^{-6}。

3.5 全岩 Sr-Nd-Pb 同位素

本书分析测试的黑云母花岗岩、花岗闪长岩及暗色微粒包体的全岩 Sr-Nd-Pb 结果可见表 3.4、图 3.6 和图 3.7。其初始同位素组分的计算均使用相应 LA-ICP-MS 锆石 U-Pb 年代学结果，t=50Ma。

表 3.4 邦湾花岗岩类及暗色微粒包体 Sr-Nd-Pb 同位素分析结果

样品	LC2-02	LC2-18	LL95	LL112	LC2-06	LC2-28	LC2-24	LC2-32
	黑云母花岗岩		花岗闪长岩				暗色微粒包体	
$Rb/10^{-6}$	340	376	337	189	308	286	214	352
$Sr/10^{-6}$	83.0	62.1	83.9	260	230	243	146	254
$^{87}Rb/^{86}Sr$	12.0	17.5	11.6	2.1	3.9	3.4	4.3	4.0
$^{87}Sr/^{86}Sr$	0.721426	0.725038	0.718777	0.714569	0.715758	0.715172	0.715594	0.713398
2σ	57	60	8	12	60	41	43	46
$^{87}Sr/^{86}Sr(t)$	0.713002	0.712579	0.710526	0.713073	0.713001	0.712751	0.712570	0.710545
$Sm/10^{-6}$	11.5	16.1	15.1	8.46	16.1	11.5	27.5	10.6
$Nd/10^{-6}$	63.3	79.2	83.9	51.6	79.2	69.2	103	59.2
$^{147}Sm/^{144}Nd$	0.11	0.12	0.11	0.10	0.10	0.10	0.16	0.11
$^{143}Nd/^{144}Nd$	0.512123	0.512131	0.512011	0.511759	0.512156	0.512145	0.512158	0.512157
2σ	23	31	16	5	30	28	31	28
T_{DM2}/Ga	1.38	1.39	1.25	1.54	1.34	1.36	1.37	1.35
$\varepsilon_{Nd}(t)$	–9.2	–9.4	–7.4	–11.6	–8.8	–9.0	–9.1	–8.8
$U/10^{-6}$	17.4	15.2	12.5	2.26	8.60	11.4	2.90	7.09

续表

样品	LC2-02	LC2-18	LL95	LL112	LC2-06	LC2-28	LC2-24	LC2-32
	黑云母花岗岩		花岗闪长岩			暗色微粒包体		
Th $/10^{-6}$	102	90.0	107	29.5	50.7	59.2	19.4	40.6
Pb $/10^{-6}$	42.5	54.7	46.2	33.8	31.1	34.2	32.1	28.9
$^{206}Pb/^{204}Pb$	18.941	18.896	18.970	18.726	18.850	18.862	18.798	18.798
2σ	2	2	3	5	3	3	3	2
$^{207}Pb/^{204}Pb$	15.736	15.732	15.738	15.743	15.734	15.726	15.726	15.725
2σ	2	2	3	5	2	3	2	2
$^{208}Pb/^{204}Pb$	39.6079	39.4979	39.6770	39.4939	39.4885	39.4968	39.3477	39.4155
2σ	37	58	9	19	43	74	59	49
$^{206}Pb/^{204}Pb(t)$	18.735	18.757	18.833	18.693	18.711	18.695	18.752	18.675
$^{207}Pb/^{204}Pb(t)$	15.727	15.725	15.732	15.742	15.727	15.718	15.724	15.719
$^{208}Pb/^{204}Pb(t)$	39.212	39.227	39.293	39.351	39.221	39.249	39.212	39.184

注：Rb、Sr、Sm、Nd、 U、Th、Pb、Lu 和 Hf 含量是根据 ICP-MS 测试；T_{DM2} 代表二阶段模式年龄，计算中所需参数为现今的$(^{147}Sm/^{144}Nd)_{DM}=0.2137$， $(^{147}Sm/^{144}Nd)_{DM}=0.51315$，$(^{147}Sm/^{144}Nd)_{crust}=0.1012$ $(^{147}Sm/^{144}Nd)_{CHUR}=0.1967$，$(^{143}Nd/^{144}Nd)_{CHUR}=0.512638$；$\varepsilon_{Nd}(t)=[(^{143}Nd/^{144}Nd)_{sample}(t)/(^{143}Nd/^{144}Nd)_{CHUR}(t)-1]\times10^4$，$T_{DM2}=1/\lambda\times\{1+[(^{143}Nd/^{144}Nd)_{sample}-((^{147}Sm/^{144}Nd)_{sample}-(^{147}Sm/^{144}Nd)_{crust})\times(e^{\lambda t}-1)-(^{143}Nd/^{144}Nd)_{DM}]/((^{147}Sm/^{144}Nd)_{crust}-(^{147}Sm/^{144}Nd)_{DM})\}$, $\lambda=6.54\times10^{-12}/a$

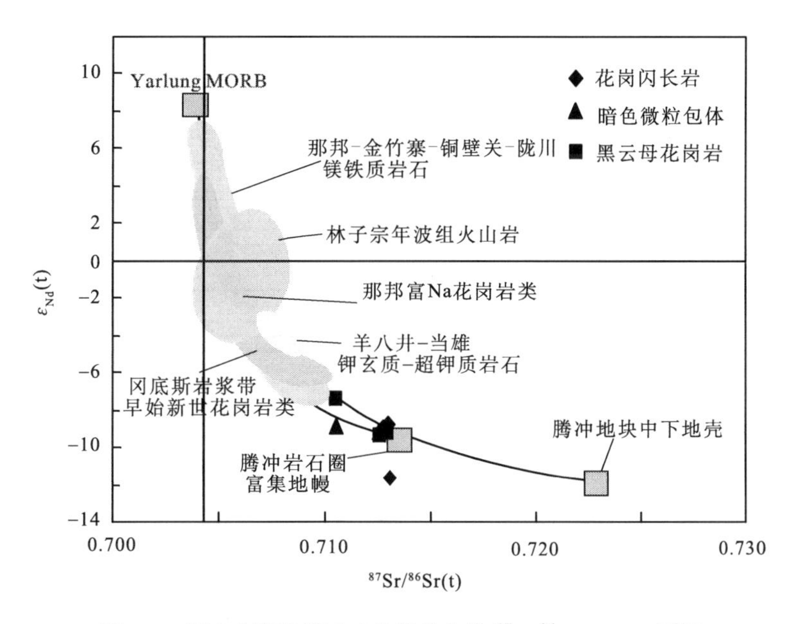

图 3.6 邦湾花岗岩类及暗色微粒包体 $^{87}Sr/^{86}Sr(t)$-$\varepsilon_{Nd}(t)$图解

年波组火山岩数据引自 Mo 等（2008），Lee 等（2012）；冈底斯花岗岩类数据引自 Wen 等（2008a, 2008b），黄玉等（2010）；那邦、金竹寨、铜壁关和陇川地区镁铁质和富钠花岗质岩石数据引自 Ma 等（2014），Wang 等（2014a）；钾玄质-超钾质岩石数据引自 Gao 等（2010），赵志丹等（2011）；Yarlung MORB 数据引自 Xu 和 Castillo（2004）；腾冲岩石圈富集地幔和中下地壳数据引自 Wang 等（2014a）

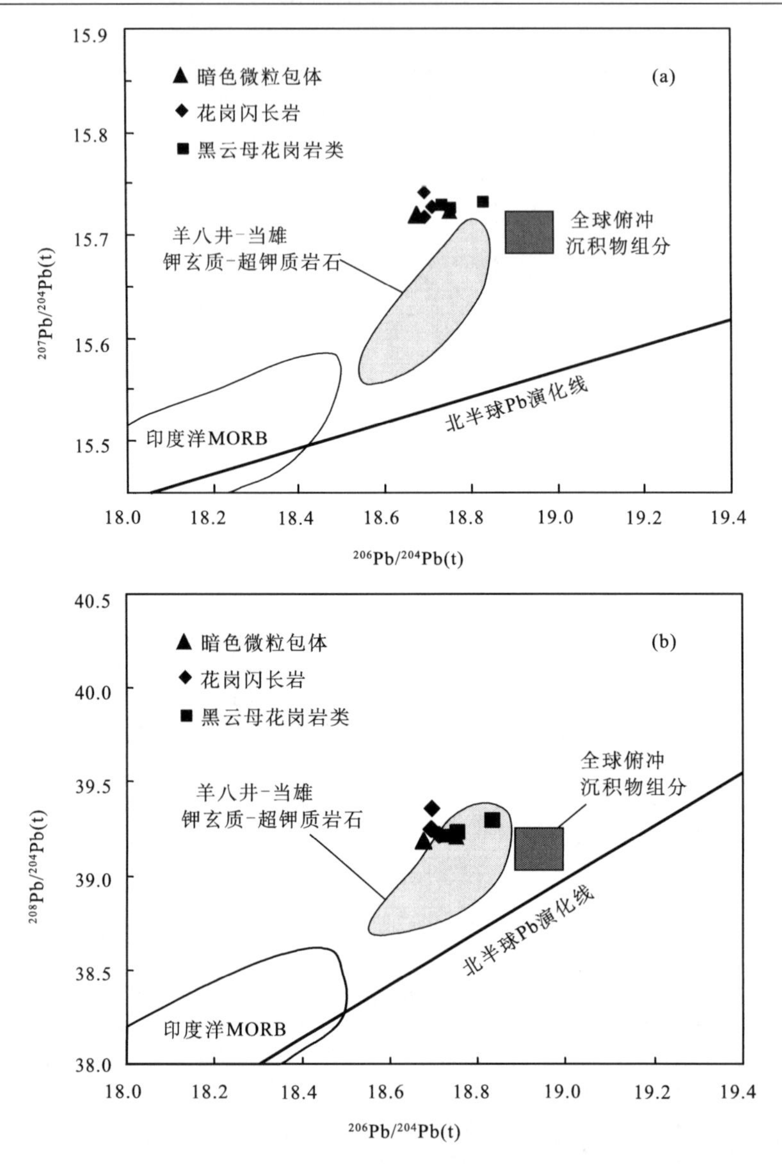

图 3.7　邦湾花岗岩类及暗色微粒包体 $^{207}Pb/^{204}Pb(t)$-$^{206}Pb/^{204}Pb(t)$和 $^{208}Pb/^{204}Pb(t)$-$^{206}Pb/^{204}Pb(t)$图解

印度洋 MORB 数据引自 Hofmann（1988）；钾玄质-超钾质岩石数据引自 Gao 等(2010)

黑云母花岗岩样品具有高 Rb（337×10^{-6}～376×10^{-6}）低 Sr（62.1×10^{-6}～83.9×10^{-6}）的特征，其 $^{87}Rb/^{86}Sr$ 值为 11.6～17.5，初始同位素值 $^{87}Sr/^{86}Sr(t)$为 0.710526～0.713002。花岗岩的 $^{147}Sm/^{144}Nd$ 为 0.11～0.12,$^{143}Nd/^{144}Nd$ 值为 0.512011～0.512131，$\varepsilon_{Nd}(t)$为–9.4～–7.4，全岩 Nd 同位素二阶段模式年龄为 1.25～1.39Ga。黑云母花岗岩的 Pb 同位素组分变化范围较小，说明其源区相对较均一，$^{206}Pb/^{204}Pb(t)$=18.735～18.833、$^{207}Pb/^{204}Pb(t)$=15.725～15.732、$^{208}Pb/^{204}Pb(t)$=39.212～39.293。

花岗闪长岩样品同样具有高 Rb（189×10^{-6}～308×10^{-6}）低 Sr（230×10^{-6}～260×10^{-6}）的特征，但 $^{87}Rb/^{86}Sr$ 相比黑云母花岗岩要小，为 2.1～3.9，初始同位素值 $^{87}Sr/^{86}Sr(t)$为

0.712751～0.713073。Nd 同位素分析结果表明，$^{147}Sm/^{144}Nd$ 值为 0.10，$^{143}Nd/^{144}Nd$ 值为 0.511759～0.512156，$\varepsilon_{Nd}(t)$值为–11.6～–8.8，全岩 Nd 同位素二阶段模式年龄为 1.34～1.54Ga。Pb 同位素分析结果表明，初始同位素值 $^{206}Pb/^{204}Pb(t)$=18.693～18.711、$^{207}Pb/^{204}Pb(t)$= 15.718～15.742、$^{208}Pb/^{204}Pb(t)$=39.221～39.351。

暗色微粒包体样品的 Rb=214×10^{-6}～352×10^{-6}，Sr=146×10^{-6}～254×10^{-6}，$^{87}Rb/^{86}Sr$ 值为 4.0～4.3，初始同位素值 $^{87}Sr/^{86}Sr(t)$为 0.710545～0.712570。包体的 $^{147}Sm/^{144}Nd$=0.11～0.16，$^{143}Nd/^{144}Nd$ =0.512157～0.512158，$\varepsilon_{Nd}(t)$值为–9.1～–8.8，全岩 Nd 同位素二阶段模式年龄为 1.35～1.37Ga。初始 Pb 同位素比值 $^{206}Pb/^{204}Pb(t)$=18.675～18.752、$^{207}Pb/^{204}Pb(t)$=15.719～15.724、$^{208}Pb/^{204}Pb(t)$= 39.184～39.212。

3.6　锆石 Lu-Hf 同位素

本节共选取三个样品分别对黑云母花岗岩、花岗闪长岩和暗色微粒包体中的锆石进行 Lu-Hf 同位素分析测试，分析结果可见附表 4 和图 3.8。在计算初始 Hf 同位素比值时所采用的年龄为相应锆石 U-Pb 年龄。

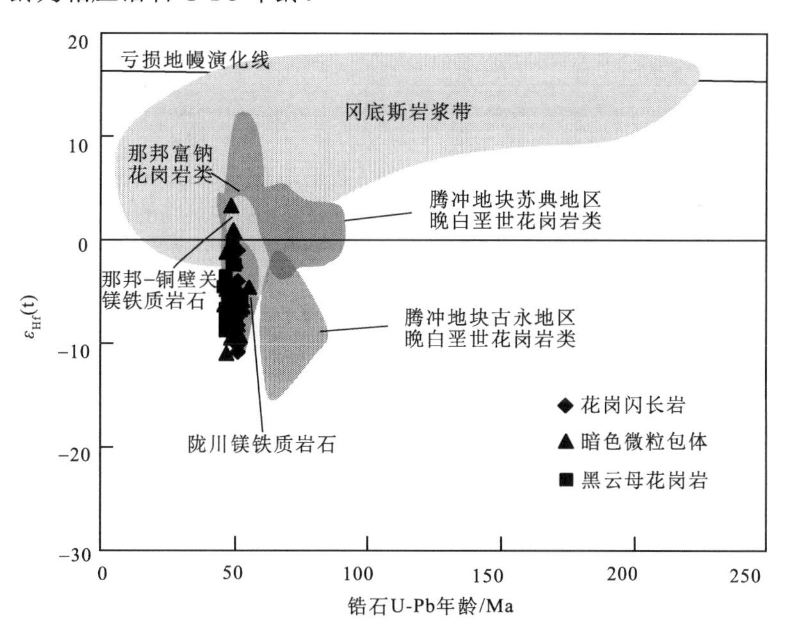

图 3.8　邦湾花岗岩类及暗色微粒包体 $\varepsilon_{Hf}(t)$-锆石 U-Pb 年龄图解

冈底斯岩浆带数据引自 Ji 等（2009）；那邦、金竹寨、铜壁关和陇川地区的镁铁质和富钠花岗质岩石数据引自 Ma 等（2014），Wang 等（2014a）；苏典地区晚白垩世花岗岩类数据引自 Xu 等（2012）；古永地区晚白垩世花岗岩类数据引自 Chen 等（2015a），Qi 等（2015）

黑云母花岗岩的 $^{176}Hf/^{177}Hf$ 值为 0.282468～0.281714，$\varepsilon_{Hf}(t)$值均为负值，为–9.7～–0.7，Hf 同位素的二阶段模式年龄为 1.17～1.74Ga。花岗闪长岩的 $^{176}Hf/^{177}Hf$ 值为 0.282435～0.282715，$\varepsilon_{Hf}(t)$值为–10.8～–1.0，二阶段模式年龄为 1.18～1.81Ga。暗色微粒

包体的 $^{176}Hf/^{177}Hf$ 值为 0.282429～0.282839，$\varepsilon_{Hf}(t)$变化范围由正到负，其中 21 个测试点给出的负值为–11.1～–1.2，相应的二阶段模式年龄为 1.20～1.83Ga，其余三个颗粒的 $\varepsilon_{Hf}(t)$ 值为 0.6～3.3，单阶段模式年龄为 0.65～0.97Ga。

3.7 矿物化学特征

本书选取花岗闪长岩和暗色微粒包体中的具有代表性的角闪石和黑云母进行矿物化学的分析，分析结果可见附表 5。

花岗闪长岩和暗色微粒包体中的角闪石均以半自形-自形晶产出，部分角闪石被黑云母替代。暗色微粒包体中的角闪石具有高的 Ca_B（1.79～2.06）含量，低的 Na_B（0.07～0.26）含量，为钙角闪石中的铁角闪石或者铁镁钙闪石（Leake *et al.*, 1997），Mg#值为 38～52，TiO_2 含量为 0.81%～1.74%。花岗闪长岩中的角闪石主要为铁镁钙闪石，相对低的 Mg#值（32～42）和 TiO_2（0.23%～2.04%）含量。

暗色微粒包体和花岗闪长岩中的黑云母主要以半自形片状产出，包体中的黑云母 Mg#值为 34～43，花岗闪长岩中的黑云母 Mg#值为 32～37。

3.8 讨 论

3.8.1 花岗闪长岩岩石成因

花岗闪长岩具有相对低的 SiO_2（67.81%～69.5%）含量，高的 K_2O（4.48%～5.95%）含量，铝饱和指数为 A/CNK 为 0.97～1.03，为准铝质到过铝质，岩石中含有 3%～5%的角闪石，这些特征类似于高钾钙碱性 I 型花岗岩的地球化学和矿物学特征。虽然，这些花岗闪长岩的微量元素和稀土元素配分模式及同位素组分与暗色微粒包体的相似，但是这些包体中的锆石年龄和寄主花岗闪长岩中的锆石年龄一致，大约在 50Ma，因此，这些花岗岩闪长岩不可能是以暗色微粒包体为源岩部分熔融形成的。同时这些花岗闪长岩具有比较均一的成分，并且 SiO_2 和 K_2O、MgO 等元素之间没有明显的线性关系，说明这些花岗闪长岩组分没有经历非常明显的地壳混染和结晶分异。Roberts 和 Clemens（1993）提出最适合高钾钙碱性 I 型花岗岩的源岩应该是含水的钙碱性和高钾钙碱性的安山岩和玄武安山质岩石。但这是需要下地壳在发生部分熔融之前已经存在大量安山质源岩，而腾冲地块是古老地块，古永-猴桥一带的晚白垩世的岩浆作用显示出古老地壳物质部分熔融的结果，这些岩石具有富集的 Hf 和 Nd 同位素，高的初始 Sr 比值（0.7182～0.7457），$\varepsilon_{Nd}(t)$值为–12.4～–11.2，$\varepsilon_{Hf}(t)$值为–15.5～–2.7（图 3.8）（Chen *et al.*, 2015a; Qi *et al.*, 2015; Cao *et al.*, 2016）。虽然在腾冲地块苏典一带，晚白垩世的花岗岩亏损的 Hf 同位素，$\varepsilon_{Hf}(t)$值为 0～4.9（图 3.8）（Xu *et al.*, 2012），是与古永-猴桥一带不一样，同时，黄志英等（2013）在那邦地区也发现三叠纪的辉长岩-闪长岩，这些岩石的 Hf 同位素组成与亏损地幔的组分相似，$\varepsilon_{Hf}(t)$值为 7.8～14.9。这说明在腾冲地块下地壳物质有大量的古老地壳物质和少量的新生地壳（幔源基性岩）存在。但邦湾花岗岩类的 Nd-Hf 同位素结果表明其源岩应为古老地壳物质。古老地块的下地壳物质一般总体成分相当于麻粒岩相的英云闪长质岩石（Rudnick and Gao, 2003）。这些花岗闪长岩的 SiO_2、K_2O、MgO 含量及其他的地球化学特征指示其可能为下地壳的麻粒岩相的岩石部分熔融的结果（Rushmer, 1991; Rapp and Watson, 1995），但 Patiño Douce（2005）根据实验岩石学的结果提出，英云闪长质岩石在流体缺失，在 900～1100℃、15～32kbar 的温压条件下，形成的熔体为淡色花岗质熔体。一般来说，如果没有外来流体的加入，下地壳物质为含水矿物相的分解导致脱水部分熔融，当含水矿物相分解完后，形成的熔体也会是越来越干。这些花岗闪长岩含有大量的黑云母和角闪石，这两种矿物均为含水矿物，岩石中并没有见到所谓的不含水暗色矿物，如辉石，因此这类岩石很有可能是流体存在的条件下，下地壳物质部分熔融形成的（Milord *et al*., 2001）；相反，下地壳的麻粒岩相岩石实际上是“干”的，不存在流体相（Yardley and Valley, 1997）。因此，本书认为在古老地壳地区形成这些花岗闪长质岩浆，外来流体的加入是必须的。Lóperz 等（2005）根据镁铁质岩石和英云闪长质岩石互层的实验来模拟含水的镁铁质岩浆侵入英云闪长质大陆下地壳后释放的流体在地壳物质部分熔融过程中的作用，结果表明在镁铁质岩浆侵入下地壳物质中时，其残留的流体相会携带 H_2O、K_2O 进入英云闪长质岩石中，使其部分熔融产生花岗质熔体，形成的熔体可以是基性岩浆的 2 倍左右。从这个实验可以看出镁铁质岩浆中的流体是可以运移至大陆地壳中的，并且在俯冲带和造山带中这种富流体的镁铁质岩浆对花岗岩的形成具有重要的作用，如安山质岩浆中的水含量可达 15%左右（Carmichael, 2002）。在邦湾花岗闪长岩中存在大量的暗色微粒包体，这些包体指示着镁铁质岩浆的加入和混合，并且这些镁铁质包体也是富集 K_2O、LILE 和 LREE 这些元素的，则镁铁质岩浆残留的流体相应和包体的性质基本相似。邦湾花岗闪长岩具有高初始 Sr 同位素比值（0.713001～0.713073），富集的 Nd 和 Hf 同位素，$\varepsilon_{Nd}(t)$=–11.6～–8.8，$\varepsilon_{Hf}(t)$= –10.8～–1.0（图 3.6 和图 3.8），Pb 同位素组分接近于全球俯冲沉积物组分，是和上地壳物质的 Pb 同位素组分相似（图 3.7）（Plank and Langmuir, 1998），同时与包体的同位素组分也是相似的。富水的镁铁质岩浆侵入下地壳中，引起古老下地壳英云闪长质岩石发生部分熔融，这些释放的流体携带着不相容元素 K_2O、LILE 和 LREE 与花岗质岩浆中的同位素组分和微量元素发生交换，使其同位素和微量元素均一，在流体参与的条件下，元素的均一化要比岩浆进行混合更容易（Holk and Taylor, 2000），并且在寄主岩石中的暗色微粒包体在岩浆运移过程中也会发生分解和元素扩散，导致 Sr-Nd 同位素的均一化（García-Moreno *et al*., 2006）。花岗闪长岩中的角闪石和黑云母均具有低的 Mg#值，分别为 32～42 和 32～37，明显比暗色微粒包体中相应矿物的 Mg#值低，说明其源区要比镁铁质岩浆源区更偏酸性。因此，邦湾的花岗闪长岩是由于镁铁质岩浆侵入下地壳，下地壳的英云闪长质岩石部分熔融形成花岗质岩浆，镁铁质岩浆和花岗质岩浆的混合最终形成了花岗闪长岩。花岗闪长岩的$\varepsilon_{Hf}(t)$值为–10.8～–1.0，$\varepsilon_{Nd}(t)$值为–11.6～–8.8，说明下地壳英云闪长质岩石主要为古老地壳物质（变质沉积岩）。在此过程中，镁铁质岩浆不仅为下地壳物质的部分熔融提供了足够的热量，并且提供了镁铁质物质及流体，而镁铁质岩浆在进入花岗质岩浆时会发生快速冷却及释放流体（Pistone *et al*., 2016），第 4 章会对岩浆混合过程中镁铁质岩浆和花岗质岩浆的物质交换进行详细的讨论。在邦湾岩体附近的南京里地区，Wang 等（2014a）发现了高钾钙碱性-钾玄系列的基性岩，其 Hf 和 Nd 同位素均表现出富集的特征，为邦湾花岗闪长岩的岩浆形成与混合提供了可能。

邦湾花岗闪长岩岩浆混合成因的另外一个证据是邦湾花岗闪长岩与晚白垩世—早古新世户撒花岗闪长岩的对比（64Ma，见第 3 章）。第一，邦湾花岗闪长岩与户撒花岗闪长岩野外产状、岩性和矿物组合非常相似，两个岩体均呈 NE 向展布，并且两个岩体相邻，由于野外露头有限并且岩性相似，具体的接触关系很难判断，两个岩体均由似斑状的花岗闪长岩组成，并且斑晶均为碱性长石，暗色矿物均为角闪石与黑云母。第二，两个岩体的 SiO_2 和同位素组分含量相似，邦湾花岗闪长岩的 SiO_2=67.21%～69.57%，$^{87}Sr/^{86}Sr$=0.713001～0.71307，$\varepsilon_{Nd}(t)$= –11.6～–8.8，$\varepsilon_{Hf}(t)$= –10.8～–1.0，户撒花岗闪长岩 SiO_2=64.50%～66.99%，$^{87}Sr/^{86}Sr$=0.716496，$\varepsilon_{Nd}(t)$= –16.5，$\varepsilon_{Hf}(t)$= –18.1～–4.4，但是邦湾花岗闪长岩比户撒花岗闪长岩的 K_2O 和 REE 含量明显更高[图 3.9（a）、（b）]，邦湾花

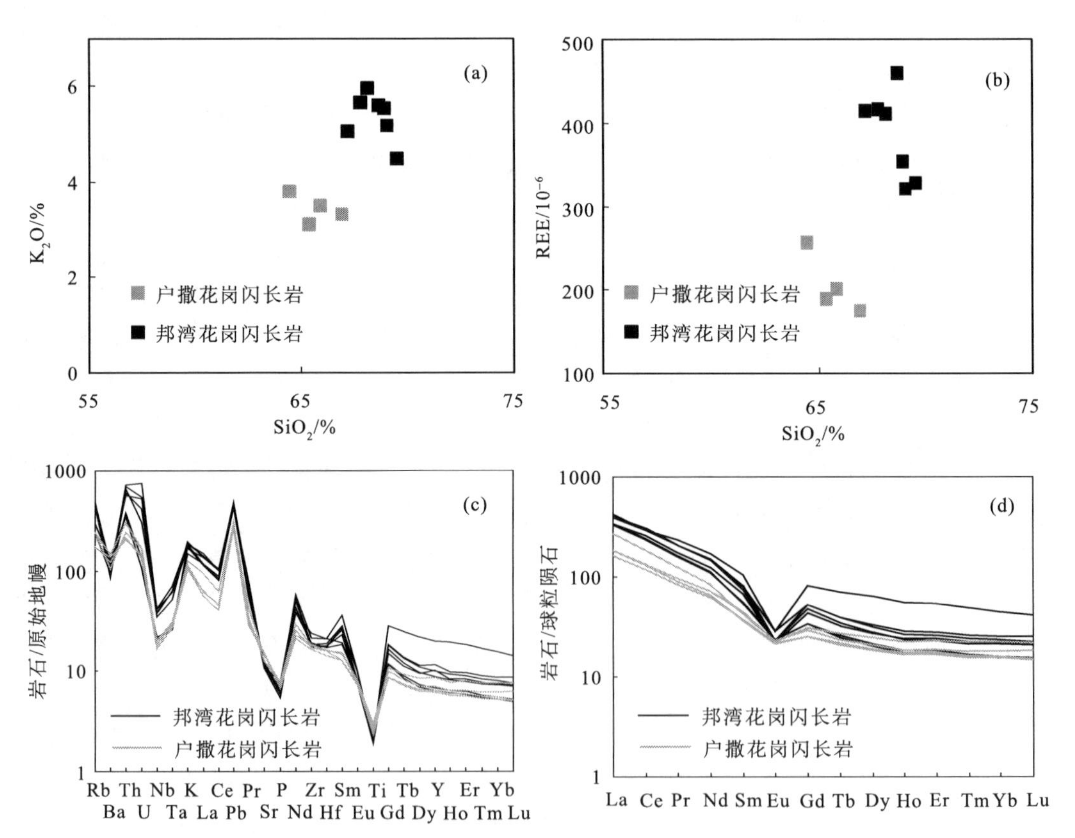

图 3.9 邦湾和户撒花岗闪长岩 SiO_2-K_2O（a）、SiO_2-REE（b）、原始地幔标准化微量元素蛛网图（c）和球粒陨石标准化稀土元素配分图解（d）

标准化值据 Sun 和 McDonough（1989）

岗闪长岩 K_2O=4.48%～5.95%，REE 含量为 326×10^{-6}～459×10^{-6}，户撒花岗闪长岩的 K_2O=3.10%～3.78%，REE 含量为 175×10^{-6}～256×10^{-6}，在微量元素和稀土元素配分图中，邦湾花岗闪长岩相比较户撒花岗闪长岩不相容元素明显更加富集，如 Rb、Th、U 和 Pb 等[图 3.9（b）、（c）]。这些野外产状和岩性及地球化学特征说明户撒花岗闪长岩和邦湾花岗闪长岩的物源区有一定的相似性，但是邦湾花岗闪长岩的富集组分明显要高于户撒花岗闪长岩，这也说明在邦湾花岗闪长岩形成时有富集组分的加入，再次证实花岗闪长岩的岩浆混合成因。

3.8.2　暗色微粒包体的成因

暗色微粒包体广泛存在于世界各地的花岗岩中（Didier and Barbarin, 1991），并且关于暗色微粒包体的成因，现阶段被认为有三种可能：①地壳物质部分熔融出花岗质岩浆后的难熔残留物（Chappell *et al*., 1987, 2000; Collins, 1998）；②岩浆上升过程中的围岩捕虏体或者是花岗质岩浆早期结晶的同源堆晶体（Shellnutt *et al*., 2010）；③起源于地幔的镁铁质岩浆和起源于地壳的花岗质岩浆混合的结果（Bonin, 2004; Yang *et al*., 2007）。邦湾花岗闪长岩中的暗色微粒包体呈现椭球状或者球形，细粒结构，具有明显岩浆结晶成因的结构（图 3.2）。暗色微粒包体中的锆石 U-Pb 年龄为 50Ma，其 CL 图像表现出明显的岩浆振荡环带，说明其岩浆成因，并且结晶时间与寄主花岗闪长岩结晶年龄基本一致。因此这些暗色微粒包体不可能是下地壳源区的难熔残留物。此外，这些暗色微粒包体没有明显的堆晶结构和变质结构，说明其不可能是同源岩浆早期结晶的堆晶物或者围岩的捕虏体，因此这些包体代表着幔源镁铁质岩浆和壳源花岗质岩浆混合的产物。包体中含有大量的钾长石大晶和针状磷灰石，说明了镁铁质岩浆进入花岗质岩浆后，由于温度降低发生快速冷凝，形成淬火结构（Hibbard, 1981; Didier, 1987）。暗色微粒包体中的 SiO_2 含量变化范围较广，为 53.10%～64.95%，并且这些暗色微粒包体和寄主岩石中的微量元素和同位素组分相似，说明镁铁质岩浆和花岗质岩浆之间发生了反应化学扩散（chemical diffusion），钾长石大晶被认为是从花岗质岩浆中捕获，因此两个端元组分同时也发生了机械混合（mingling）过程。虽然镁铁质岩浆和花岗质岩浆形成暗色微粒包体时，发生了一定程度的混合，但是包体中最偏基性的样品（具有最低的 SiO_2 含量和最高的 MgO 含量）应该受岩浆混合的影响是最小的，其地球化学特征在一定程度上是可以反映镁铁质岩浆的源区属性和源岩性质的，同时本书也可结合 Wang 等（2014a）在邦湾岩体附近的南京里地区发现的基性岩地球化学特征和同位素组分，来分析该区镁铁质岩浆的性质。

暗色微粒包体的组分相当于二长岩或二长闪长岩。一般情况下，镁铁质岩浆是起源于地幔物质的，并且地幔物质部分熔融形成的熔体不会比安山岩更偏酸性（Lloyd *et al*., 1985; Baker *et al*., 1995）。暗色微粒包体具有富 K_2O（4.14%～5.02%）、富集大离子亲石元素（Rb、Pb 等）和 LREE、Th，但亏损 Nb、Ta、Ti 等元素的特征（图 3.5）。因此暗色微粒包体所代表的岩浆是起源于活动大陆边缘陆壳下岩石圈地幔的部分熔融，并且被与俯冲有关的流体或者熔体所交代（Cousens *et al*., 2001; Leslie *et al*., 2009）。南京里地区的基性岩与暗色微粒包体的地球化学特征相似，属于高钾钙碱性-钾玄质基性岩，Wang

等（2014a）同样根据其地球化学特征和富集的同位素组分认为，南京里的基性岩是俯冲板片起源的熔体/流体与地幔橄榄岩进行交代，然后部分熔融形成的镁铁质岩浆，是典型的岛弧岩浆作用。但是这些基性岩和暗色微粒包体具有明显高的 Th 和 REE 含量，基性岩中的 Th 含量为 6.15×10^{-6}～9.79×10^{-6}，REE 为 129×10^{-6}～178×10^{-6}，包体中的 Th 含量为 19.4×10^{-6}～42.6×10^{-6}，REE 为 331×10^{-6}～509×10^{-6}，这些基性岩和包体的 Th 和 REE 含量明显要比腾冲地块西侧那邦-金竹寨一带的基性岩的要高（Wang *et al.*, 2014a）。但是俯冲相关的流体是富集大离子亲石元素，如 Ba、Pb、Rb 和 U（Hawkesworth *et al.*, 1990; Brenan *et al.*, 1995; Elliott *et al.*, 1997），并且亏损 Th、Nb、Ta、Hf、Ti 和 REE（Keppler, 1996; Ayers *et al.*, 1997; Kessel *et al.*, 2005）。起源于俯冲大洋板片的熔体/流体具有低的 Th/La、Th/Nb 和 Th/Yb 值，并且随着 20kbar 到 30kbar 的压力变化，这些熔体逐渐富集 Na_2O，并且形成的熔体组分类似准铝质和过碱性的英云闪长质-奥长花岗质岩浆（Prouteau *et al.*, 2001）。但是暗色微粒包体和基性岩均具有非常高的 K_2O、Th 和 REE 含量，因此这些特征表明交代岩石圈地幔的应该是起源于俯冲沉积物的熔体/流体（图 3.10）（Plank, 2005; Conticelli *et al.*, 2009）。暗色微粒包体的微量元素配分模式与上地壳的微量元素配分相似，同样也证明交代地幔的介质为沉积物起源的熔体/流体（Avanzinelli *et al.*, 2009）。俯冲洋壳起源的流体/熔体不会对交代地幔物质的 Nd-Hf 同位素进行改变，俯冲洋壳同样具有亏损的 Nd-Hf 同位素，是与地幔物质 Nd 同位素性质相似的（Shimoda *et al.*, 1998; Gertisser and Keller, 2003; Guo *et al.*, 2005）。然而最偏基性的暗色微粒包体具有富集的 Nd 和 Hf 同位素，$\varepsilon_{Nd}(t)$为–8.8，大部分$\varepsilon_{Hf}(t)$具有负值（–11.1～–1.2）和极个别的正值（0.6～3.3），同期的基性岩同样也具有富集的 Nd 和 Hf 同位素，$\varepsilon_{Nd}(t)$= –7.6～–6.7，$\varepsilon_{Hf}(t)$=–7.1～–2.2（Wang *et al.*, 2014a），同时这些高的初始 Sr 和 Pb 同位素与 GLOSS 的同位素组分相似（图 3.6～图 3.8），这些同位素特征同样说明是俯冲沉积物的组分对地幔物质进行交代作用。因此本书认为在邦湾地区的暗色微粒包体和南京里的基性岩所代表的镁铁质岩浆是被沉积物起源组分交代的大陆岩石圈地幔物质部分熔融形成的，而非俯冲板片起源的熔体/流体组分所交代（Wang *et al.*, 2014a）。

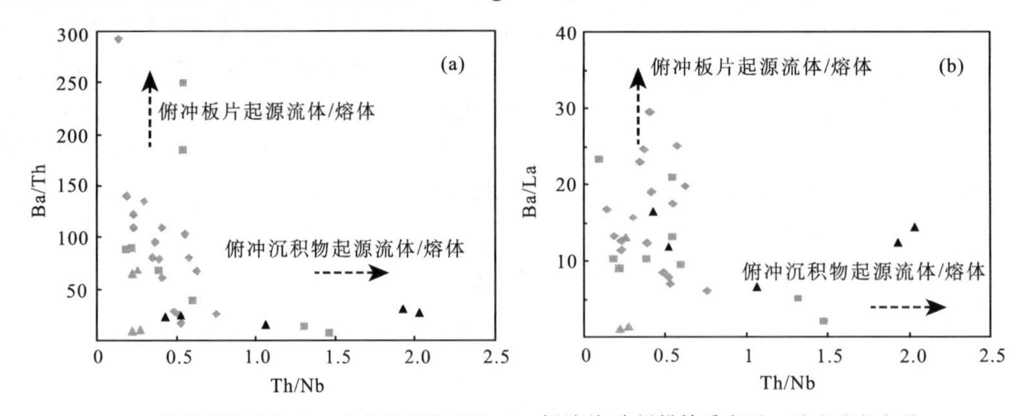

图 3.10　邦湾暗色微粒包体 Th/Nb-Ba/Th（a）和 Th/Nb-Ba/La（b）图解

那邦、金竹寨、铜壁关和陇川地区镁铁质岩石的数据引自 Wang 等（2014a，2015b）

在俯冲带中，REE、LILE 等微量元素主要来源于俯冲沉积物，俯冲洋壳中的微量元素含量较低，并且这些元素受控于残留相矿物，如石榴子石含有大量的 HREE，金红石含有大量的 Ti、Nb、Ta，褐帘石和独居石含有大量的 LREE 和 Th、U，多硅白云母含有大量的 Rb、Ba 和 Cs（Hermann, 2002; Klimm *et al.*, 2008）。这些矿物的稳定性控制着起源于俯冲板片（俯冲洋壳和沉积物）熔体/流体中的微量元素丰度，进一步影响上覆地幔楔物质的微量元素特征，因此对俯冲带岩浆作用有重要的意义。邦湾暗色微粒包体和南京里基性岩均具有高的大离子亲石元素，如 K_2O、Rb、Ba、LREE 和 Th、U，而 HREE 含量与那邦-金竹寨一带的拉斑系列基性岩相似，含量较低。这些地球化学特征说明俯冲带地幔楔是被富大离子亲石元素和 LREE、Th、U 的熔体/流体所交代，俯冲板片中相应的残留相矿物不稳定发生分解，如褐帘石、独居石和云母（多硅白云母或/和金云母）（Hermann, 2002；Klimm *et al.*, 2008; Hermann and Rubatto, 2009）。俯冲带中多硅白云母在压力大于 3GPa 时，在地幔楔中可以转化成金云母，因此在压力大于 3GPa 的俯冲带中主要的富 K、Rb、Ba 的矿物为金云母，而金云母的稳定性是控制俯冲带中富钾-钾玄质岩浆作用的主要矿物，在多硅白云母向金云母转化时，是否有大离子亲石元素的释放还是未知的，但是大量的大离子亲石元素是进入金云母相。压力在 3GPa 时，水不饱和条件下含金云母橄榄岩稳定温度为 1350℃左右，金云母的分解反应为 Phl+Opx══Ol+熔体（<4GPa），或 Phl+Ol══Opx+熔体（>4GPa）（Modreski and Boettcher, 1972; Sato *et al.*, 1997），并且 F 存在的情况下可以让金云母的稳定温度升高 150℃左右（Condamine and Médard, 2014; Condamine *et al.*, 2016）。压力在 3GPa 时，水饱和条件下金云母的稳定温度为 1210℃（Conceição and Green, 2004）。因此金云母的分解释放出这些大离子亲石元素是需要非常高的温度。同时褐帘石是俯冲带中含 LREE 和 Th、U 的主要矿物相，因此俯冲板片起源的熔体/流体中的 LREE、Th 和 U 是与他们在熔体/流体配分系数有关，而这主要是受控于温度，温度越高，这些元素在熔体/流体中的含量就越高（Montel, 1993; Hermann, 2002），并且褐帘石在 4.5GPa 时，稳定温度可达 1050℃（Hermann, 2002）。因此如果起源于俯冲带的熔体/流体中含有大量的 LREE、Th 和 U，也同样是需要高温条件的。但是仍然存在一个问题，金云母和褐帘石在释放 LILE 和 LREE 等元素时的具体过程是怎样的？是矿物-熔体/流体之间分配系数随着温度的增加，矿物相之间转变的结果，还是这些寄主矿物在高温条件下的分解？暗色微粒包体和基性岩表现出明显亏损 HREE 和 Nb、Ta、Ti 的特征，说明地幔物质的交代和部分熔融起源于石榴子石和金红石稳定区，石榴子石未发生分解释放出 HREE，金红石未发生分解释放出 Nb、Ta 和 Ti。金云母和褐帘石的分解反应并释放出 LILE、LREE、Th 和 U 是需要高温的，温度要至少超过 1000℃，但正常的俯冲带俯冲板片和上覆地幔楔之间的温度是达不到这样高温的条件。Peacock（2003）认为洋壳和大洋岩石圈的俯冲可以被分为两种：一种是冷俯冲，如日本东北部和阿留申俯冲带，其俯冲板片和地幔楔的界面温度在弧前地区大约为 500℃，另外一种是热俯冲，如 Nankai（日本西南）俯冲带，其俯冲板片和地幔楔的界面温度可达 800℃。但这样的温度条件仍不能达到金云母和褐帘石的分解反应温度，也同样不能引起地幔楔物质的部分熔融。高温软流圈物质的加入可以诱发这些矿物分解，使 LILE 和 LREE 进入上覆的地幔楔中，同时金云母和褐帘石均是富水矿物，这些物质起源的富水熔体/流体交代地幔物质，并且有外来软流圈热的加入，可以诱发被交代的地幔楔物质发生部分熔融形成高钾钙碱-钾玄系列的镁铁质岩浆。这是与实验岩石学的结果一致的，含金云母的地幔橄榄岩在 3GPa 时，形成的熔体为硅不饱和的似长石质到粗面玄武质基性岩浆，其 K_2O 的含量受控于源区中的金云母的含量，这些熔体会具有高的 Mg#值（76）（Condamine *et al.*, 2016）。但是邦湾暗色微粒包体的 Mg#值为 37～45，南京里基性岩的 Mg#值为 46～57，要明显低于实验岩石学得到的数据。这说明邦湾和南京里地区的基性岩可能是起源于更富辉石的源区，而并非是地幔富橄榄石的源区（Schiano *et al.*, 2004b）。这与本书对暗色微粒包体中的单矿物角闪石化学成分测定结果相似，角闪石为钙角闪石，应该是辉石在富流体条件下反应生成的，而非橄榄石反应生成。因此邦湾-南京里一带的高钾钙碱-钾玄系列基性岩是在石榴子石和金红石稳定区，软流圈高温物质的加入引起俯冲带中的金云母和褐帘石分解，并释放出 K、LILE、LREE、Th 和 U，形成富集的熔体/流体，交代上覆富辉石地幔物质，并诱发源区发生部分熔融，形成富 K、LILE、LREE、Th 和 U 的镁铁质岩浆。

这就引出一个问题，软流圈高温地幔物质怎样能使俯冲带与地幔楔之间温度升高，这种外来热加入的机制是什么？Wang 等（2014a）提出腾冲地块早始新世镁铁质岩浆作用是印度-欧亚大陆碰撞引起的俯冲板片后撤，导致上覆地幔楔物质发生部分熔融，形成了由西向东成分变化的基性岩。板片后撤可以引起俯冲板片和上覆地幔楔之间形成空隙，软流圈物质上涌沿着俯冲板片和地幔楔之间的空隙上升，使俯冲板片和地幔楔底部的温度升高，同时加快地幔楔的对流，被交代的地幔楔物质发生部分熔融，形成镁铁质岩浆作用。

3.8.3　黑云母花岗岩岩石成因

相比花岗闪长岩和暗色微粒包体，黑云母花岗岩具有高的 SiO_2（74.33%～75.41%）和 K_2O（5.57%～6.23%）含量，低的 Na_2O（2.48%～2.88%）、MgO（0.14%～0.22%）、CaO（0.88%～1.11%）、TFe_2O_3（1.06%～1.46%）含量，其 K_2O/Na_2O 值为 1.9～2.5，属于高钾钙碱系列，A/CNK 值为 1.00～1.09，属于过铝质花岗岩（图 3.4）。黑云母花岗岩的微量元素和稀土配分模式与上地壳组分的配分模式相似，但是具有更高的 LILE、Rb、Th、U 和低的 Sr、Ba[图 3.5（a）、（b）]。黑云母花岗岩还具有低的 Mg#值（18～31），说明这些花岗质岩浆是纯地壳物质部分熔融的产物（图 3.11）。过铝质花岗岩主要是地壳物质中变质火成岩和变质沉积岩部分熔融形成的，而变质基性岩部分熔融形成的花岗质岩浆是富钠的（Rapp and Watson, 1995; Rushmer, 1991），因此邦湾黑云母花岗岩不可能是变质基性岩部分熔融形成的。这些黑云母花岗岩具有高的 Rb/Ba 和 Rb/Sr 值，说明这些花岗岩可能是成熟度较高的变质泥质岩部分熔融形成，但是高的 CaO/Na_2O 和低的 Al_2O_3/TiO_2 值又说明这些花岗岩可能是成熟度不高的杂砂岩部分熔融的结果（Sylvester,

1998），同时这些花岗岩在 $Al_2O_3+TFe_2O_3+MgO+TiO_2$ 和 $Al_2O_3/(TFe_2O_3+MgO+TiO_2)$图解中也指示着源岩应该为成熟度低的杂砂岩（图 3.11）(Patiño Douce, 1999)。因此根据其主量元素和微量元素的分析结果得到了矛盾的结论。这些黑云母花岗岩具有高的稀土含量，REE 为 266×10^{-6}～435×10^{-6}，并且明显地富集 LILE 和 LREE、Th 和 U，这是和花岗闪长岩及基性岩的地球化学性质相似的。虽然这些地球化学属性是和壳内物质部分熔融形成的花岗质岩浆地球化学属性相似，但是 LILE 和 LREE、Th 和 U 的含量明显更高，并且这些元素是易于溶于流体相的。因此，本书认为这些富集 LILE、LREE、Th 和 U 的流体是伴随着花岗闪长岩在侵位结晶时释放出来的，并且这些流体会对黑云母花岗质母岩浆中的 LILE、LREE、Th 和 U 等元素含量产生影响，使形成的花岗质熔体中的相应元素含量增加。由于黑云母花岗岩中不含有代表镁铁质岩浆的暗色微粒包体，本书推断镁铁质岩浆对黑云母花岗岩的成因只提供了地壳物质部分熔融所需要的热，而不提供镁铁质物质。因此这些黑云母花岗岩是成熟度低的杂砂岩部分熔融形成的，花岗闪长质岩浆对杂砂岩的部分熔融不仅提供了热量，而且释放出来的流体也对花岗质岩浆微量元素含量有影响。黑云母花岗岩的高初始 Sr 比值和富集 Nd-Hf 及初始 Pb 同位素组分与花岗闪长岩的同位素组分一致（图 3.6、图 3.7），这也支持从花岗闪长岩中释放的流体对黑云母花岗岩的形成过程有影响，花岗闪长岩释放的流体携带着 LILE 和 LREE 等大离子亲石元素，与亚固相的杂砂岩快速发生微量元素和同位素组分的交换，最终会使这些微量元素和同位素组分达到均衡（Holk and Taylor，2000）。

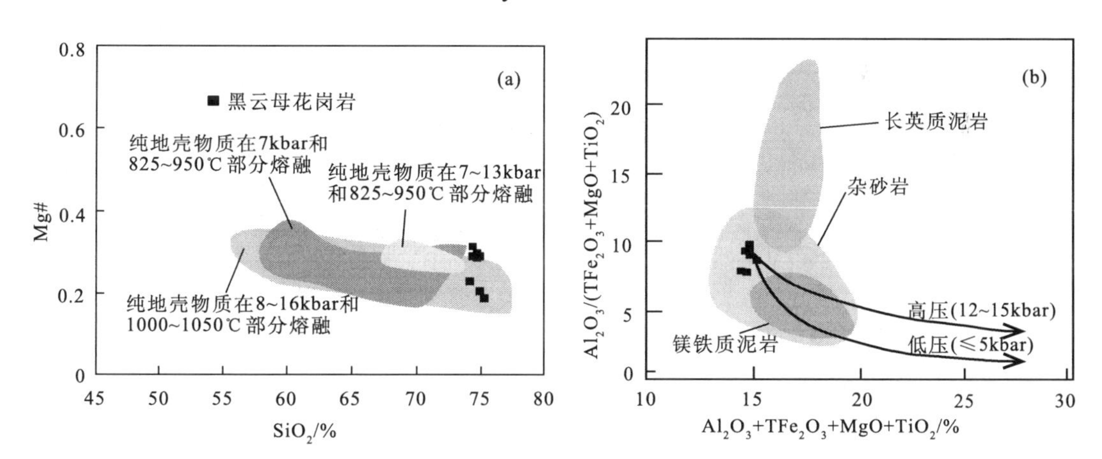

图 3.11　邦湾黑云母花岗岩 SiO_2-Mg#（a）和 $Al_2O_3+TFe_2O_3+MgO+TiO_2$-$Al_2O_3/(TFe_2O_3+MgO+TiO_2)$图解（b）

实验数据引自 Patino Douce 和 Johnston（1991），Rapp 和 Watson（1995），Sisson 等（2005）

3.8.4　腾冲地块壳内深部热带

实验岩石学的数据表明洋壳和陆壳的部分熔融及俯冲带的混杂岩均可形成花岗质岩浆（Brown, 2001, 2013; Castro *et al.*, 2010），现阶段对花岗岩的成因模型认识主要存在两种观点：①地壳内部物质（包括古老地壳物质和新生地壳）的部分熔融，如下地壳形成的深部热带（deep crustal hot zone）（Annen *et al*., 2006）；②俯冲带中的洋壳及由于俯冲形成的混杂岩在俯冲带中的部分熔融（Castro *et al*., 2010）。因此在判断花岗岩的成因时，首先应该确定其源区所处的位置，由于实验岩石学的数据仅提供了两个不同源区形成熔体的主量组分，但不同成因的熔体主量元素区别不大，判别源区位置更多是根据同位素的特征来示踪。基本理念是，陆壳物质形成的花岗质岩浆具有高的初始 Sr 比值（>0.705）和富集的 Nd-Hf 同位素，而洋壳部分熔融形成的花岗质岩浆具有相对低的初始 Sr 比值（<0.705）和亏损的 Nd-Hf 同位素。俯冲带的洋壳及俯冲形成的混杂岩在俯冲带或者地幔楔中部分熔融形成的熔体在上升过程中会穿过地幔橄榄岩区，会和这些富镁的地幔橄榄岩发生交代及混合，使熔体中的 MgO 含量和 Mg#值升高，形成高镁的中酸性岩浆（Yogodzinski and Kelemen，1998）。邦湾花岗闪长岩具有明显的高初始 Sr 和富集 Nd-Hf 同位素组分，并且这些花岗闪长岩和黑云母花岗岩具有低的 MgO 含量和 Mg#值，因此这些花岗岩闪长岩的源区主要是陆壳物质在地壳深部发生部分熔融，在腾冲地块下地壳形成深部热带（图 3.12）（Annen *et al*., 2006）。通过对邦湾地区基性岩-花岗闪长岩-黑云母花岗岩的岩石成因讨论，可以推断出早始新世时腾冲地块邦湾地区岩石圈地幔和地壳内部的岩浆体系。在俯冲过程中俯冲板片由于压力逐渐增大，逐渐发生脱水及形成残留矿物，俯冲沉积物中的微量元素进入残留矿物相，如 LREE、Th 和 U 进入褐帘石，LILE 和 Rb、Ba 进入金云母，HREE 进入石榴子石，Ti、Nb 和 Ta 进入金红石，俯冲带由于软流圈物质的加入温度升高时，在石榴子石和金红石稳定区，金云母和褐帘石脱水分解，微量元素进入熔体/流体相，交代上覆的地幔楔，引起地幔楔中富辉石的物质发生部分熔融，形成高钾钙碱-钾玄系列的镁铁质岩浆，镁铁质岩浆上升侵位至下地壳，为周边的地壳物质不仅提供了热量而且会发生冷却并释放出富 K、LILE、LREE 和 Th、U 的流体进入这些地壳岩石中，引起地壳物质的部分熔融，在下地壳中形成深部热带（Anenn *et al*., 2006），这是与喀斯喀特山在 10～30km 深度出现的由于镁铁质岩浆侵入释放出大量的 H_2O 形成高电导层（Stanley *et al*., 1990），以及安第斯山中部在 20～40km 处由于部分熔融作用形成低速带是一致的（Chmielowski *et al*., 1999; Yuan *et al*., 2000; Brasse *et al*., 2002）。熔体包裹体和高压实验表明岛弧岩浆中可溶解的 H_2O 含量一般为 0～10%（Sisson and Layne, 1993; Carmichael, 2002, 2004; Grove *et al*., 2003），因此这些含水的岛弧岩浆在结晶时可以释放出大量的 H_2O。腾冲地块为古老地壳，其下地壳主要为一些麻粒岩相的英云闪长质岩石（包括变质沉积岩+变质火成岩），当镁铁质岩浆侵位时，外来热量及流体的加入，使下地壳物质发生部分熔融，形成花岗质岩浆，这些岩浆和侵位的镁铁质岩浆发生混合，形成混合的花岗闪长质岩浆。花岗闪长质岩浆上升侵位过程中发生冷却结晶，并且也会释放出流体，这些流体会使地壳中的杂砂岩发生部分熔融，形成黑云母花岗岩。在此过程中，流体参与地壳物质的熔融过程，降低了固相线温度，同时使这些岩浆的微量元素和同位素体系发生均一化。

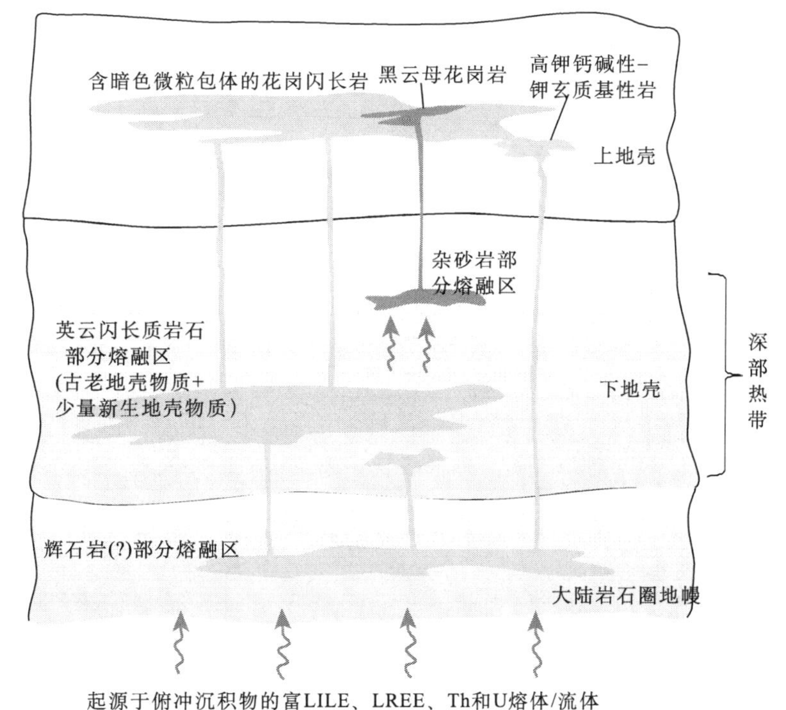

图 3.12　腾冲地块深部热带示意图

3.9　小　　结

（1）通过详细的野外地质学、岩石学和岩相学及锆石 U-Pb 年代学研究，邦湾岩体中的黑云母花岗岩、花岗闪长岩和暗色微粒包体代表的镁铁质岩浆结晶时代均为早始新世，结晶年龄为 50Ma 左右，代表着早始新世腾冲地块岛弧陆壳和大陆岩石圈地幔物质部分熔融的产物。

（2）花岗闪长岩中的暗色微粒包体具有明显的岩浆结构和淬火结构，代表着镁铁质岩浆在温度相对低的花岗质岩浆中发生快速冷凝。这些暗色微粒包体均具有富 K、LILE、Th、U 和 LREE 的特征，具有富集的 Sr-Nd-Pb 同位素组分，锆石 Lu-Hf 同位素呈现较大的变化范围，$\varepsilon_{Hf}(t)$值为–11.1～3.3，暗色微粒包体地球化学特征与南京里高钾钙碱-钾玄系列的基性岩地球化学相似，也与寄主花岗闪长岩的地球化学相似，是岩浆混合形成的。本书认为这些镁铁质岩石富集 K、Rb、Th、U 和 LREE 的特征是由于温度升高，俯冲带中金云母和褐帘石发生分解，释放这些元素进入熔体/流体，交代富辉石的地幔物质并诱发其部分熔融，形成富集 K、Rb、Th、U 和 LREE 的镁铁质岩浆。

（3）花岗闪长岩的地球化学特征、Sr-Nd-Pb 同位素和锆石 Lu-Hf 同位素组成与暗色微粒包体相似。腾冲地块具有成熟地壳，下地壳为英云闪长质岩石，直接部分熔融不能形成高钾钙碱性的邦湾花岗闪长岩。邦湾花岗闪长岩和晚白垩世的户撒花岗闪长岩产状和岩性及出露位置相似，因此，这两套不同时代的花岗闪长岩应该是同一源区不同时代的产物，但是邦湾花岗闪长岩和户撒花岗闪长岩相比，具有更富集的 K_2O、Rb、Th、U 和 REE 含量。本书认为邦湾花岗闪长岩是幔源镁铁质岩浆和壳源花岗质岩浆混合的产物，在混合过程中，镁铁质岩浆结晶演化后期的熔体/流体对花岗质岩浆成分有重要的影响。

（4）黑云母花岗岩具有高 SiO_2 和 K_2O 的特征，其微量元素和 Sr-Nd-Pb 及锆石 Lu-Hf 同位素组成与花岗闪长岩相似，是地壳中的变质杂砂岩部分熔融的结果。但是同实验岩石学和自然界其他的变质杂砂岩部分熔融样品相对比，这些黑云母花岗岩具有更高的 Th 和 REE 含量，并且黑云母花岗岩中未见到暗色微粒包体。本书认为黑云母花岗质岩浆在形成时是受到花岗闪长质岩浆结晶演化时释放熔体/流体的影响。

第4章　早始新世花岗岩类成分变化及成因

4.1　腾冲地块早始新世花岗岩类成分变化

腾冲地块是新特提斯洋东向俯冲和印度-欧亚大陆碰撞形成的活动大陆边缘岛弧地区，发育大量早始新世（50～55Ma）岩浆作用，主要由基性岩和中酸性岩组成（季建清等，2000; Ma *et al*., 2014; Wang *et al*., 2014a, 2015a）。Wang 等（2014a）识别出腾冲地块的基性岩由西向东（即由那邦穿过昔马-铜壁关到陇川一带）成分中的富集组分含量逐渐增加，如 K_2O 和 LILE，同时随着富集组分的增加，其他的微量元素如 Th、U、REE、HFSE（如 Zr、Nb、Ta、Hf）等均出现了逐渐增加的趋势。此外，这些基性岩浆的 Sr-Nd-Hf 同位素由西向东也都出现了逐渐变化的趋势，Sr 同位素初始比值逐渐升高，而 Nd 和锆石 Hf 同位素初始比值逐渐降低，向“陆壳组成”的方向演化。在拉萨地块同期基性岩和中酸性岩也同样出现了这种同位素组分上的变化，赵志丹等（2011）发现在拉萨地块从雅鲁藏布缝合带向北，基性岩和中酸性岩的富集组分逐渐增加，并且在中拉萨地块具有明显的地壳富集组分的增加，其初始 Sr 比值逐渐升高，而初始 Nd 同位素比值逐渐降低，Hf 同位素比值也是逐渐降低的。这样的成分极性也显示着新特提斯洋在拉萨地块的北向和腾冲地块的东向俯冲。

对于岛弧镁铁质岩浆成分变化的认识和研究经历了很长的时间，最早是根据 K_2O 的含量，其随着与俯冲带的距离增加而增加，随着分析测试手段的发展，人们发现微量元素和同位素组分也具有这种变化特征，而在少部分的岛弧地区可以发现微量元素具有相反的变化特征。岛弧地区岩浆作用的源区主要有俯冲洋壳+俯冲沉积物和岩石圈地幔楔和软流圈地幔楔物质，在陆缘弧地区，还存在大陆地壳物质，而这些源区物质的地球化学属性和同位素组分是形成岛弧岩浆地球化学变化特征的主要控制因素。但如今对岛弧岩浆的富集组分随着俯冲距离的增加而变化的原因仍存在很大争议，主流观点有以下几个方面：①不同程度陆壳物质的混染（assimilation）（主要是在大陆活动边缘弧地区）（Mamani *et al*., 2008, 2010）；②俯冲板片（包括俯冲的蚀变洋壳和沉积物）起源的流体/熔体与上覆不均一且变化规律的地幔楔物质发生交代混合，最终形成成分变化的岛弧岩浆作用（Ryan *et al*., 1995; Hochstaedter *et al*., 1996, 2000）；③随着与俯冲带距离的增加，俯冲带起源的流体含量会减少，导致地幔楔物质发生部分熔融的程度降低，而地幔楔物质的低程度部分熔融则可以形成高钾钙碱性-钾玄质（或者碱性）镁铁质岩浆（Sakuyama, 1983; Tatsumi *et al*., 1991; Stern *et al*., 1993; Elburg *et al*., 2002）。岛弧地区岩浆成分变化的成因并非与某一种机制有关，很可能是多个复杂过程综合的结果，如俯冲板片（蚀变的洋壳+沉积物）起源的流体/熔体会随着俯冲距离增加组分发生变化，并且板片起源的流体/熔体（主要是 H_2O）含量会减少，导致地幔物质的部分熔融程度也会降低（Jacques *et al*., 2013），镁铁质岩浆在陆缘弧上升过程中还存在与陆壳物质的混染等过程（Schmitt *et al*., 2001; Mamani *et al*., 2008, 2010）。

在拉萨地块，Zhu 等（2011）通过中新生代岩浆岩锆石 Hf 同位素组分变化，认为拉萨地块中部（中拉萨地块）为一古老地壳，具有古老地壳基底；因此拉萨地块早始新世岩浆岩地球化学和同位素成分由南向北的变化被解释为基底组分对岩浆作用的影响（赵志丹等，2011）。但部分学者根据中酸性岩中的锆石 Hf 同位素发现在拉萨地块中南部地区，相比于中生代岩浆岩，早始新世岩石中的 Hf 同位素出现富集，$\varepsilon_{Hf}(t)$出现负值，他们认为这可能是俯冲的印度大陆地壳物质加入这些岩浆的源区导致出现富集的 Hf 同位素（Ji *et al*., 2009; Chu *et al*., 2011）。而如果是俯冲印度大陆陆壳物质的加入导致早始新世岩浆成分的变化，那应该形成的岩石组分与现如今观察的成分变化趋势相反，因为随着俯冲深度的增加，其俯冲陆壳物质应该是逐渐减少的。Wang 等（2014a）提出腾冲地块早始新世基性岩地球化学成分及同位素组分变化是新特提斯洋俯冲闭合过程中不均一的地幔物质源区被俯冲板片起源的流体所交代的结果。但是，腾冲地块为陆缘弧，具有成熟的陆壳物质（见第 3 章所述），因此，镁铁质岩浆侵位上升至中上地壳过程中，穿过厚地壳，是否受到地壳物质的混染？而本书主要探讨的是腾冲地块中酸性岩浆作用，对基性岩浆作用成分变化的主要原因不做重点讨论。

在一定的 SiO_2（60%～70%）含量范围内，腾冲地块的准铝质-轻微过铝质花岗岩类（石英闪长岩-花岗闪长岩）表现出类似于基性岩由西向东的成分变化（图 4.1、图 4.2）。在那邦地区，这些花岗闪长岩为钙碱系列-高钾钙碱系列（Ma *et al*., 2014），在昔马-铜壁关一带的石英闪长岩-花岗闪长岩为高钾钙碱系列，其 K_2O 含量要比那邦地区的中酸性岩高，在邦湾地区，花岗闪长岩为高钾钙碱系列，其 K_2O 含量比昔马-铜壁关的中酸性岩高，而在芒东地区的花岗闪长岩其 K_2O 含量基本与邦湾地区的相似。花岗岩类的 MgO 有逐渐降低的趋势，而 K_2O+Na_2O、大离子亲石元素（LILE，如 Rb、Ba）、高场强元素（Nb、Ta、Zr、Hf）、Th、U、Pb、Y、REE（LREE）由西向东逐渐增加（图 4.1）。虽然这些花岗岩类的 SiO_2 含量基本一致，说明这些花岗岩可能经历了相似的岩浆演化过程，但为了避免岩浆后期不同程度的结晶分异造成的成分变化，可以利用不相容元素的比值来进行限制。花岗岩类由西向东 Th/U、Rb/K 等不相容元素的比值基本是一致的，没有发现明显的变化，说明其地球化学成分的变化并非是结晶分异所造成的。

早始新世花岗岩类的同位素组分也显示出明显的演化趋势，初始 Sr 同位素比值由西向东逐渐升高，那邦地区花岗岩类 $^{87}Sr/^{86}Sr(t)$=0.705419～0.707089，昔马-铜壁关花岗岩类 $^{87}Sr/^{86}Sr(t)$=0.708502～0.709175，邦湾花岗闪长岩 $^{87}Sr/^{86}Sr(t)$= 0.712751～0.713073，芒东的花岗闪长岩 $^{87}Sr/^{86}Sr(t)$=0.725863；Nd 同位素比值显示出明显降低的趋势，那邦花岗岩类的 $\varepsilon_{Nd}(t)$值为–3.9～0.8，昔马-铜壁关花岗岩类的 $\varepsilon_{Nd}(t)$值为–6.5～–5.2，邦湾花岗闪长岩的 $\varepsilon_{Nd}(t)$值为–11.6～–8.8，芒东花岗闪长岩的 $\varepsilon_{Nd}(t)$值为–11.4。Hf 同位素比值和 Nd 同位素显示相似的降低趋势，那邦地区花岗岩类的 $\varepsilon_{Hf}(t)$平均值为–5.1～–2.7，昔马-

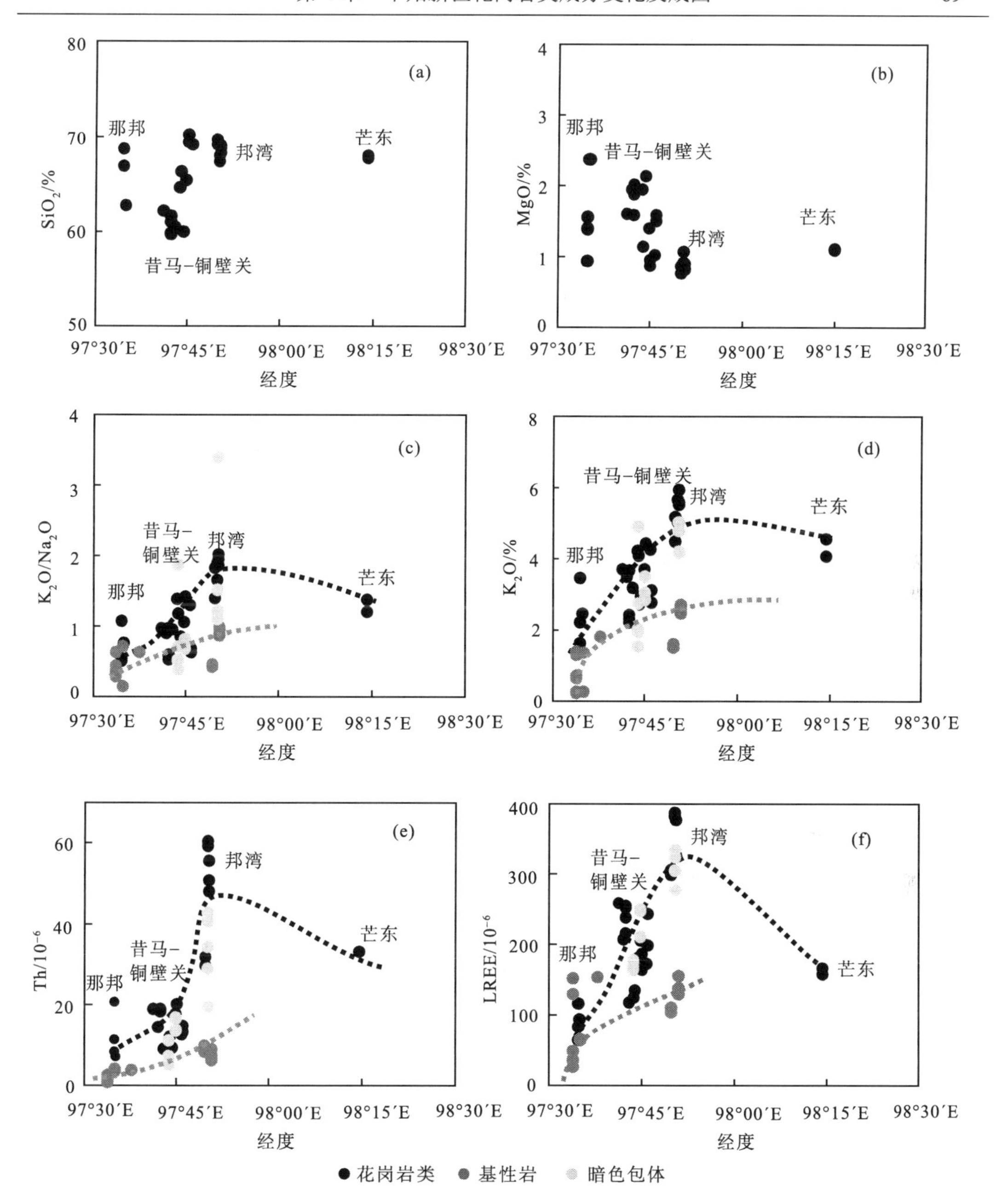

图 4.1 腾冲地块早始新世花岗岩类 SiO_2、MgO、K_2O/Na_2O、K_2O、Th 和 LREE 含量随空间的变化图解

基性岩数据引自 Wang 等（2014a，2015a），那邦地区花岗岩数据引自 Ma 等（2014）

铜壁关的花岗岩类 $\varepsilon_{Hf}(t)$平均值为–3，邦湾花岗闪长岩的 $\varepsilon_{Hf}(t)$平均值为–7.1～–6.5，芒东的花岗闪长岩 $\varepsilon_{Hf}(t)$平均值为–6.5～–4.5。因此，花岗岩类在腾冲地块西侧那邦地区具有低的初始 Sr 比值和高的 $\varepsilon_{Nd}(t)$、$\varepsilon_{Hf}(t)$值，而逐渐向东穿过昔马–铜壁关和邦湾至芒东地区具有逐渐升高的 Sr 比值和降低的 $\varepsilon_{Nd}(t)$、$\varepsilon_{Hf}(t)$值（图 4.2）。由于区域的 Pb 同位

素数据有限，仅有本书所提供的昔马-铜壁关花岗岩类和邦湾花岗闪长岩的数据。虽然数据有限，但本书仍发现初始 Pb 同位素比值具有一定的组分变化，U 和 Th 放射性成因的初始 $^{207}Pb/^{204}Pb$、$^{206}Pb/^{204}Pb$ 和 $^{208}Pb/^{204}Pb$ 值均具有由西向东逐渐减小的趋势(图 4.3)。

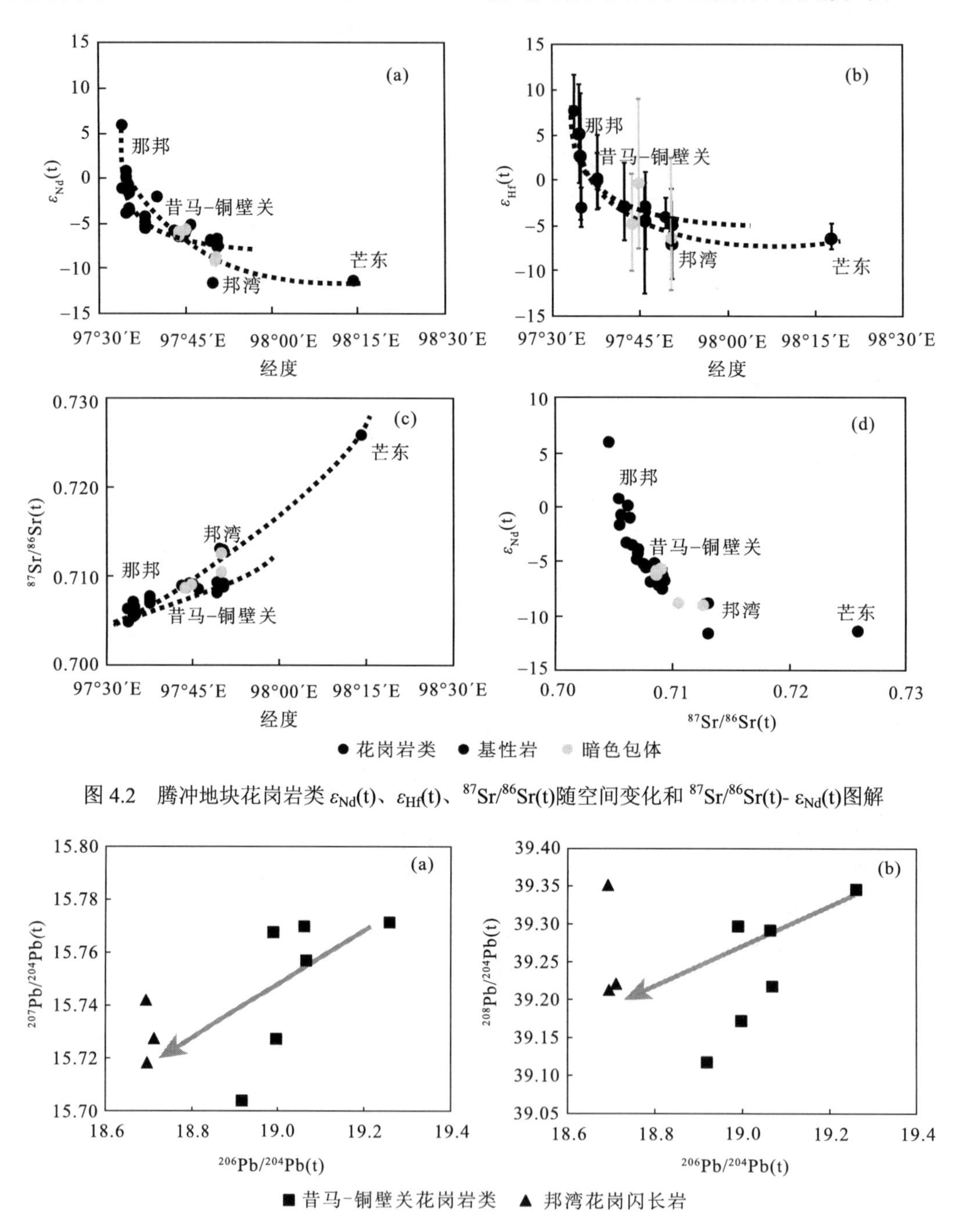

图 4.2 腾冲地块花岗岩类 $\varepsilon_{Nd}(t)$、$\varepsilon_{Hf}(t)$、$^{87}Sr/^{86}Sr(t)$随空间变化和 $^{87}Sr/^{86}Sr(t)$- $\varepsilon_{Nd}(t)$图解

图 4.3 腾冲地块花岗岩类 $^{207}Pb/^{204}Pb(t)$-$^{206}Pb/^{204}Pb(t)$和 $^{208}Pb/^{204}Pb(t)$-$^{206}Pb/^{204}Pb(t)$图解

根据以上主微量元素和同位素组分的对比可以总结出腾冲地块早始新世花岗岩类的成分变化特征：在 SiO_2 含量一定的情况下，由西向东，花岗岩类的富集组分逐渐增加，初始 $^{87}Sr/^{86}Sr$ 同位素比值逐渐升高，$^{143}Nd/^{144}Nd$ 和 $^{176}Hf/^{177}Hf$ 同位素比值逐渐降低，但 Pb 同位素表现出相反的特征，比值逐渐降低。

腾冲地块早始新世基性岩具由西向东的成分变化，富集组分逐渐增加，而花岗岩类成分变化与基性岩成分变化是同步的（图 4.1、图 4.2），如在那邦地区的基性岩为低钾拉斑系列，花岗岩类为钙碱-高钾钙碱系列；昔马-铜壁关的镁铁质岩石为钙碱性系列，花岗岩类为高钾钙碱系列；邦湾基性岩为高钾钙碱-钾玄系列，花岗闪长岩为高钾钙碱系列；芒东地区未见基性岩，花岗闪长岩与邦湾花岗闪长岩相似。腾冲地块早始新世的花岗质岩浆继承了镁铁质岩浆的成分变化特征，地球化学变化一致性指示着花岗岩和基性岩之间有一定的成因联系。那么这样的成分变化是否能说明腾冲地块中下地壳存在着由西向东有规律的物质变化？花岗岩类具有由西向东的富集组分逐渐增加，Th、REE 等微量元素逐渐增加、Sr 同位素比值逐渐升高，Nd-Hf 同位素比值逐渐减小的特征，这似乎指示着由西向东腾冲地块早始新世花岗质岩浆形成过程中，沉积物（古老地壳物质）对岩浆活动的贡献是逐渐增多的，即腾冲地块西侧具有更多的镁铁质物质或者新生下地壳，而东侧具有更多的古老地壳物质（沉积物）。但是花岗岩类 Pb 同位素比值是由西向东具有逐渐减小的趋势，这与向东更多的沉积物加入花岗质岩浆中是矛盾的，说明花岗岩类的成分变化并非是中下地壳古老地壳物质向东逐渐增加所引起。虽然在那邦地区存在三叠纪具有亏损 Nd-Hf 同位素特征的闪长岩-辉长岩，但是根据晚白垩世壳源的花岗岩化学成分，其物源由西向东并未存在这种成分变化极性。因此，这些花岗岩类成分变化不是腾冲地块有规律变化的地壳物质部分熔融所引起的。因此，对花岗岩类成分变化原因还需进一步的研究说明。

4.2　腾冲地块花岗岩类成分变化原因：以昔马-铜壁关岩体为例

4.2.1　引言

腾冲地块是具有古老地壳基底的大陆边缘岛弧，出露大量早始新世花岗岩类（SiO_2<70%），根据其同位素组分可以确定这些花岗岩类主要为陆壳物质的部分熔融形成的，幔源物质可能参与花岗岩的形成过程，并且这些花岗岩类均为准铝质-轻微过铝质，其矿物组成主要为斜长石+碱性长石+石英+角闪石+黑云母，具有 I 型花岗岩的矿物组合和地球化学特征，对与俯冲造山过程相关的 I 型花岗岩类成因仍存在很多的争议（Clemens *et al*., 2011; Castro *et al*., 2013），其主要争议在于源岩的成分、岩浆成因（包括部分熔融、岩浆的混合和岩浆结晶分异成因）、地球化学特征的解释等。本书确定出腾冲地块早始新世花岗岩类的成分变化并非是有规律的陆壳物质部分熔融所引起，并且花岗质岩浆的成分变化是与镁铁质岩浆的成分变化同步，由此引发的问题是，活动大陆边缘岛弧形成花岗质岩浆的成分变化原因是什么？是镁铁质岩浆的成分变化控制着花岗质岩

浆成分变化，还是花岗质岩浆对镁铁质岩浆成分变化有一定的影响？前人研究结果表明，镁铁质岩浆不仅对花岗质岩浆形成时提供热量，必然还提供了基性岩浆物质，但是镁铁质岩浆和花岗质岩浆之间是怎样相互作用的？是镁铁质岩浆的结晶分异（Schiano *et al.*, 2004a; Deering and Bachmann, 2010; Dessimoz *et al.*, 2012; Jagoutz and Schmidt, 2012; Lee and Bachmann, 2014），还是镁铁质岩浆同化陆壳物质（Patiño Douce, 1995），或者是镁铁质岩浆和花岗质岩浆不同程度的混合（Kent *et al.*, 2010; Ruprecht *et al.*, 2012）？虽然本书根据邦湾花岗闪长岩和暗色微粒包体岩石成因分析，认为这些花岗闪长岩是该地区高钾钙碱-钾玄系列的镁铁质岩浆与陆壳物质部分熔融的花岗质岩浆混合的结果，但是为了进一步评估腾冲地块花岗岩类成分变化的原因，本节选取昔马-铜壁关岩体的花岗岩类及被包裹在花岗岩类中的暗色微粒包体和昔马-铜壁关地区的镁铁质岩石进行进一步研究，重点讨论昔马-铜壁关花岗岩类的岩石成因及与镁铁质岩浆作用的关系。

4.2.2　野外地质学及岩石学

昔马-铜壁关花岗岩体位于腾冲地块西侧盈江县昔马-铜壁关镇，呈 NNE-SSW 向展布，与高黎贡带几乎平行（图 4.4）。岩体岩性变化较大，主要由石英闪长岩和花岗闪长岩组成。石英闪长岩有两种类型，分别为细粒石英闪长岩和粗粒石英闪长岩，而花岗闪长岩均为粗粒结构（图 4.5）。在粗粒石英闪长岩和花岗闪长岩中含有大量具有细粒结构的暗色微粒包体（MMEs），但是在细粒石英闪长岩中不发育暗色微粒包体，细粒石英闪长岩则是侵位到花岗闪长岩中，野外未见明显的岩性界限。粗粒花岗闪长岩和石英闪长岩中的暗色微粒包体具有两种形态，一部分为椭球状或者球状，另外一部分为长条状，明显被拉伸。镁铁质暗色微粒包体一般直径为 10～40cm，经常以暗色微粒包体群出现在露头上。这些暗色微粒包体可以被分为两类：拉长的具有明显黑云母富集边的包体（Ⅰ型）和椭球状或者圆球状缺少黑云母富集边的包体（Ⅱ型）。Ⅰ型包体的黑云母富集边一般宽为 0.2～1cm，与内部富角闪石的包体矿物组成有明显的区别。部分被拉长的暗色微粒包体可以看到富集黑云母的边明显被分层，从包体上脱落或者从包体上分解进入寄主花岗岩中，这些从包体脱落的富集黑云母的边在花岗岩中形成了富黑云母团块或者析离体（schlieren），并且黑云母呈现定向排列，形成片理结构。Ⅰ型 MMEs 脱落了富集黑云母的边，使内部的富角闪石的包体与花岗质岩浆接触，脱落的Ⅰ型 MMEs 其成分是与Ⅱ型 MMEs 相似，这种包体-黑云母边-析离体（黑云母团块）的演化说明了包体和寄主花岗质岩浆多阶段的相互作用过程（图 4.6）（Farner *et al.*, 2014）。野外确定昔马-铜壁关地区的镁铁质岩石为变质辉长岩，其镁铁质矿物主要为角闪石和黑云母，可见辉长结构，野外露头出露范围约 100m，但镁铁质岩石与昔马-铜壁关花岗岩体的野外地质关系仍很难确定。各类岩石采样位置可见表 4.1。

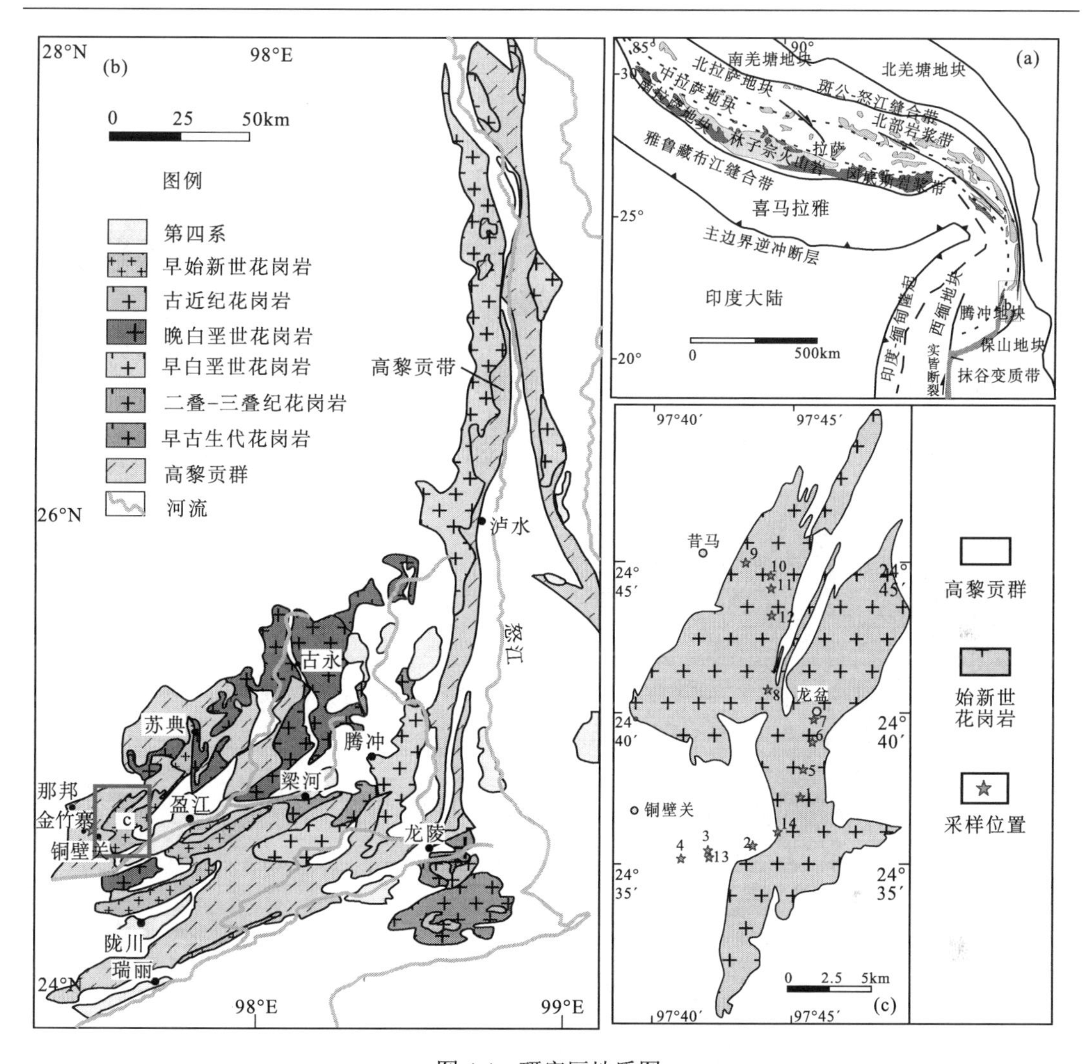

图4.4　研究区地质图

（a）喜马拉雅-西藏地区地质简图（据 Qi *et al.*, 2015）；（b）腾冲地块及邻区地质简图（据 Xu *et al.*, 2012）；（c）昔马-铜壁关岩体地质图及采样位置

图 4.5　昔马-铜壁关地区寄主花岗岩类、细粒石英闪长岩和变质辉长岩野外及手标本照片

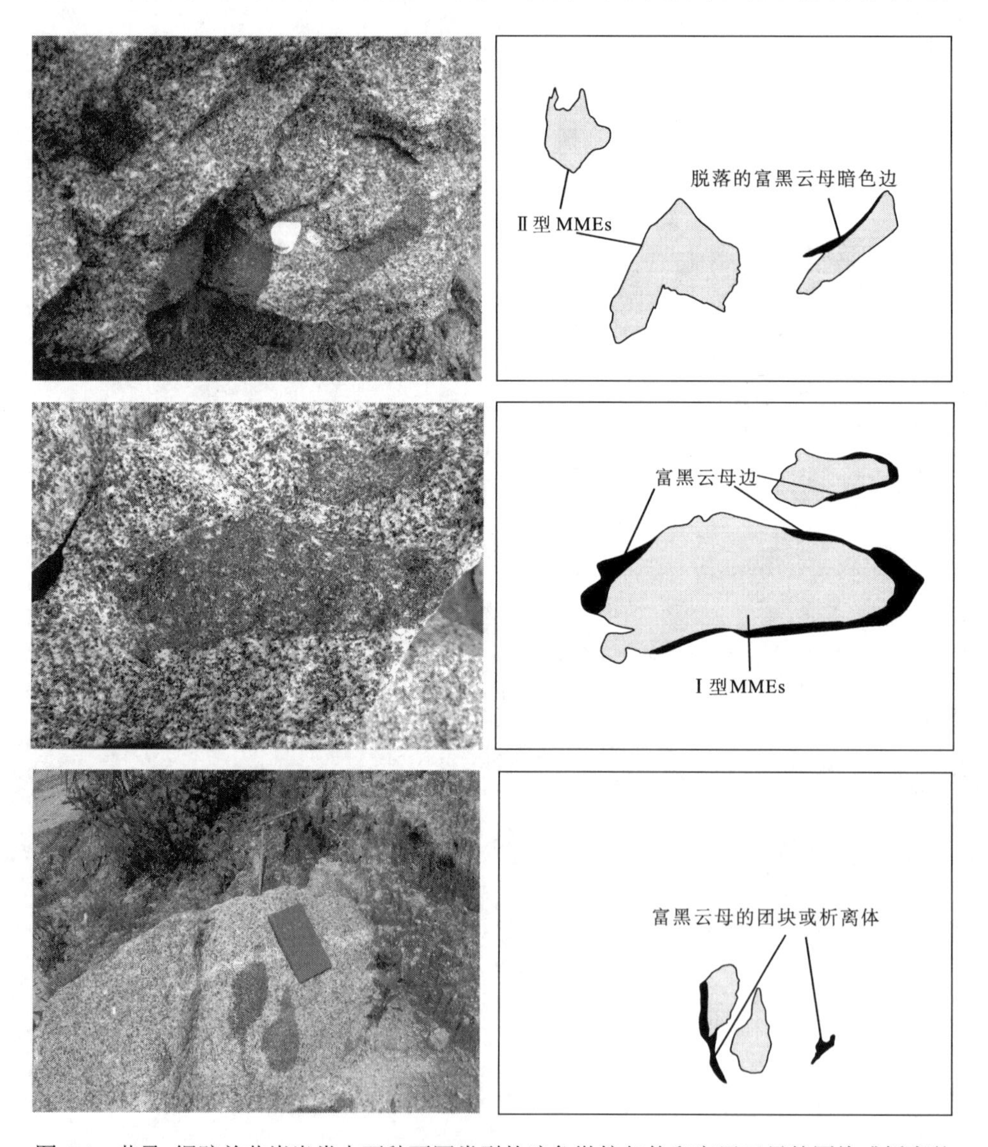

图 4.6　昔马-铜壁关花岗岩类中两种不同类型的暗色微粒包体和富黑云母的团块或析离体

表 4.1　昔马-铜壁关地区样品简单描述及采样位置

采样点	纬度(N)	经度(E)	样品	岩性	结构
1	24°37.625'	97°45.152'	YJ37 YJ38	花岗闪长岩	粗粒结构
2	24°35.816'	97°43.060'	YJ43	花岗闪长岩	粗粒结构
3	24°35.449'	97°42.502'	YJ50 YJ51 YJ55 YJ58	石英闪长岩	粗粒结构
4	24°35.257'	97°41.286'	YJ67	石英闪长岩	粗粒结构
5	24°38.400'	97°45.822'	NB01	花岗闪长岩	粗粒结构
6	24°39.000'	97°46.018'	NB07	石英闪长岩	细粒结构
7	24°39.713'	97°46.050'	NB20 NB21	石英闪长岩	粗粒结构
8	24°40.734'	97°44.962'	NB50	花岗闪长岩	粗粒结构
			NB66 NB67 NB68 NB69	暗色微粒包体	细粒结构
9	24°44.953'	97°43.817'	NB83	花岗闪长岩	粗粒结构
			NB86 NB87 NB89 NB90 NB91	暗色微粒包体	细粒结构
10	24°44.356'	97°44.220'	NB95	石英闪长岩	粗粒结构
11	24°44.027'	97°44.483'	NB98	石英闪长岩	粗粒结构
12	24°43.365'	97°44.490'	NB107	石英闪长岩	粗粒结构
13	24°35.224'	97°42.019'	TBG26	石英闪长岩	粗粒结构
14	24°36.608'	97°44.021'	TBG30	花岗闪长岩	粗粒结构
15	24°40.815'	97°35.278'	XM05 XM06 XM07 XM08 XM09 XM10 XM11	变质辉长岩	辉长结构

粗粒石英闪长岩-花岗闪长岩、暗色微粒包体中的矿物组合主要为斜长石、石英、碱性长石（钾长石、条纹长石、微斜长石）、黑云母和角闪石，副矿物主要可见榍石、锆石、磷灰石、钛铁矿、绿帘石等。暗色微粒包体和寄主花岗岩的矿物组成基本一致，黑云母和角闪石是所有岩石中主要的镁铁质矿物，但是矿物组成的比例在各个岩石中不同。镁铁质岩石和细粒石英闪长岩矿物组成相似，主要由角闪石、斜长石、少量黑云母和石英组成。

变质辉长岩：显微镜下可明显观察到岩石保存的辉长结构，但其暗色矿物中缺少辉石，镁铁质矿物主要是角闪石和少量的黑云母，角闪石为半自形粒状或短柱状，含量为40%左右，大量角闪石中存在石英和斜长石的晶体包裹体。斜长石含量约为 55%，呈半自形粒状或短柱状晶体，具有聚片双晶，大部分斜长石无明显的成分环带，但少量的斜长石具有明显的两个成分分带，并且这些斜长石成分环带之间没有蚀变面。黑云母含量约为 3%，呈棕褐色片状产出，几乎所有的黑云母是与角闪石共生的，没有呈单独的晶体存在。石英含量约为 2%，呈他形的粒间相存在于与角闪石相关的缝隙中，或者呈粒状被包裹于角闪石中。变质辉长岩不含碱性长石（图 4.7）。

细粒石英闪长岩：斜长石含量为 65%，并且大部分斜长石可以看到明显的两个不同的成分环带和聚片双晶，但是没有明显的蚀变面，这是与粗粒石英闪长岩和花岗闪长岩中的斜长石不同的，但与变质辉长岩中的斜长石相似。角闪石含量为 20%，呈暗绿色自形-半自形柱状晶或者被黑云母聚集团块所替代或包围的残留晶体。黑云母含量为 10%，呈褐黄色半自形-他形晶，部分黑云母呈团块聚集体。石英+碱性长石（以条纹长石为主）含量为 5%，以粒间相或者他形粒状产出，与变质辉长岩相比明显出现碱性长石（图 4.7）。

粗粒石英闪长岩-花岗闪长岩：斜长石的含量为 50%～70%，呈自形-半自形板柱状或粒状晶。粗粒石英闪长岩和花岗闪长岩中的斜长石部分具有明显的被蚀变面分割的成分环带，同时具有明显的聚片双晶，矿物粒径为 0.2～0.5cm，而其他斜长石则无成分环带。碱性长石含量为 3%～25%，常以半自形或者他形晶出现，主要是由条纹长石和微斜长石组成。石英含量为 7%～20%，并且石英和碱性长石常以粒间相存在于自形-半自形的斜长石和角闪石矿物颗粒之间。黑云母含量为 4%～12%，呈薄片状半自形晶或者他形黑云母集合体出现。角闪石含量为 1%～10%，呈淡绿色自形-半自形晶（图 4.7）。

Ⅰ型 MMEs：斜长石含量为 45%～50%，粒径要小于寄主花岗岩类中的斜长石晶体，但是在Ⅰ型 MMEs 中含有大量的斜长石大晶，其粒径为 0.2～0.5cm，与寄主花岗岩类中的斜长石晶体粒径相似，并且在Ⅰ型 MMEs 中含有两类斜长石，一类是具有蚀变面，另外一类是缺少蚀变面的晶体，而斜长石大晶均具有明显的蚀变面，说明 MMEs 中的斜长石大晶可能是来源于寄主花岗岩类。黑云母的含量为 20%～25%，呈半自形-他形晶定向排列，部分黑云母呈粒间相或者在角闪石残晶附近替代角闪石。角闪石含量约为 15%，常以自形-半自形淡绿色柱状晶出现，部分被黑云母替代，在显微镜下，能够明显地观察到黑云母替代角闪石的现象。石英含量为 10%～15%，碱性长石含量为 5%，并且均为粒间相或者他形粒状产出（图 4.7）。

Ⅱ型 MMEs：斜长石含量与Ⅰ型 MMEs 相比略高，为 55%左右，但其形态与粒径和Ⅰ型 MMEs 中的斜长石相似，也具有两类斜长石，一类无蚀变面，另外一类具有蚀变面分割的成分环带，但是Ⅱ型 MMEs 中自形的斜长石大晶含量明显要少于Ⅰ型 MMEs。角闪石含量为 30%，明显高于Ⅰ型 MMEs 中的角闪石含量，黑云母含量为 10%，要低于Ⅰ型 MMEs 中的黑云母含量，并且黑云母和角闪石在Ⅱ型 MMEs 中呈自形-半自形晶产出。石英含量为 2%，碱性长石含量为 3%，石英和碱性长石均是以粒间相或者他形粒状产出，但是含量也是明显要比Ⅰ型 MMEs 中的含量低（图 4.7）。

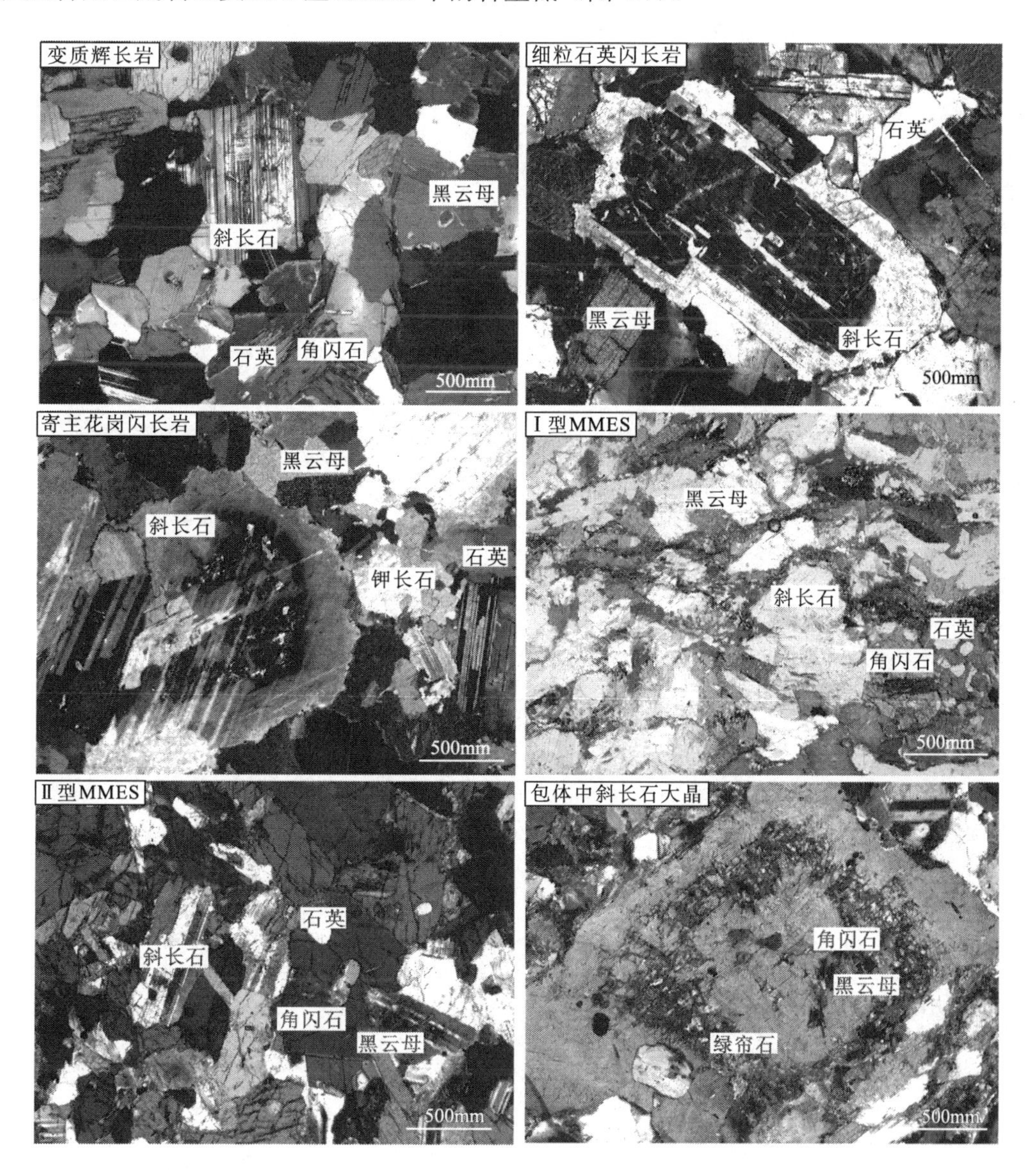

图 4.7　昔马-铜壁关地区寄主花岗岩类、暗色微粒包体、细粒石英闪长岩和变质辉长岩镜下照片

4.2.3　锆石 U-Pb 年代学

本书共选取昔马-铜壁关地区六个样品进行岩浆岩的锆石 U-Pb 年代学研究，变质辉长岩一个样品 XM05、细粒石英闪长岩一个样品 NB09、花岗岩类中的暗色微粒包体两个样品 NB90 和 NB70，以及寄主花岗岩类两个样品 NB13 和 YJ53。锆石 U-Pb 分析结果可见附表 6 和图 4.8，锆石 CL 图片如图 4.9 所示。

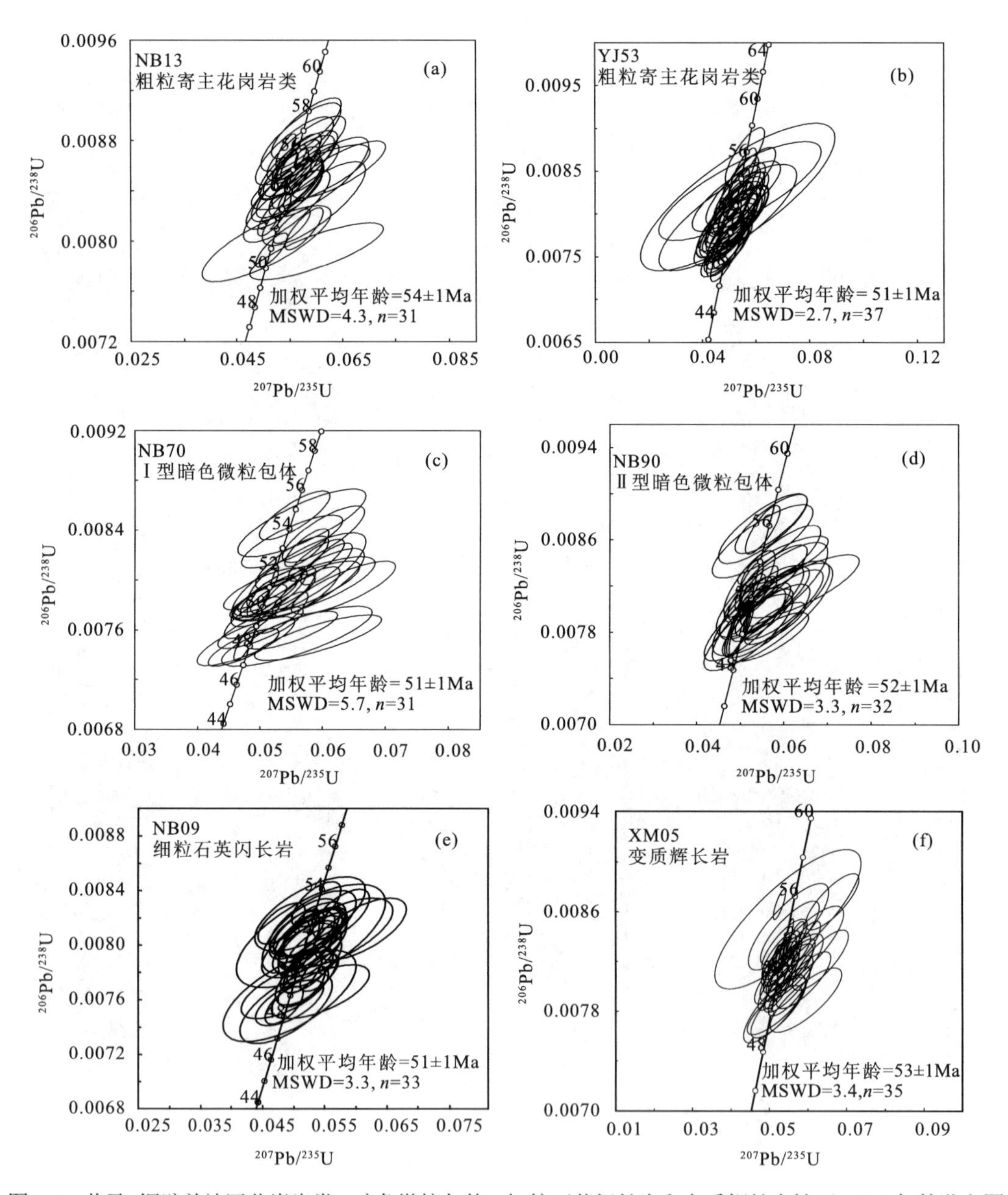

图 4.8　昔马-铜壁关地区花岗岩类、暗色微粒包体、细粒石英闪长岩和变质辉长岩锆石 U-Pb 年龄谐和图

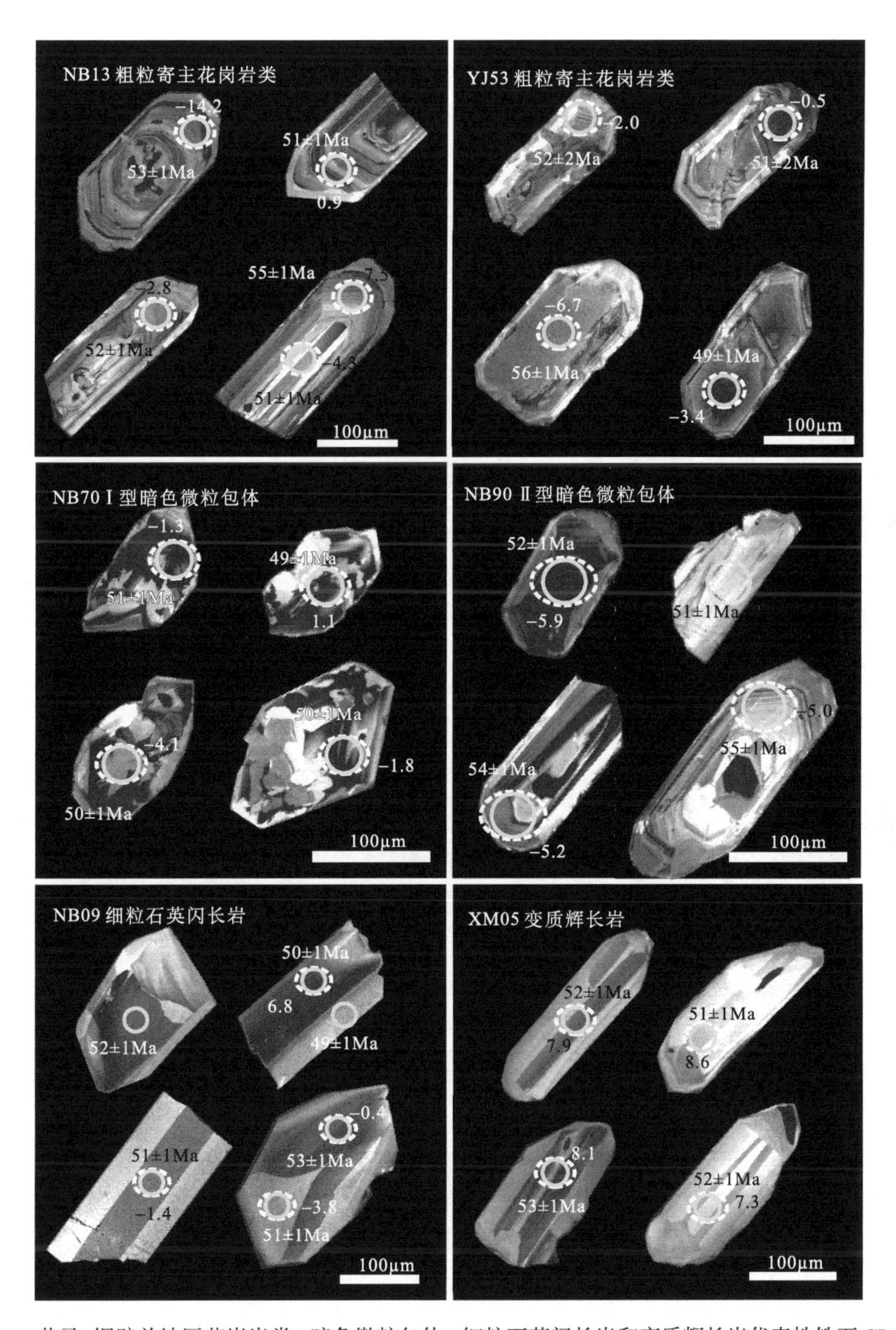

图 4.9　昔马-铜壁关地区花岗岩类、暗色微粒包体、细粒石英闪长岩和变质辉长岩代表性锆石 CL 图像

变质辉长岩（XM05）：锆石呈自形长柱状晶体，无色透明状，晶体长度为 150～300μm，长宽比为 1.5∶1～3∶1。在锆石 CL 图像中可以观察到，变质辉长岩中的锆石具有宽的成分环带，代表高温条件下结晶的锆石，这是高温条件下元素快速扩散的结果（吴元保、郑永飞，2004）。本节挑选了 35 个点进行锆石 U-Pb 同位素分析，分析结果表明这些锆石具有多变的 Th（53×10^{-6}～971×10^{-6}）和 U（134×10^{-6}～13277×10^{-6}）含量及 Th/U（0.03～1.04）。35 个分析点均得到谐和年龄，其 $^{206}Pb/^{238}U$ 年龄为 50～56Ma，加权平均年龄为 53±1Ma（MSWD=3.4，n=35），该年龄代表了变质辉长岩的结晶年龄。

细粒石英闪长岩（NB09）：锆石呈自形-半自形柱状或者粒状晶体，长度为 150～200μm，其长宽比为 1.5∶1～2∶1。细粒闪长岩中的锆石与变质辉长岩中的锆石相似，在 CL 图像中呈现宽的成分分带，代表着高温条件下的结晶。本节挑选细粒闪长岩锆石中的 33 个点，对其进行 U-Pb 同位素分析，结果表明这些细粒闪长岩和变质辉长岩的结晶年龄基本一致。细粒石英闪长岩获得 $^{206}Pb/^{238}U$ 年龄为 48～53Ma，其加权平均年龄为 51±1Ma（MSWD=3.3，n=33）。这些锆石点所获得的 Th 含量为 65×10^{-6}～1137×10^{-6}，U 含量为 133×10^{-6}～865×10^{-6}，Th/U 值为 0.23～1.33。

粗粒寄主花岗岩类（NB13 和 YJ53）：锆石呈长柱状，无色透明状，自形-半自形晶，长度为 150～250μm，其长宽比为 2∶1～3∶1。寄主岩石中的锆石呈明显的振荡环带，说明其岩浆结晶成因，但寄主岩石中的锆石与细粒闪长岩和变质辉长岩中的锆石 CL 图片明显不一致，这种振荡环带说明锆石是在相对较低温的条件下结晶形成的，元素扩散速度较慢，形成窄的成分分带。本节对 NB13 锆石中的 31 个点进行了 U-Pb 分析，获得 $^{206}Pb/^{238}U$ 年龄为 51～57Ma，加权平均年龄为 54±1Ma（MSWD=4.3，n=31），代表寄主岩石的结晶年龄。分析的锆石（除#27）获得 U 含量为 170×10^{-6}～1720×10^{-6}，Th 含量为 143×10^{-6}～1025×10^{-6}，Th/U 值为 0.32～1.02。YJ53 中的锆石分析了 40 个 U-Pb 同位素点，其中 3 个点获得的 $^{206}Pb/^{238}U$ 年龄为 1058Ma、695Ma、67Ma，这些锆石均呈现明亮或者暗的核部，根据这些锆石的形态学研究，本书认为这些锆石为捕虏围岩或者继承源区的残留锆石。其他 37 个分析点获得谐和的 $^{206}Pb/^{238}U$ 年龄为 48～56Ma，加权平均年龄为 51±1Ma（MSWD=2.7，n=37），代表着寄主岩石的结晶年龄。分析锆石获得 U 含量为 253×10^{-6}～1353×10^{-6}，Th 含量为 71×10^{-6}～764×10^{-6}，Th/U 值为 0.12～0.92。

暗色微粒包体如下。

Ⅰ型 MMEs（NB70）：锆石呈粒状或者短的菱柱状晶体，无色透明状，长度为 100～150μm，长宽比为 1∶1～1.5∶1。在 CL 图像上，锆石呈扇状分带，无明显的岩浆振荡环带；锆石的内部结构表明Ⅰ型 MMEs 中的锆石可能是在富流体条件下结晶。本节对该样品挑选了 32 点进行 U-Pb 同位素分析，其中#12 获得 $^{206}Pb/^{238}U$ 年龄为 799Ma，被认为是围岩捕虏锆石或源区继承锆石。其余 31 个点获得了谐和的 $^{206}Pb/^{238}U$ 年龄，其值为 48～55Ma，加权平均年龄为 51±1Ma（MSWD=5.7，n=31）。获得早始新世年龄锆石点具有多变的 U（284×10^{-6}～2446×10^{-6}）和 Th（149×10^{-6}～4456×10^{-6}），Th/U 值为 0.45～1.91。

Ⅱ型 MMEs（NB90）：锆石呈长柱状自形-半自形晶，长度为 100～200μm，长宽比为 1.5∶1～2∶1。在 CL 图像中，Ⅱ型 MMEs 的锆石内部结构与Ⅰ型 MMEs 的锆石不同，这些锆石显示出相对较清晰的岩浆振荡环带或者宽的成分环带，表明这些锆石可能是在温度逐渐降低的条件下结晶的，高温形成宽的成分环带，相对低温时形成岩浆振荡环带。对该样品进行了 32 个点分析，获得谐和的 $^{206}Pb/^{238}U$ 年龄值为 50～56Ma，加权平均年龄为 52±1Ma（MSWD=3.3，n=32），U 含量为 224×10^{-6}～2420×10^{-6}，Th 含量为 41×10^{-6}～4253×10^{-6}，Th/U 值为 0.14～1.76。

锆石 U-Pb 年代学分析结果表明，花岗岩类中的两种暗色微粒包体具有相同的结晶年龄，并且与寄主花岗岩类结晶年龄一致；同时，所有的包体、粗粒花岗闪长岩-石英闪长岩、细粒石英闪长岩和变质辉长岩均形成于早始新世，其结晶年龄为 55～50Ma。

4.2.4　主微量元素特征

本节共选取 34 个样品进行分析，其中变质辉长岩样品 6 个，细粒石英闪长岩样品一个，18 个粗粒花岗岩类样品和 9 个暗色微粒包体样品（Ⅰ型 MMEs 样品 4 个，Ⅱ型 MMEs 样品 5 个），分析结果列于表 4.2 和表 4.3。

1）主量元素特征

变质辉长岩的成分为辉长岩[图 4.10（a）]，具有低且变化较小的 SiO_2（49.41%～51.90%）、Na_2O（2.06%～2.14%）、K_2O（1.12%～1.26%）、Al_2O_3（15.11%～15.44%）含量，以及高的 MgO（7.80%～8.46%）、TFe_2O_3（9.60%～10.36%）、CaO（9.73%～10.46%）含量。变质辉长岩具有高的 Mg#值，为 65～66，碱质含量 Na_2O+K_2O 为 3.22%～3.38%，为亚碱性系列，在 SiO_2-K_2O 图中显示出钙碱系列，铝饱和指数 A/CNK 值为 0.65～0.68[图 4.10（b）、（c）]。细粒石英闪长岩成分类似于辉长闪长岩[图 4.10（a）]，相比较变质辉长岩，具有较高的 SiO_2（54.70%）、K_2O（1.87%）、Na_2O（2.94%）和 Al_2O_3（19.94%）含量，相对低的 MgO（2.97%）、CaO（8.36%）、TFe_2O_3（6.89%）含量。细粒石英闪长岩的碱质含量为 4.81%，为亚碱性系列中的高钾钙碱系列[图 4.10（b）、（c）]，铝饱和指数 A/CNK 为 0.90，Mg#值为 50。

昔马-铜壁关岩体的粗粒寄主花岗岩类成分多变，为亚碱性二长闪长岩-二长岩-花岗闪长岩[图 4.10（a）]。与变质辉长岩和细粒石英闪长岩相比较，花岗岩类具有多变的 SiO_2（54.08%～70.09%）、Na_2O（3.13%～4.62%）、K_2O（2.24%～4.45%）、Al_2O_3（14.70%～20.14%）、MgO（0.84%～3.04%）、CaO（2.56%～6.16 %）、TFe_2O_3（3.08%～8.58%）含量，但花岗岩类的碱质含量相对比较均一，为 6.32%～7.76%；岩石具有富钾的特征，属于高钾钙碱系列[图 4.10（b）、（c）]，铝饱和指数 A/CNK 为 0.92～1.01，为准铝质-轻微过铝质花岗岩类，Mg#值为 39～49。

Ⅰ型 MMEs 的成分为碱性二长闪长岩[图 4.10（a）]，具有相对高的 SiO_2（51.49%～54.50%）、K_2O（2.82%～3.48%）、Na_2O（4.14%～4.25%）和 Al_2O_3（18.50%～19.44%）含量，相对低的 MgO（2.56%～2.99%）、CaO（4.92%～5.15%）和 TFe_2O_3（9.03%～10.18%）含量。Ⅰ型 MMEs 的碱质含量为 7.05%～7.73%，具有富钾的特征，属于高钾钙碱-钾玄

表 4.2　昔马-铜壁关地区花岗岩类、暗色微粒包体、细粒石英闪长岩和变质辉长岩主量元素数据

样品	寄主花岗岩类																	
	YJ37	YJ38	YJ43	YJ50	YJ51	YJ55	YJ58	YJ67	NB01	NB20	NB21	NB50	NB83	NB95	NB98	NB107	TBG26	TBG30
SiO_2/%	69.31	70.09	60.33	61.53	59.62	59.74	60.91	62.09	69.09	59.05	58.99	65.31	64.55	56.50	59.80	54.08	58.74	66.20
TiO_2/%	0.36	0.38	0.78	0.68	0.86	0.85	0.87	0.64	0.47	0.60	0.73	0.55	0.63	0.97	0.85	1.14	0.81	0.48
Al_2O_3/%	14.98	14.70	16.99	18.09	18.42	18.55	17.97	17.62	14.99	20.14	19.87	16.55	15.95	18.91	17.76	18.77	18.44	16.16
TFe_2O_3/%	3.24	3.08	6.28	5.23	6.27	6.29	6.20	5.04	3.13	4.76	5.10	4.48	5.00	7.33	6.18	8.58	6.33	3.78
MnO/%	0.08	0.08	0.10	0.10	0.13	0.13	0.13	0.09	0.05	0.07	0.08	0.09	0.08	0.12	0.10	0.13	0.11	0.07
MgO/%	0.93	0.84	2.54	1.58	1.98	2.01	1.86	1.59	1.01	1.49	1.57	1.38	1.94	2.58	2.12	3.04	1.94	1.13
CaO/%	2.63	2.56	5.21	4.19	5.21	5.06	4.47	4.07	2.73	4.81	5.11	3.70	3.83	5.86	5.00	6.16	4.82	3.32
Na_2O/%	3.16	3.13	3.36	3.86	4.28	4.10	4.18	3.82	3.30	4.62	4.46	3.51	3.06	3.63	3.54	3.63	3.91	3.50
K_2O/%	4.45	4.41	3.21	3.71	2.24	2.35	2.47	3.73	4.30	3.14	2.81	3.72	4.25	2.73	2.97	2.69	3.54	4.10
P_2O_5/%	0.12	0.11	0.25	0.23	0.29	0.28	0.28	0.22	0.11	0.17	0.19	0.17	0.16	0.30	0.25	0.35	0.27	0.13
烧失量/%	0.50	0.47	0.62	0.50	0.69	0.77	0.55	0.74	0.72	0.87	0.83	0.89	0.94	1.20	1.15	0.96	0.97	0.82
总含量/%	99.76	99.85	99.67	99.70	99.99	100.13	99.89	99.65	99.90	99.72	99.74	100.35	100.39	100.13	99.72	99.53	99.88	99.69

样品	Ⅰ型暗色微粒包体				Ⅱ型暗色微粒包体					细粒石英闪长岩	变质辉长岩					
	NB66	NB67	NB68	NB69	NB86	NB87	NB89	NB90	NB91	NB07	XM06	XM07	XM08	XM09	XM10	XM11
SiO_2/%	51.49	54.50	54.44	54.34	48.90	52.65	49.75	50.26	49.53	54.70	49.41	51.67	51.27	49.80	51.90	50.89
TiO_2/%	1.36	1.17	1.21	1.24	1.19	0.86	1.05	1.04	0.94	0.76	0.57	0.52	0.55	0.61	0.54	0.57
Al_2O_3/%	19.44	18.50	18.61	18.59	18.90	16.77	18.01	17.89	17.90	19.94	15.36	15.17	15.30	15.44	15.11	15.43
TFe_2O_3/%	10.18	9.03	9.11	9.36	10.34	9.78	10.30	10.11	10.17	6.89	10.29	9.60	9.92	10.36	9.85	9.96
MnO/%	0.19	0.17	0.17	0.17	0.19	0.21	0.22	0.22	0.24	0.12	0.19	0.18	0.19	0.18	0.19	0.18
MgO/%	2.99	2.56	2.66	2.64	4.55	4.51	5.07	4.86	5.02	2.97	8.46	7.80	7.98	8.41	7.99	8.02
CaO/%	5.03	5.14	5.15	4.92	7.28	6.07	8.16	8.07	8.82	8.36	10.46	9.95	9.80	10.27	9.73	9.92
Na_2O/%	4.25	4.23	4.23	4.14	3.84	2.62	3.81	3.86	3.99	2.94	2.07	2.10	2.06	2.09	2.14	2.12
K_2O/%	3.48	2.82	2.87	3.03	2.72	4.89	1.99	1.94	1.53	1.87	1.16	1.12	1.25	1.25	1.24	1.26
P_2O_5/%	0.56	0.48	0.50	0.49	0.37	0.25	0.25	0.26	0.26	0.25	0.07	0.06	0.07	0.08	0.07	0.08
烧失量/%	1.04	1.19	1.03	0.99	1.53	1.23	1.21	1.32	1.17	1.02	1.58	1.35	1.19	1.35	1.23	1.35
总含量/%	100.01	99.79	99.98	99.91	99.81	99.84	99.82	99.83	99.57	99.82	99.62	99.52	99.58	99.84	99.99	99.78

表 4.3　昔马-铜壁关地区花岗岩类、暗色微粒包体、细粒石英闪长岩和变质辉长岩微量元素数据

样品	寄主花岗岩类																	
	YJ37	YJ38	YJ43	YJ50	YJ51	YJ55	YJ58	YJ67	NB01	NB20	NB21	NB50	NB83	NB95	NB98	NB107	TBG26	TBG30
Li/10^{-6}	31.1	26.4	22.0	32.6	40.0	41.0	39.3	28.6	25.8	31.4	31.8	29.6	17.7	22.6	19.5	25.5	29.5	24.7
Be/10^{-6}	3.08	2.54	2.15	2.79	3.11	3.17	3.44	2.45	2.24	2.90	2.97	2.43	1.94	2.19	2.23	2.81	2.50	2.07
Sc/10^{-6}	8.45	5.42	10.7	0.00	12.9	13.9	8.02	9.75	3.43	3.79	6.74	9.99	8.70	15.9	13.3	18.5	13.7	6.96
V/10^{-6}	38.7	35.0	115	67.3	86.0	82.5	74.5	60.5	37.0	61.0	67.5	55.8	83.3	123	97.1	143	83.4	45.1
Cr/10^{-6}	7.89	6.63	12.3	8.33	10.8	10.3	10.2	8.03	7.49	14.8	9.44	7.55	9.47	17.0	14.9	18.7	8.55	7.70
Co/10^{-6}	108	120	65.5	65.8	48.0	47.5	34.3	70.4	32.4	31.8	24.3	66.6	32.2	32.1	20.4	25.5	23.8	24.5
Ni/10^{-6}	3.47	3.13	6.24	4.14	5.16	5.14	5.90	3.91	4.78	9.03	5.32	4.98	5.48	8.89	7.88	9.48	4.62	3.89
Cu/10^{-6}	1.69	1.64	11.2	6.95	11.0	8.71	10.8	6.41	1.94	2.22	2.31	4.61	7.12	12.1	17.0	14.5	9.04	2.80
Zn/10^{-6}	55.1	49.5	73.3	75.6	87.6	95.4	95.7	72.8	46.1	75.8	79.7	62.7	55.7	85.5	73.7	98.1	80.6	54.4
Ga/10^{-6}	16.8	15.7	19.2	21.3	22.9	23.3	23.2	20.5	16.0	21.6	22.0	18.4	16.8	22.3	20.8	23.1	21.3	16.9
Ge/10^{-6}	1.49	1.35	1.25	1.32	1.39	1.38	1.39	1.30	1.11	1.18	1.30	1.29	1.15	1.30	1.23	1.37	1.35	1.18
Rb/10^{-6}	167	154	136	154	143	166	183	137	148	124	130	137	169	105	105	144	155	139
Sr/10^{-6}	276	278	524	523	538	519	447	529	481	924	909	439	413	696	616	686	632	462
Y/10^{-6}	24.6	32.0	22.8	32.2	38.6	36.6	27.0	27.2	20.0	9.10	22.4	24.9	26.2	31.9	28.1	34.8	31.7	15.6
Zr/10^{-6}	157	138	134	244	268	257	234	225	134	172	173	154	140	184	160	169	206	131
Nb/10^{-6}	12.8	13.0	13.4	20.0	22.3	23.9	25.5	16.4	12.2	7.06	13.0	15.3	15.5	16.6	16.9	17.6	17.9	10.3
Cs/10^{-6}	10.1	9.26	3.67	4.01	5.49	6.35	7.82	3.39	4.28	14.9	15.6	5.57	1.89	3.47	1.79	2.93	5.30	6.62
Ba/10^{-6}	631	603	682	1218	540	410	345	1214	1199	935	826	824	636	937	926	855	1218	872
La/10^{-6}	48.8	43.6	22.8	67.5	64.6	60.9	56.9	69.1	44.5	57.8	63.7	53.0	24.7	48.5	42.2	44.2	50.5	34.2
Ce/10^{-6}	89.9	75.4	54.1	118	119	111	103	122	81.2	96.0	114	95.9	56.5	95.6	83.2	89.8	94.2	63.2
Pr/10^{-6}	9.44	8.50	6.88	12.8	13.3	12.4	11.1	13.2	8.90	9.52	12.5	10.6	7.25	11.5	9.84	11.1	10.9	7.00
Nd/10^{-6}	31.7	29.8	27.1	44.1	48.3	44.0	37.8	45.7	31.1	30.2	43.9	37.5	28.8	44.6	37.9	44.3	41.4	25.1
Sm/10^{-6}	5.54	5.27	5.26	7.40	8.78	7.97	6.11	7.32	5.05	3.65	6.92	6.53	5.92	8.50	7.35	8.99	7.98	4.39
Eu/10^{-6}	1.09	1.21	1.29	1.81	1.80	1.63	1.33	1.91	1.42	1.56	2.21	1.42	1.16	2.04	1.79	2.02	1.95	1.42
Gd/10^{-6}	4.83	5.09	4.60	6.59	7.93	7.32	5.48	6.35	4.21	2.91	5.54	5.56	4.98	7.19	6.18	7.68	6.79	3.72
Tb/10^{-6}	0.71	0.75	0.67	0.90	1.16	1.08	0.76	0.84	0.57	0.31	0.72	0.77	0.72	1.00	0.87	1.09	0.94	0.50
Dy/10^{-6}	4.04	4.57	3.87	5.30	6.79	6.34	4.46	4.74	3.24	1.61	3.98	4.39	4.30	5.67	4.96	6.20	5.42	2.75
Ho/10^{-6}	0.79	0.94	0.76	1.05	1.31	1.25	0.87	0.90	0.63	0.30	0.75	0.84	0.86	1.08	0.96	1.19	1.04	0.53
Er/10^{-6}	2.37	2.79	2.15	3.03	3.69	3.48	2.49	2.58	1.94	0.90	2.16	2.34	2.52	3.01	2.62	3.24	2.96	1.48
Tm/10^{-6}	0.34	0.39	0.31	0.44	0.51	0.48	0.35	0.36	0.30	0.14	0.31	0.32	0.37	0.42	0.36	0.45	0.42	0.21
Yb/10^{-6}	2.38	2.47	2.04	2.93	3.34	3.08	2.30	2.41	2.10	0.92	2.00	1.96	2.39	2.53	2.30	2.80	2.72	1.31
Lu/10^{-6}	0.35	0.37	0.30	0.43	0.47	0.44	0.34	0.37	0.33	0.15	0.30	0.29	0.35	0.37	0.32	0.43	0.41	0.20
Hf/10^{-6}	4.20	3.63	3.34	5.61	6.05	5.87	5.39	5.17	3.47	4.27	4.43	3.77	3.58	4.35	3.88	3.95	4.74	3.39
Ta/10^{-6}	1.14	1.28	0.91	1.72	1.37	1.65	1.89	1.13	1.39	0.43	1.11	0.88	1.25	0.88	0.81	1.58	1.19	0.63
Pb/10^{-6}	21.7	22.4	14.9	18.4	13.1	13.1	14.3	17.2	17.6	14.2	13.4	17.4	16.0	15.5	12.7	11.4	17.1	17.7
Th/10^{-6}	20.0	19.9	8.86	18.8	18.6	18.4	18.2	18.7	12.4	13.0	14.5	17.6	10.7	12.1	9.04	10.6	14.2	11.7
U/10^{-6}	14.0	4.58	2.82	4.37	2.54	2.74	2.07	2.79	2.79	2.58	3.54	3.08	1.65	2.61	1.41	2.16	3.90	2.00
REE	202	181	132	272	281	262	233	278	186	206	259	221	141	232	201	223	228	146
δEu	0.65	0.71	0.80	0.79	0.66	0.65	0.70	0.86	0.94	1.47	1.09	0.72	0.66	0.80	0.81	0.75	0.81	1.08

续表

样品	I 型暗色微粒包体				II 型暗色微粒包体					细粒石英闪长岩	变质辉长岩					
	NB66	NB67	NB68	NB69	NB86	NB87	NB89	NB90	NB91	NB07	XM06	XM07	XM08	XM09	XM10	XM11
Li/10^{-6}	62.4	49.6	51.0	53.4	27.9	26.7	20.2	19.1	15.1	24.8	15.7	15.6	17.6	17.4	16.5	17.4
Be/10^{-6}	3.22	3.19	3.19	3.05	3.15	2.44	3.41	3.43	3.58	2.29	3.10	3.15	3.18	2.67	3.33	2.92
Sc/10^{-6}	8.89	12.0	12.0	8.50	23.6	34.8	28.3	27.2	27.9	15.2	34.7	32.6	33.0	34.8	34.6	32.1
V/10^{-6}	134	118	123	125	178	162	196	196	200	152	248	232	239	252	234	239
Cr/10^{-6}	6.29	4.22	5.09	5.85	14.1	44.1	57.2	48.3	55.6	19.1	108	101	104	107	104	104
Co/10^{-6}	52.5	28.7	22.0	22.1	33.1	29.7	35.2	41.6	39.5	36.4	60.5	53.2	57.0	57.7	54.4	54.0
Ni/10^{-6}	5.71	3.42	3.92	4.08	10.7	9.90	15.1	13.8	15.6	6.60	49.8	46.9	49.2	50.2	47.0	48.6
Cu/10^{-6}	6.65	7.48	7.70	5.85	34.7	10.1	35.5	35.0	33.8	6.43	52.5	45.3	51.2	52.5	45.0	51.1
Zn/10^{-6}	138	118	122	125	113	105	111	108	107	66.5	75.5	71.9	72.2	75.1	72.1	72.3
Ga/10^{-6}	25.7	24.4	25.0	24.9	24.4	21.0	22.9	23.0	22.9	19.7	17.3	17.2	17.4	16.7	17.9	17.4
Ge/10^{-6}	1.52	1.52	1.54	1.43	1.66	1.88	1.84	1.90	1.91	1.33	1.73	1.75	1.76	1.64	1.84	1.71
Rb/10^{-6}	235	185	189	202	174	185	110	109	72.5	95.8	48.6	49.2	57.0	54.7	56.8	55.8
Sr/10^{-6}	427	428	432	428	437	400	405	405	413	674	302	308	301	308	302	311
Y/10^{-6}	31.2	39.2	41.5	31.3	48.0	39.6	50.3	51.8	50.8	19.3	27.6	29.6	30.3	23.3	36.4	26.9
Zr/10^{-6}	181	233	224	210	161	103	60.2	104	108	74.1	38.8	39.1	34.9	44.5	32.3	33.0
Nb/10^{-6}	28.0	25.6	27.0	24.7	29.5	18.9	29.1	30.1	29.4	10.8	5.43	5.58	6.11	5.35	6.06	6.03
Cs/10^{-6}	11.0	7.83	8.29	9.03	4.32	3.89	2.58	2.64	1.68	4.95	3.01	3.37	3.83	3.10	3.65	3.46
Ba/10^{-6}	315	281	287	299	170	809	115	110	81.9	317	92.6	88.8	101	104	99.0	103
La/10^{-6}	52.6	62.3	60.6	52.6	23.2	31.3	24.2	24.2	25.6	14.0	7.60	7.29	7.91	7.54	7.68	7.30
Ce/10^{-6}	97.6	115	113	97.2	73.3	73.7	75.4	78.1	80.2	36.7	21.1	20.2	21.7	20.0	21.6	19.9
Pr/10^{-6}	10.9	13.2	13.0	11.0	10.9	9.70	11.1	11.6	11.6	5.19	2.84	2.70	2.88	2.62	2.94	2.64
Nd/10^{-6}	41.2	49.2	48.7	40.9	46.1	39.0	46.6	48.4	47.5	22.3	12.6	11.9	12.7	11.5	13.2	11.6
Sm/10^{-6}	7.78	9.40	9.49	7.67	10.1	8.33	10.4	10.7	10.5	4.79	3.32	3.24	3.41	2.96	3.73	3.07
Eu/10^{-6}	1.37	1.50	1.52	1.33	1.78	1.42	1.77	1.88	1.93	1.36	0.75	0.70	0.71	0.71	0.73	0.70
Gd/10^{-6}	6.83	8.13	8.32	6.67	8.46	7.23	8.74	8.88	8.84	4.03	3.34	3.34	3.45	2.97	3.92	3.16
Tb/10^{-6}	0.92	1.14	1.18	0.91	1.28	1.07	1.36	1.36	1.36	0.59	0.63	0.67	0.68	0.55	0.80	0.61
Dy/10^{-6}	5.29	6.60	6.95	5.22	7.72	6.40	8.13	8.22	8.20	3.37	4.21	4.52	4.63	3.62	5.58	4.13
Ho/10^{-6}	1.04	1.30	1.36	1.02	1.57	1.30	1.64	1.65	1.64	0.65	0.92	0.99	1.01	0.78	1.22	0.90
Er/10^{-6}	2.90	3.71	3.91	2.90	4.61	3.73	4.73	4.90	4.84	1.87	2.88	3.11	3.20	2.40	3.85	2.81
Tm/10^{-6}	0.39	0.52	0.53	0.39	0.67	0.54	0.71	0.73	0.72	0.27	0.49	0.53	0.55	0.40	0.66	0.47
Yb/10^{-6}	2.45	3.32	3.42	2.41	4.47	3.58	4.67	4.87	4.83	1.78	3.51	3.84	3.91	2.83	4.68	3.42
Lu/10^{-6}	0.38	0.48	0.49	0.36	0.66	0.56	0.71	0.73	0.74	0.27	0.54	0.59	0.60	0.44	0.71	0.52
Hf/10^{-6}	4.22	5.33	5.15	4.77	3.99	2.94	2.03	3.00	3.11	2.17	1.35	1.33	1.26	1.44	1.26	1.23
Ta/10^{-6}	1.32	1.35	1.61	1.21	1.74	0.75	1.47	1.73	1.65	0.73	0.62	0.67	0.73	0.66	0.69	0.72
Pb/10^{-6}	12.4	12.3	12.2	12.0	9.81	14.6	8.99	9.13	9.07	10.7	5.75	5.83	5.85	5.64	5.65	6.03
Th/10^{-6}	13.4	16.2	16.7	13.7	6.04	10.9	4.98	6.93	5.17	3.06	0.48	0.71	0.51	0.56	0.66	0.52
U/10^{-6}	1.79	1.80	1.79	1.38	1.93	1.87	1.17	1.73	1.34	5.24	1.16	1.65	1.36	1.16	1.48	1.35
REE	232	276	273	231	195	188	200	206	208	97	64	63	67	59	71	61
δEu	0.57	0.52	0.52	0.57	0.59	0.56	0.57	0.59	0.61	0.95	0.69	0.65	0.64	0.73	0.58	0.69

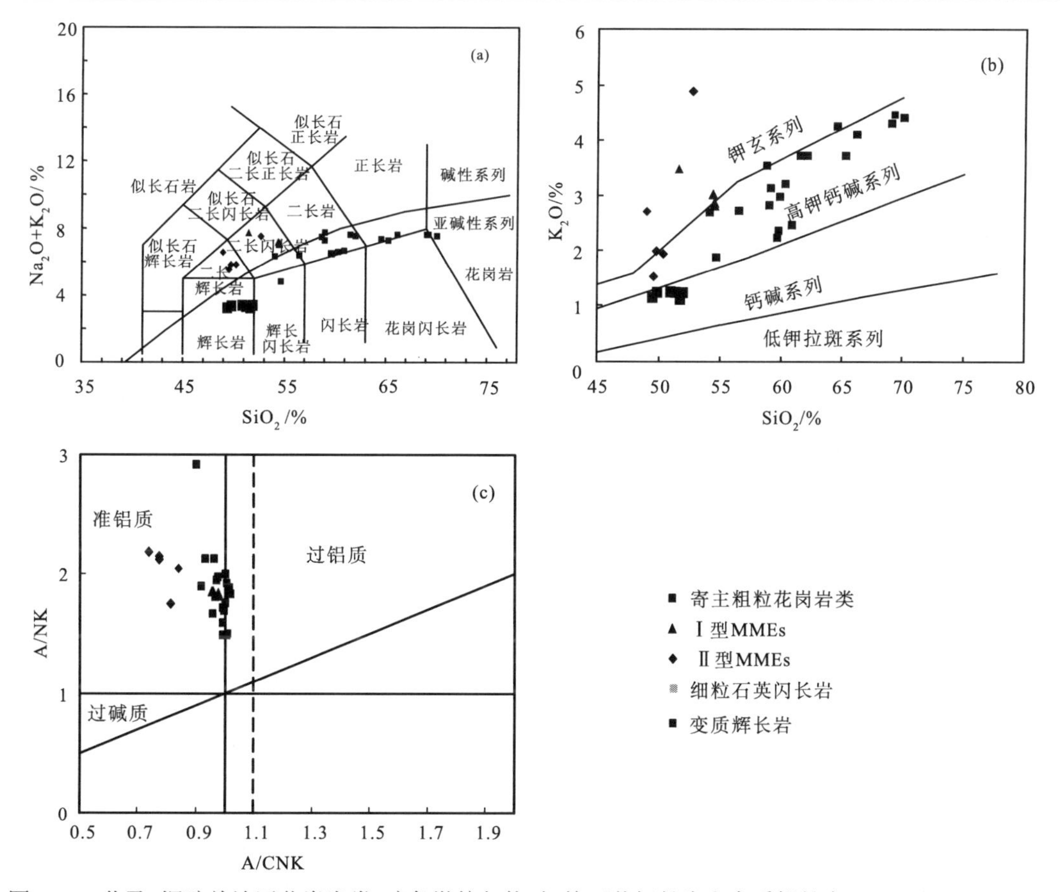

图 4.10　昔马-铜壁关地区花岗岩类、暗色微粒包体、细粒石英闪长岩和变质辉长岩 SiO_2-Na_2O+K_2O（a）、SiO_2-K_2O（b）和 A/CNK-A/NK（c）图解（据 Maniar and Piccoli, 1989; Rollinson, 1993）

系列[图 4.10（b）、（c）]，铝饱和指数 A/CNK 为 0.96～0.98，Mg#值为 40～41。Ⅱ型 MMEs 的成分为碱性二长辉长岩[图 4.10（a）]，具有相对低的 SiO_2（48.90%～52.65%）、K_2O（1.53%～4.89%）、Na_2O（2.62%～3.99%）含量和相对高的 MgO（4.51%～5.07%）和 CaO（6.07%～8.82%）含量。Ⅱ型 MMEs 的碱质含量为 5.52%～7.51%，具有富钾的特征，属于高钾钙碱-钾玄系列[图 4.10（b）、（c）]，铝饱和指数 A/CNK 值为 0.74～0.84，Mg#值为 51～54。

在主量元素哈克图解中，昔马-铜壁关花岗岩类和 MMEs 的 MgO、TFe_2O_3、CaO、TiO_2、P_2O_5 与 SiO_2 之间存在明显的线性相关性，但是变质辉长岩和细粒石英闪长岩与花岗岩类和 MMEs 的主量元素之间未呈明显的相关性，而是呈离散状（图 4.11）。

2）微量元素特征

在原始地幔标准化微量元素蛛网图中[图 4.12（a）、（c）、（e）]，变质辉长岩显示出富集大离子亲石元素及不相容元素（Rb、U、K、Pb、Sr 等），相对亏损高场强元素（Nb、Ta、Ti、Zr、Hf 等）的特征，而细粒闪长岩的微量元素配分模式与变质辉长岩的微量元素配分模式相似，但明显更富集不相容元素。粗粒花岗岩类的微量元素配分模式与变质辉

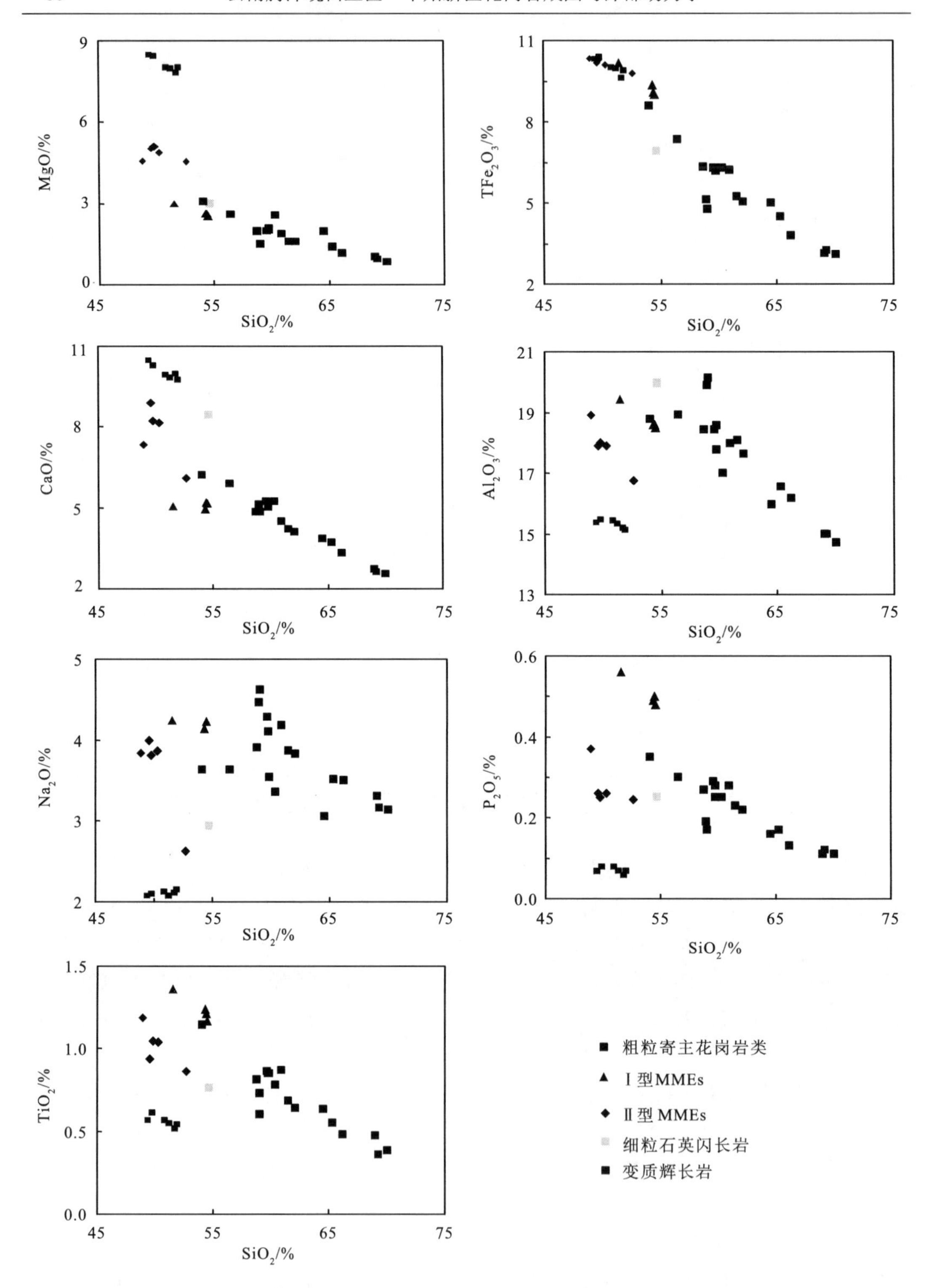

图 4.11　昔马-铜壁关地区花岗岩类、MMEs、细粒石英闪长岩和变质辉长岩的 SiO_2 与主量元素图解

长岩和细粒石英闪长岩相比，明显具有更高的不相容元素含量，具有更加富集的大离子亲石元素，亏损高场强元素和更低的相容元素含量。两类包体微量元素配分模式与寄主花岗岩类的配分模式也是非常相似的，具有明显的富集大离子亲石元素和亏损高场强元素的特征，但是Ⅰ型 MMEs 相比Ⅱ型 MMEs 具有更高的大离子亲石元素和不相容元素含量。

在球粒陨石标准化稀土配分图中[图 4.12（b）、（d）、（f）]，变质辉长岩具有平坦的

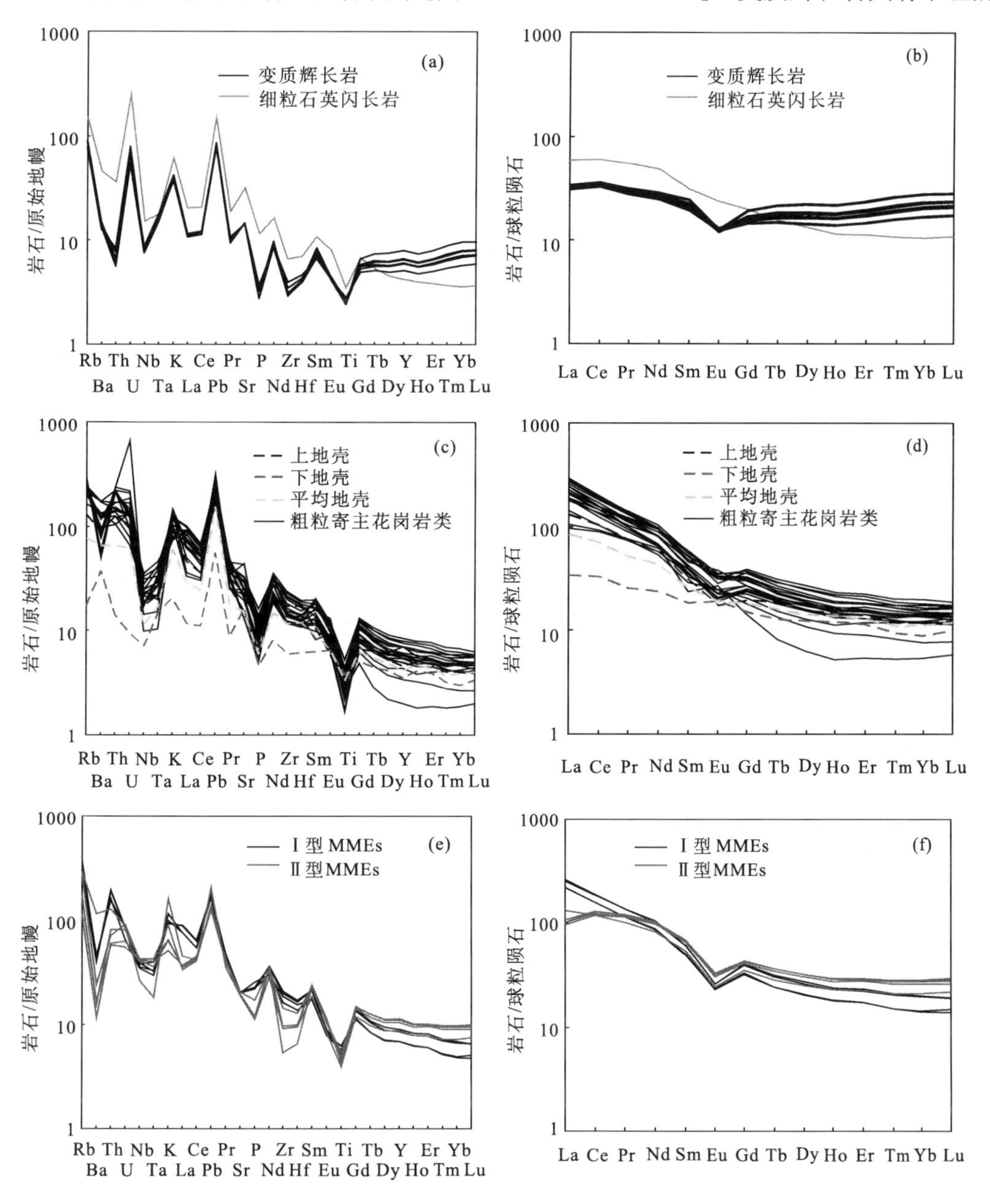

图 4.12　昔马-铜壁关地区变质辉长岩和细粒石英闪长岩（a、b）、花岗岩类（c、d）、暗色微粒包体（e、f）原始地幔标准化微量元素蛛网图和球粒陨石标准化稀土元素配分图解

标准化值据 Sun 和 McDonough（1989）

稀土配分模式，$(La/Yb)_N$=1～2，重稀土未见明显分馏，$(Gd/Yb)_N$=0.7～0.9，Eu 具有明显的负异常，δEu=0.58～0.73，变质辉长岩具有低的 REE 总量，ΣREE=59×10^{-6}～71×10^{-6}。细粒石英闪长岩具有明显的轻重稀土分馏，稀土配分模式呈右倾，$(La/Yb)_N$=6，重稀土未见明显分馏，$(Gd/Yb)_N$=1.9，没有明显的 Eu 异常，δEu=0.95，其 REE 总量为 97×10^{-6}。昔马–铜壁关岩体粗粒花岗岩类具有明显的富集轻稀土和亏损重稀土的特征，其$(La/Yb)_N$=8～45，重稀土发生轻微的分馏，$(Gd/Yb)_N$=1.7～2.6，花岗岩类的 REE 总量为 132×10^{-6}～281×10^{-6}，Eu 具有由负到正的异常，δEu=0.65～1.47。Ⅰ型 MMEs 具有富集轻稀土，亏损重稀土的特征，$(La/Yb)_N$=13～16，重稀土未见明显分馏，$(Gd/Yb)_N$=2.0～2.3，其配分模式与寄主花岗岩类的配分模式相似，Eu 具有明显的负异常，δEu=0.52～0.57，REE 总量为 231×10^{-6}～276×10^{-6}，与花岗岩类中的稀土元素含量相似。Ⅱ型 MMEs 同样具有相对富集轻稀土亏损重稀土的特征，但相比Ⅰ型 MMEs，Ⅱ型 MMEs 具有相对低的 LREE，$(La/Yb)_N$=4～6、$(Gd/Yb)_N$=1.5～1.7 和 REE（188×10^{-6}～208×10^{-6}）总量，相似的负 Eu 异常，δEu=0.56～0.61。

在微量元素哈克图解中，粗粒寄主花岗岩类随着 SiO_2 的增加，Rb 逐渐增加，V 和 Cr 逐渐减小，Sr、Ba、Zr、La、Nb、Th 等元素均呈离散状。变质辉长岩、细粒石英闪长岩和 MMEs 与粗粒花岗岩类的微量元素之间没有相关性（图 4.13）。

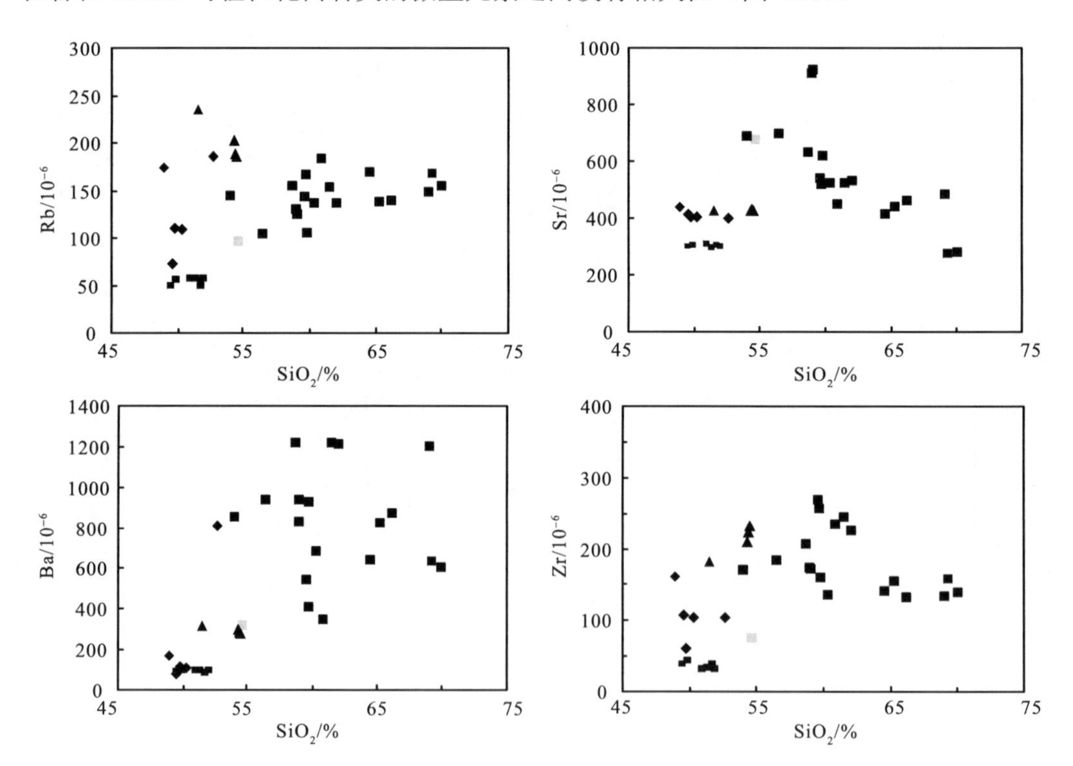

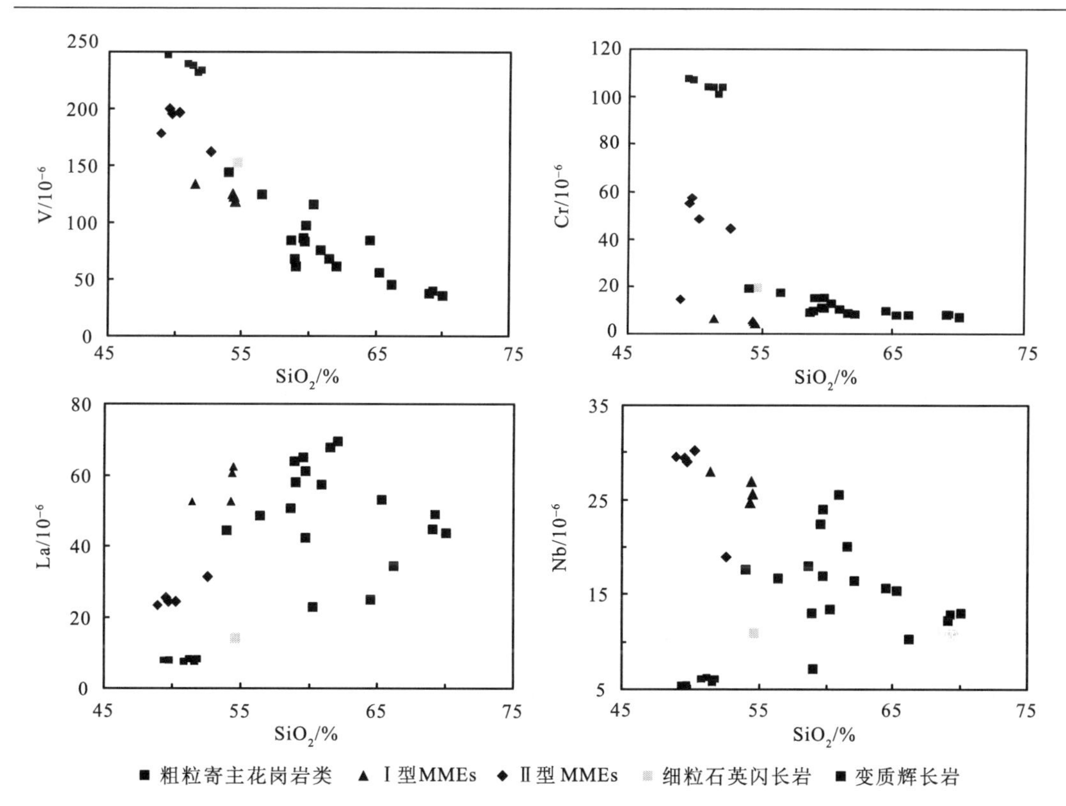

图 4.13　昔马-铜壁关地区花岗岩类、MMEs、细粒石英闪长岩和变质辉长岩的 SiO_2 与微量元素图解

4.2.5　全岩 Sr-Nd-Pb 同位素

本节挑选 12 个样品进行全岩 Sr-Nd-Pb 同位素分析，其中变质辉长岩样品 2 个，粗粒花岗岩类样品 7 个，Ⅰ型 MMEs 样品 1 个、Ⅱ型 MMEs 样品 2 个，所有样品在计算初始同位素比值时，年龄均采用锆石 U-Pb 年代学分析结果，同位素分析结果可见表 4.4 和图 4.14、图 4.15。

变质辉长岩具有相对低的 Rb（49.0×10^{-6}～57.0×10^{-6}）含量和高的 Sr（301×10^{-6}～302×10^{-6}）含量，$^{87}Rb/^{86}Sr$ 值为 0.5，初始同位素 $^{87}Sr/^{86}Sr(t)$值为 0.706319～0.706338；变质辉长岩的 Nd 含量为 12.6×10^{-6}～12.7×10^{-6}，Sm 含量为 3.32×10^{-6}～3.41×10^{-6}，$^{147}Sm/^{144}Nd$ 值为 0.16，Nd 同位素值为 0.512414～0.512454，$\varepsilon_{Nd}(t)$值为–3.4，二阶段模式年龄为 0.97～1.02Ga；变质辉长岩初始 Pb 同位素值为 $^{206}Pb/^{204}Pb(t)$=19.103～19.116、$^{207}Pb/^{204}Pb(t)$=15.627～15.644、$^{208}Pb/^{204}Pb(t)$=38.621～38.684。粗粒花岗岩类的 Rb 含量为 105×10^{-6}～169×10^{-6}，Sr 含量为 276×10^{-6}～924×10^{-6}，$^{87}Rb/^{86}Sr$ 值为 0.4～1.8，初始同位素 $^{87}Sr/^{86}Sr(t)$值为 0.708502～0.709175；花岗岩类的 Nd 含量为 25.1×10^{-6}～48.3×10^{-6}，Sm 含量为 3.65×10^{-6}～8.78×10^{-6}，$^{147}Sm/^{147}Nd$ 值为 0.08～0.12，Nd 同位素值为 0.512282～0.512330，$\varepsilon_{Nd}(t)$为–6.5～–5.2，二阶段模式年龄为 1.10～1.19Ga；初始 Pb 同位素值 $^{206}Pb/^{204}Pb(t)$=18.919～19.260、$^{207}Pb/^{204}Pb(t)$=15.704～15.771，$^{208}Pb/^{204}Pb(t)$=39.117～39.345。

表 4.4　昔马-铜壁关地区花岗岩类、暗色微粒包体和变质辉长岩 Sr-Nd-Pb 同位素分析结果

样品	寄主花岗岩类							Ⅰ型 MME	Ⅱ型 MME		变质辉长岩	
	TBG30	YJ37	YJ51	NB20	NB50	NB83	NB98	NB66	NB86	NB90	XM06	XM08
Rb /10^{-6}	139	167	143	124	137	169	105	235	174	109	49.0	57.0
Sr /10^{-6}	462	276	538	924	439	413	616	427	437	405	302	301
$^{87}Rb/^{86}Sr$	1.0	1.8	1.0	0.4	0.9	1.2	0.5	1.6	1.2	0.8	0.5	0.5
$^{87}Sr/^{86}Sr$	0.709590	0.710346	0.709456	0.708778	0.709762	0.709591	0.709527	0.710214	0.709474	0.709215	0.706650	0.706727
2σ	67	34	46	178	41	36	33	47	45	30	7	9
$^{87}Sr/^{86}Sr(t)$	0.708970	0.709097	0.708908	0.708502	0.709120	0.708748	0.709175	0.709082	0.708655	0.708660	0.706319	0.706338
Sm /10^{-6}	4.39	5.54	8.78	3.65	6.53	5.92	7.35	7.78	10.1	10.7	3.32	3.41
Nd /10^{-6}	25.1	31.7	48.3	30.2	37.5	28.8	37.9	41.2	46.1	48.4	12.6	12.7
$^{147}Sm/^{144}Nd$	0.11	0.11	0.11	0.08	0.11	0.12	0.12	0.11	0.13	0.13	0.16	0.16
$^{143}Nd/^{144}Nd$	0.512289	0.512314	0.512310	0.512330	0.512299	0.512282	0.512284	0.512320	0.512295	0.512316	0.512454	0.512414
2σ	36	31	32	28	31	26	31	37	27	33	5	6
T_{DM2} /Ga	1.17	1.13	1.14	1.10	1.15	1.19	1.18	1.13	1.17	1.14	0.97	1.02
$\varepsilon_{Nd}(t)$	−6.2	−5.7	−5.8	−5.2	−6.0	−6.5	−6.4	−5.7	−6.3	−5.9	−3.4	−3.4
U/10^{-6}	2.00	14.0	2.54	2.58	3.08	1.65	1.41	1.79	1.93	1.73	1.16	1.36
Th /10^{-6}	11.7	20.0	18.6	13.0	17.6	10.7	9.04	13.4	6.04	6.93	0.48	0.51
Pb /10^{-6}	17.7	21.7	13.1	14.2	17.4	16.0	12.7	12.4	9.81	9.13	5.75	5.85
$^{206}Pb/^{204}Pb$	18.975	0.000	19.165	19.082	19.152	19.312	19.053	19.089	19.272	19.308	19.201	19.233
2σ	27	0	26	57	70	35	31	41	62	58	5	4
$^{207}Pb/^{204}Pb$	15.707	0.000	15.762	15.772	15.774	15.774	15.730	15.737	15.762	15.781	15.632	15.649
2σ	23	0	25	46	57	27	26	30	52	49	4	3
$^{208}Pb/^{204}Pb$	39.226	0.000	39.452	39.447	39.459	39.456	39.289	39.359	39.309	39.393	38.634	38.699
2σ	62	0	60	116	146	70	69	81	122	121	12	9
$^{206}Pb/^{204}Pb(t)$	18.919	0.000	19.068	18.990	19.063	19.260	18.997	19.016	19.173	19.213	19.103	19.116
$^{207}Pb/^{204}Pb(t)$	15.704	0.000	15.757	15.768	15.770	15.771	15.727	15.733	15.757	15.776	15.627	15.644
$^{208}Pb/^{204}Pb(t)$	39.117	0.000	39.218	39.297	39.292	39.345	39.172	39.181	39.208	39.268	38.621	38.684

注：Rb、Sr、Sm、Nd、U、Th、Pb、Lu 和 Hf 含量是根据 ICP-MS 测试；T_{DM2} 代表二阶段模式年龄，计算中所需参数为现今的$(^{147}Sm/^{144}Nd)_{DM}$=0.2137，$(^{147}Sm/^{144}Nd)_{DM}$=0.51315，$(^{147}Sm/^{144}Nd)$crust=0.1012 $(^{147}Sm/^{144}Nd)_{CHUR}$=0.1967，$(^{143}Nd/^{144}Nd)_{CHUR}$=0.512638；$\varepsilon_{Nd}(t)=[(^{143}Nd/^{144}Nd)sample(t)/(^{143}Nd/^{144}Nd)_{CHUR}(t)-1]\times104$，$T_{DM2}=1/\lambda\times\{1+[(^{143}Nd/^{144}Nd)sample-((^{147}Sm/^{144}Nd)sample-(^{147}Sm/^{144}Nd)crust)\times(e^{\lambda t}-1)-(^{143}Nd/^{144}Nd)_{DM}]/((^{147}Sm/^{144}Nd)crust-(^{147}Sm/^{144}Nd)_{DM})\}$，$\lambda=6.54\times10^{-12}$/a

Ⅰ型MMEs的Rb含量为235×10^{-6}，Sr含量为427×10^{-6}，$^{87}Rb/^{86}Sr$值为1.6，初始Sr同位素值$^{87}Sr/^{86}Sr(t)$=0.709082；Nd含量为41.2×10^{-6}，Sm含量为7.78×10^{-6}，$^{147}Sm/^{147}Nd$值为0.11、$^{143}Nd/^{144}Nd$=0.512320、$\varepsilon_{Nd}(t)$=–5.7，二阶段模式年龄为1.13Ga；初始Pb同位素值$^{206}Pb/^{204}Pb(t)$=19.061、$^{207}Pb/^{204}Pb(t)$=15.773、$^{208}Pb/^{204}Pb(t)$=39.181。Ⅱ型MMEs具有相对较低Rb（109×10^{-6}～174×10^{-6}）含量，Sr含量为405×10^{-6}～437×10^{-6}，$^{87}Rb/^{86}Sr$值为0.8～1.2，$^{87}Sr/^{86}Sr(t)$=0.708655～0.709660；Nd含量为46.1×10^{-6}～48.4×10^{-6}，Sm含量为10.1×10^{-6}～10.7×10^{-6}，$^{147}Sm/^{147}Nd$=0.13，$^{143}Nd/^{144}Nd$=0.512295～0.512316，$\varepsilon_{Nd}(t)$为–6.3～–5.9，二阶段模式年龄为1.14～1.17Ga；初始Pb同位素比值$^{206}Pb/^{204}Pb(t)$=19.173～19.213、$^{207}Pb/^{204}Pb(t)$=15.757～15.776、$^{208}Pb/^{204}Pb(t)$=39.208～39.268。

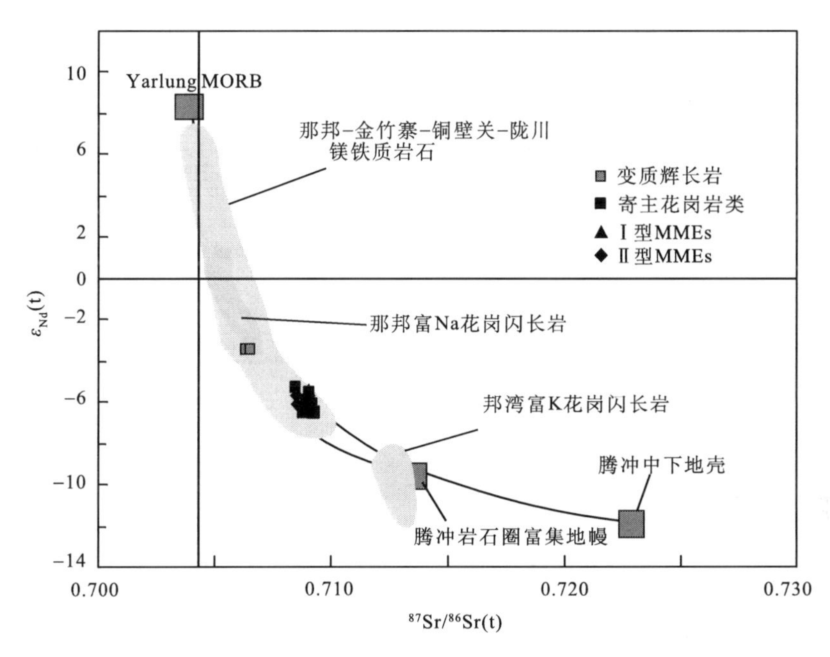

图4.14　昔马-铜壁关地区花岗岩类、暗色微粒包体和变质辉长岩$^{87}Sr/^{86}Sr(t)$-$\varepsilon_{Nd}(t)$图解

那邦、金竹寨、铜壁关和陇川地区镁铁质和富钠花岗质岩石数据引自Ma等（2014），Wang等（2014a）；Yarlung MORB数据引自Xu和Castillo（2004）；腾冲岩石圈富集地幔和中下地壳数据引自Wang等（2014a）

4.2.6　锆石Lu-Hf同位素

本节对已分析U-Pb同位素的锆石进行Lu-Hf同位素原位分析，分析结果可见附表7和图4.16。在计算初始Hf同位素比值时采用的是相应锆石U-Pb年龄。

变质辉长岩的锆石$^{176}Hf/^{177}Hf$值为0.282792～0.283047，$\varepsilon_{Hf}(t)$值为1.8～10.9，均为正值，呈亏损特征，单阶段模式年龄为0.29～0.65Ga；细粒石英闪长岩的锆石$^{176}Hf/^{177}Hf$值为0.282604～0.282937，$\varepsilon_{Hf}(t)$值为–4.9～6.8，其中11个点显示出正值，为0.5～6.8，对应的单阶段模式年龄为0.48～0.74Ga，剩余的11个点显示负值，为–4.9～–0.4，对应

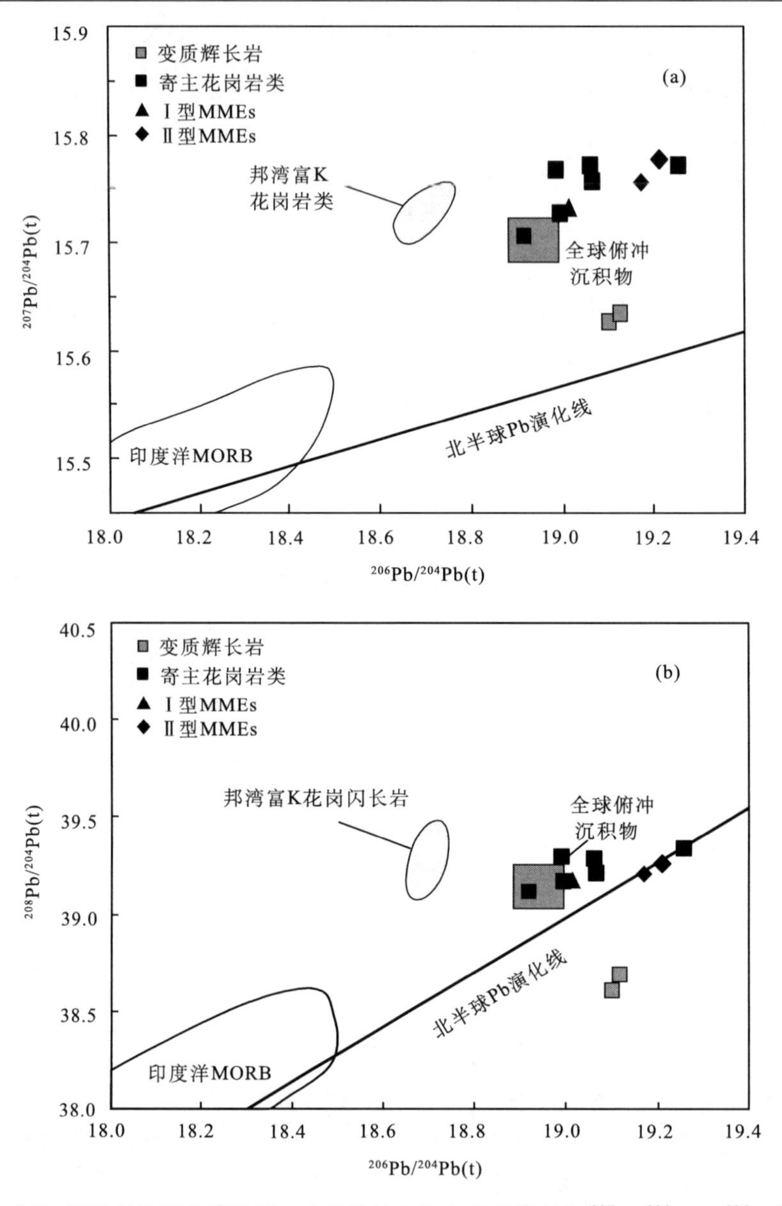

图 4.15　昔马-铜壁关地区花岗岩类、暗色微粒包体和变质辉长岩 $^{207}Pb/^{204}Pb(t)$-$^{206}Pb/^{204}Pb(t)$和 $^{208}Pb/^{204}Pb(t)$-$^{206}Pb/^{204}Pb(t)$图解

印度洋 MORB 数据引自 Hofmann（1988）

的二阶段模式年龄为 1.15～1.43Ga；粗粒花岗岩类的锆石 $^{176}Hf/^{177}Hf$ 值为 0.282527～0.282795，$\varepsilon_{Hf}(t)$值为–7.5～1.9，其中 4 个点显示出正值，为 0.4～1.9，相对应的单阶段模式年龄为 0.66～0.73Ga，剩余的分析点显示负值，为–7.5～–0.3，对应的二阶段模式年龄为 1.15～1.60Ga；Ⅰ型 MMEs 的锆石 $^{176}Hf/^{177}Hf$ 值为 0.282526～0.283000，$\varepsilon_{Hf}(t)$值为–7.7～9.0，其中 8 个分析点显示正值，为 0.3～9.0，相对应的单阶段模式年龄为 0.39～0.73Ga，剩余的点显示负值，为–7.7～–0.2，相对应的二阶段模式年龄为 1.14～1.61Ga；

Ⅱ型 MMEs 的锆石 $^{176}Hf/^{177}Hf$ 值为 0.282453～0.282759，$\varepsilon_{Hf}(t)$值为–10.2～0.6，其中 2 个点显示正值，为 0.6，单阶段模式年龄为 0.71～0.73Ga，其余点显示负值，为–10.2～–0.4，对应的二阶段模式年龄为 1.14～1.77Ga。

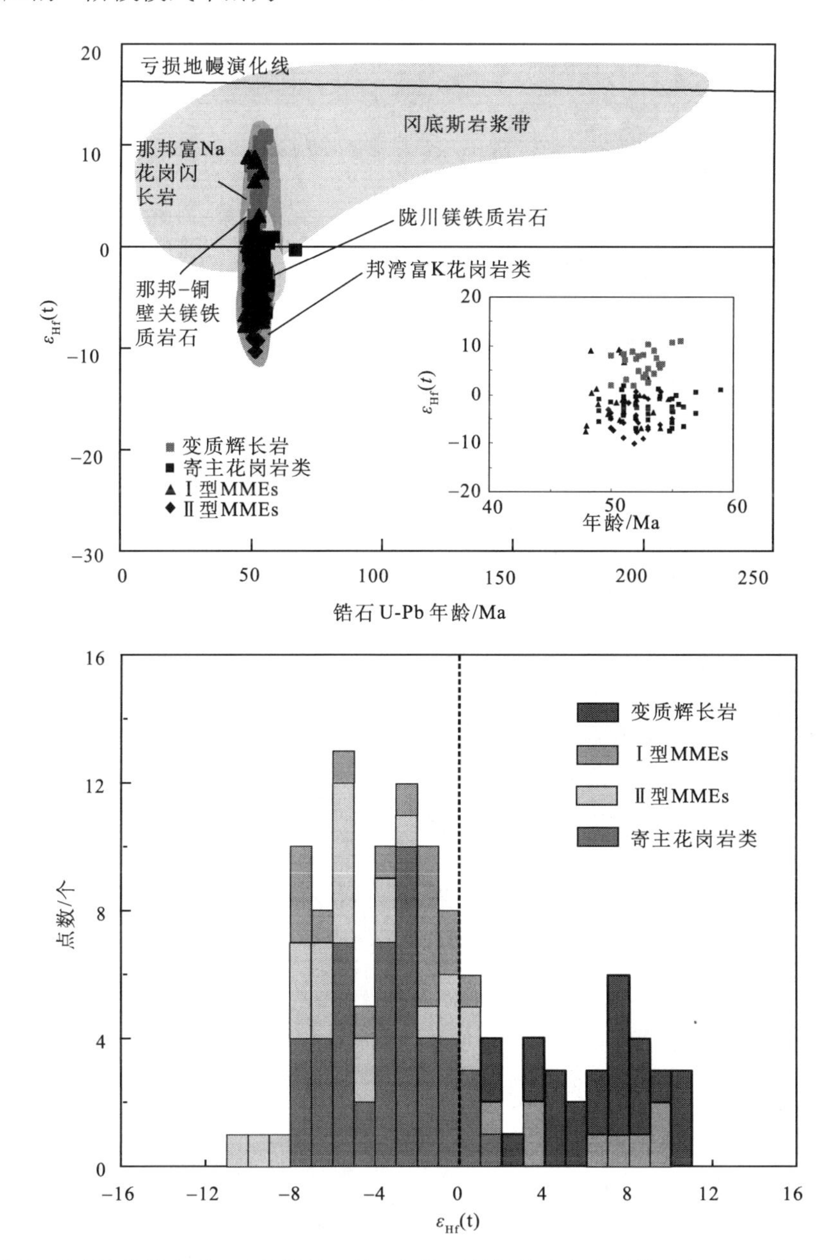

图 4.16　昔马–铜壁关花岗岩类、暗色微粒包体、细粒石英闪长岩和变质辉长岩 $\varepsilon_{Hf}(t)$-锆石 U-Pb 年龄图解和 $\varepsilon_{Hf}(t)$的柱状图

冈底斯岩浆带数据引自 Ji 等（2009）；那邦–铜壁关和陇川地区的镁铁质和富钠花岗质岩石数据引自 Ma 等（2014），Wang 等（2014a）

4.2.7　矿物化学

本节主要针对变质辉长岩、细粒石英闪长岩、粗粒花岗岩类，以及 MMEs 中的斜长石、角闪石和黑云母进行电子探针矿物化学分析，结果可见附表 8 和图 4.17～图 4.20。

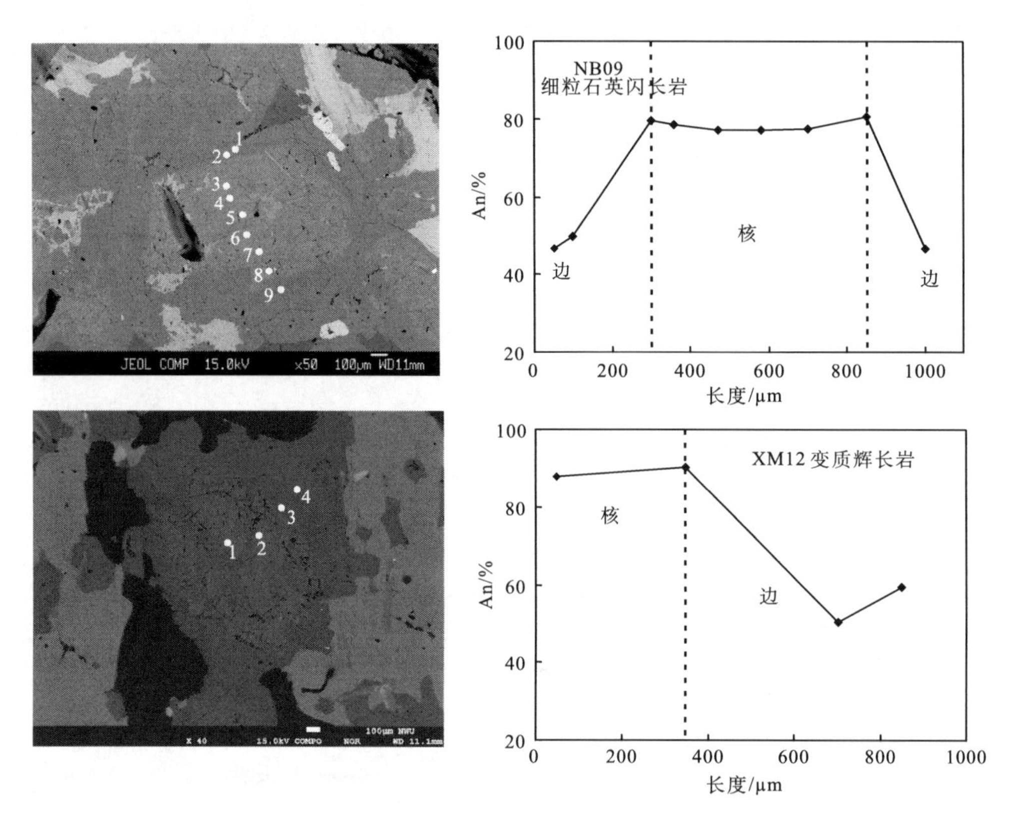

图 4.17　变质辉长岩和细粒石英闪长岩斜长石化学成分

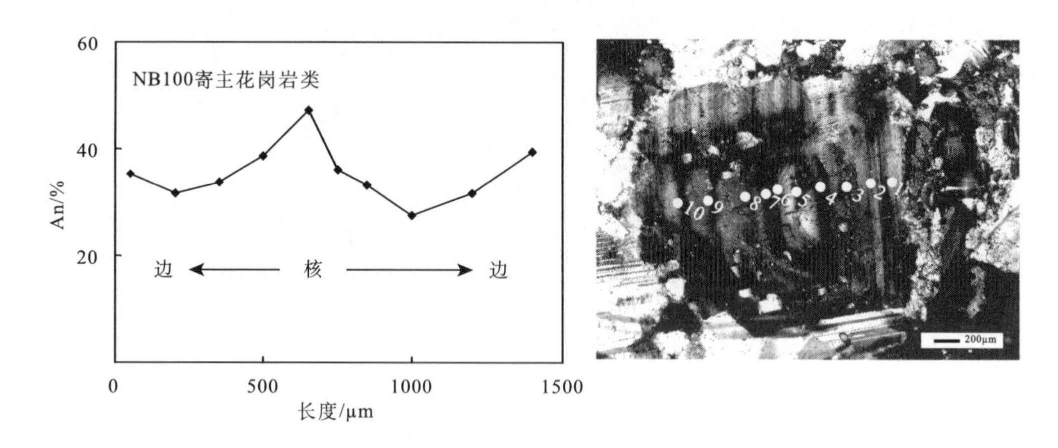

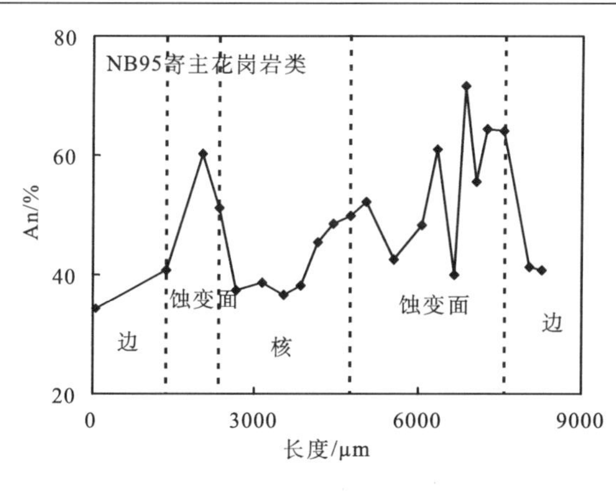

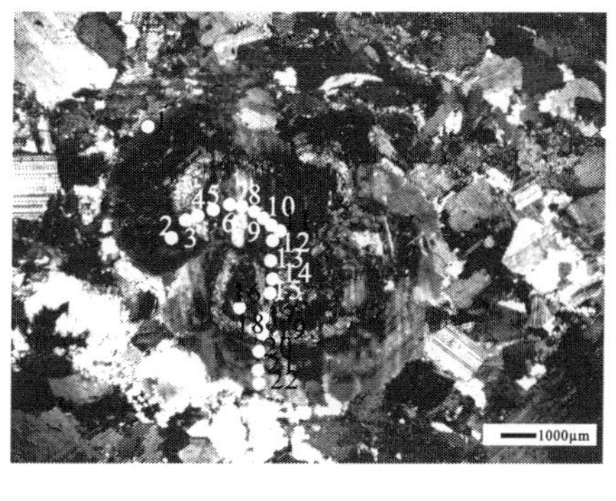

图 4.18　寄主花岗岩类中的斜长石化学成分

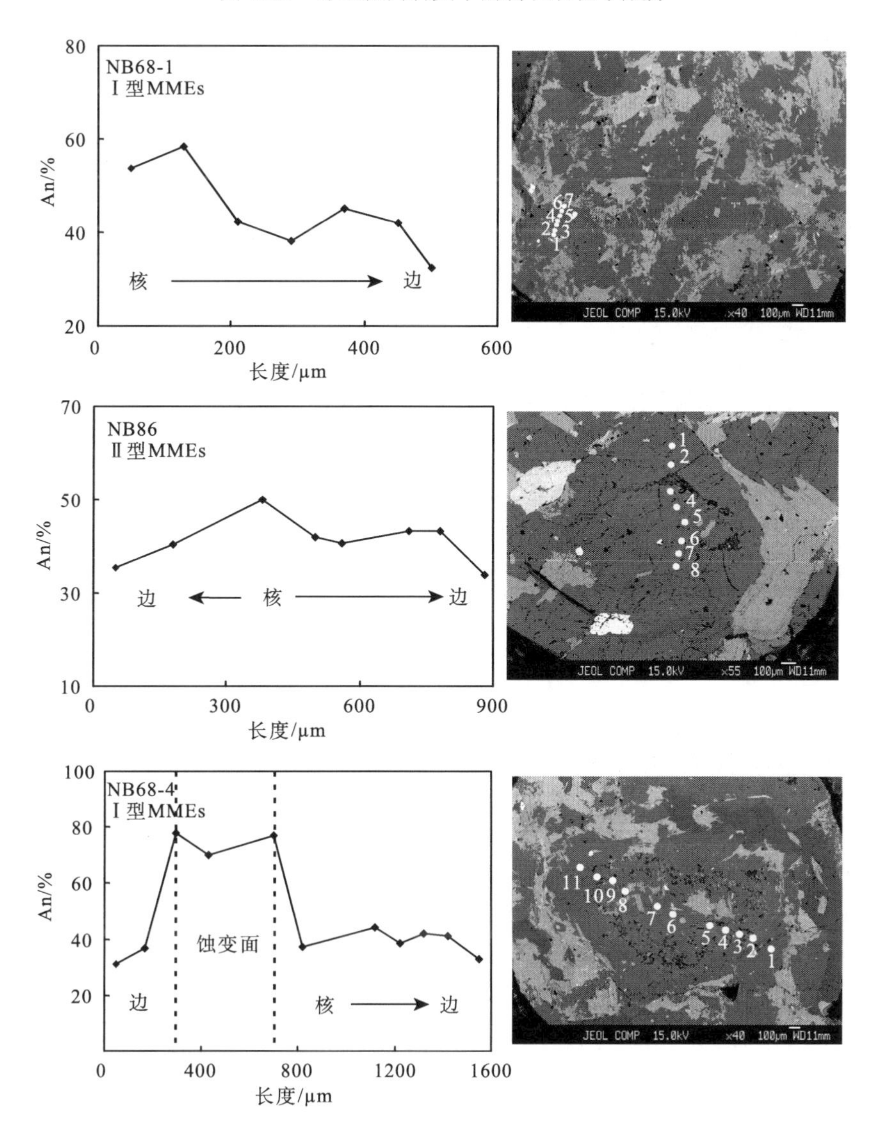

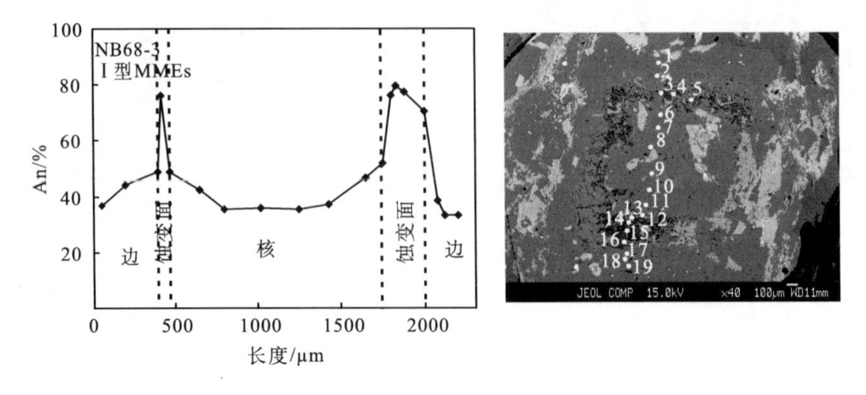

图 4.19　暗色微粒包体中的斜长石化学成分

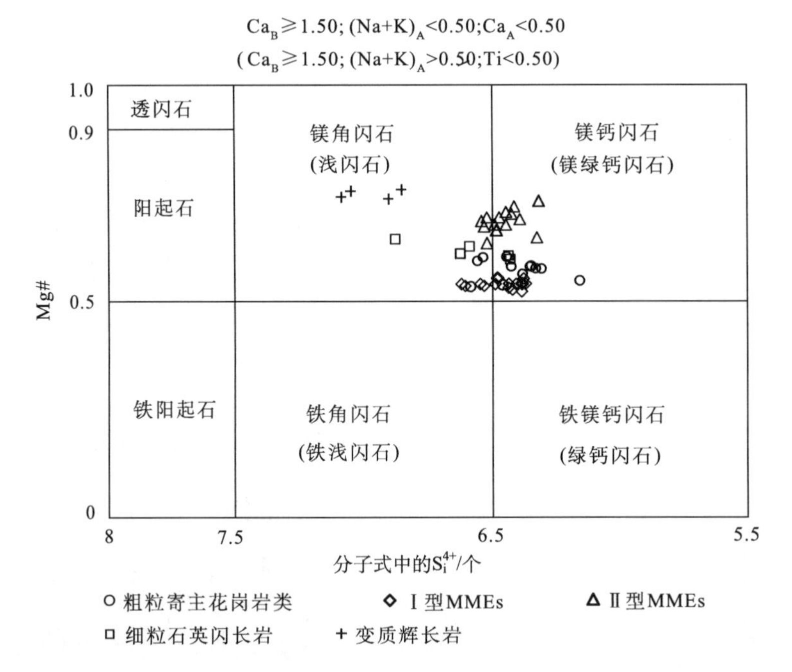

图 4.20　昔马-铜壁关地区花岗岩类、暗色微粒包体、细粒石英闪长岩和变质辉长岩角闪石分类（据 Leake *et al.*, 1997)

斜长石：变质辉长岩部分斜长石具有明显的成分环带，这些斜长石的分析结果表明，斜长石的核部 An 为 88%～90%，属于培长石，而斜长石的边部 An 为 50%～60%，属于拉长石，核部和边部的界面可见溶蚀结构（图 4.17）。细粒石英闪长岩中的斜长石与变质辉长岩中的斜长石相似，部分具有明显的成分环带，斜长石核部 An 为 77%～81%，属于培长石，边部 An 为 47%～50%，属于中长石，核部和边部的界面也可见明显的溶蚀结构，并呈碎裂状（图 4.17）。粗粒花岗岩类中的斜长石有两种：一种为无成分环带的斜长石，从核到边，其 An 为 48%～28%，属于中长石-奥长石；另外一种斜长石具有明显的成分环带，成分环带被蚀变面所分割，该斜长石核部 An 为 37%～49%，属于中长石，而边部 An 为 34%～41%，属于中长石，蚀变面主要由斜长石和绿帘石组成，蚀变面中的斜长石 An 为 40%～72%，属于培长石-拉长石-中长石（图 4.18），成分变化不连续。两类 MMEs 中的斜长石相似，没有明显的区别，并且与寄主花岗岩中的斜长石相似，也可分为两种：一种为无成分环带的斜长石，从核到边，An 为 58%～28%，属于拉长石-中长石-奥长石，另外一种斜长石具有明显的环带，核部 An 为 36%～47%，属于中长石，边部 An 为 31%～44%，属于中长石，而蚀变面斜长石 An 为 49%～80%，属于培长石-拉长石-钙长石（图 4.19）。

角闪石：变质辉长岩、细粒石英闪长岩、粗粒花岗岩类和 MMEs 中的角闪石均为钙角闪石（图 4.20）。根据角闪石分类，变质辉长岩中角闪石的$(Na+K)_A<0.5$，为镁角闪石，Mg#值为 74～76，TiO_2 含量为 0.08%～0.31%，Al_2O_3 含量为 7.35%～9.00%。细粒石英闪长岩中的角闪石$(Na+K)_A<0.5$，为镁角闪石或镁钙闪石，Mg#值为 59～64，TiO_2 含量为 1.09%～1.84%，Al_2O_3 含量为 7.52%～10.04%。粗粒花岗岩类中的角闪石当$(Na+K)_A<0.5$ 时，为镁角闪石或镁钙闪石，当$(Na+K)_A \geqslant 0.5$ 时，为镁绿钙闪石，Mg#值为 53～60，TiO_2 含量为 0.54%～2.10%，Al_2O_3 含量为 8.55%～12.04%。MMEs 中的角闪石种类相似，Ⅰ型 MMEs 中的角闪石当$(Na+K)_A<0.5$ 时，为镁角闪石或者镁钙角闪石，当$(Na+K)_A \geqslant 0.5$ 时，为镁绿钙闪石，Mg#值为 52～55，与粗粒花岗岩类中的角闪石 Mg#值相似，Al_2O_3 含量为 8.78%～10.47%，TiO_2 含量为 0.94%～1.43%；Ⅱ型 MMEs 中的角闪石当$(Na+K)_A<0.5$ 时，为镁钙角闪石，当$(Na+K)_A \geqslant 0.5$ 时，为浅闪石或者镁绿钙闪石，Mg#值为 63～73 与变质辉长岩和细粒石英闪长岩中的角闪石 Mg#值相似，Al_2O_3 含量为 8.93%～10.84%，TiO_2 含量为 0.85%～1.52%。

黑云母：本节仅对粗粒花岗岩类和 MMEs 中的黑云母进行了电子探针分析。粗粒花岗岩类中的黑云母以单个晶体或者替代角闪石及以矿物包体包裹在斜长石中，其 Mg#值为 43～47，TiO_2 含量为 1.25%～2.40%；Ⅰ型 MMEs 中的黑云母以细小的鳞片状定向排列或者以矿物集合体替代角闪石，其 Mg#值为 37～48，TiO_2 含量为 1.32%～3.65%，Mg#值与寄主花岗岩类中的黑云母 Mg#值相似；Ⅱ型 MMEs 中的黑云母大多数以单个矿物晶体出现，少部分替代角闪石，Mg#值为 53～57，TiO_2 含量为 1.78%～2.19%，其 Mg#值明显高于寄主花岗岩类和Ⅰ型 MMEs 中黑云母的 Mg#值。

4.2.8　暗色微粒包体的混合成因

根据前人对花岗岩类中暗色微粒包体研究取得的认识，可以将中酸性岩中的 MMEs 分为三类成因模式：源区的难熔矿物残留体或未熔固体组分被熔体携带（Chappell *et al.*, 1987, 2000; Chen *et al.*, 1989; Chappell and White, 1992; Collins, 1998; White *et al.*, 1999）；中酸性岩浆早期结晶的同源捕虏体或层状堆积物的捕虏体（Dodge and Kistler, 1990; Dahlquist, 2002; Donaire *et al.*, 2005; Shellnutt *et al.*, 2010）；起源于地幔物质的镁铁质岩浆和起源于地壳物质的花岗质岩浆混合的产物，具有明显的岩浆混合特征（Dorais *et al.*, 1990; Perugini and Poli, 2004; Barbarin, 2005; Kumar and Rino, 2006; Perugini *et al.*, 2006,

2008; Yang *et al*., 2007; Feeley *et al*., 2008)。

如果 MMEs 为源区的未熔残留物或者难熔残留体，在岩石学和岩相学应该有特殊的结构构造，如变质或者沉积结构，并且应含有大量的源区继承性锆石（Chappell *et al*., 1987; Whitc *et al*., 1999），但是昔马–铜壁关花岗岩类中的暗色包体明显不具有上述的结构构造和大量继承性锆石的特征，在岩相学中显示出明显的岩浆结晶结构（图 4.7），因此本节认为这些暗色微粒包体不是由源区的难熔物质或未熔残留物形成的。

但是判断花岗岩类中暗色微粒包体是同源捕虏体还是岩浆混合产物的一些指标，现阶段的认识和用法还是比较模糊，如通过结构构造、地球化学和同位素组分的解释都具有多解性。MMEs 和寄主花岗岩类的地球化学成分的相关性、相似的 Sr-Nd 同位素组分和一致的矿物组成被解释为 MMEs 代表着花岗岩类的同源捕虏体（Dodge and Kistler, 1990; Donaire *et al*., 2005），但是部分学者认为两种不同组分的岩浆混合也是可以形成这样的地球化学相关性和同位素组分的相似性（Wiebe *et al*., 1997; Barbarin, 2005; Cheng *et al*., 2012）。Barbarin（2005）认为花岗岩类的中等同位素组分不可能仅是由纯的地壳物质部分熔融形成的，必须在岩浆形成过程中有幔源岩浆的加入，同时实验岩石学证明除了淡色花岗岩之外，其他花岗岩的形成均与镁铁质岩浆活动有关（Patiño Douce, 1999）。暗色微粒包体和寄主花岗岩相似的同位素组分也可以是不同的硅酸岩组分之间元素扩散导致化学和同位素组分达到平衡（Dorais *et al*., 1990; Lesher, 1990; Tepper and Kuehner, 2003），并且混合过程中同位素平衡相比较于化学平衡要更容易和更快一些（Lesher, 1990; Kocak *et al*., 2011）。在 MMEs 和花岗岩类的 Sr-Nd 同位素平衡过程中，Sr 同位素组分要比 Nd 同位素组分更容易达到平衡，因此在部分岩体中可以观察到 MMEs 和寄主岩石的 Sr 同位素组分相似而 Nd 同位素组分不同，出现 Sr-Nd 同位素解耦的现象（Di Vincenzo *et al*., 1996; Waigth *et al*., 2000）。在昔马–铜壁关岩体中，花岗岩类和 MMEs 的 SiO_2 与部分主微量元素（MgO、TFe_2O_3、CaO、TiO_2、V、Cr 等）呈现明显的相关性，事实上，元素之间的这种相关性不足以说明这些 MMEs 是花岗岩类早期结晶的产物还是镁铁质岩浆和花岗质岩浆混合的产物（Wiebe *et al*., 1997; Donaire *et al*., 2005）。昔马–铜壁关花岗岩类和 MMEs 之间的 Sr-Nd 同位素组分基本一致，通过上述讨论，这种情况可能是同源捕虏体和花岗岩之间的相似同位素组分造成的（Donaire *et al*., 2005），但是也有可能是岩浆混合后，经过元素扩散达到同位素平衡所造成的（Tepper and Kuehner, 2003; Kocak *et al*., 2011）。因此通过全岩的主微量元素和同位素组分是很难鉴别这些 MMEs 是何种成因的。

暗色微粒包体常常出现一些不平衡的结构，如岩浆结晶细粒结构和包体中可见针状磷灰石和斜长石大晶等不平衡的现象（图 4.7）。暗色微粒包体的细粒结构和针状磷灰石被认识是镁铁质岩浆在温度更低的花岗质岩浆中快速结晶的结果（Hibbard, 1981; Didier, 1987），这种岩相学上的不平衡结构是镁铁质岩浆和花岗质岩浆混合造成的（Baxter and Feely, 2002）。但是实验数据表明，在高温低水含量的条件下，花岗闪长质岩浆早期结晶时，镁铁质矿物是要比长英质矿物（长石和石英）成核速率更快，并且岩浆房的边缘位置是首先降温结晶的地区，花岗闪长质岩浆早期结晶的矿物主要是角闪石、黑云母和中酸性斜长石，因此在岩浆房的边缘会富集这些早期结晶的产物（Naney and Swanson, 1980; Cashman and Marsh, 1988; Marsh, 1988; Holtz *et al*., 2001; Castro, 2013），形成具有细粒结构的岩浆结晶集合体，同时磷灰石在这种高温缺水的条件下也是可以结晶呈针状（García-Moreno *et al*., 2006）。因此，利用花岗岩类中的暗色微粒包体的细粒结构或者针状磷灰石也是不足以区分这些暗色微粒包体是岩浆混合形成还是花岗质岩浆早期结晶的产物。而斜长石大晶被认为是暗色微粒包体和寄主花岗质岩浆之间发生机械混合（mingling）造成的（Didier and Barbarin, 1991; Kocak *et al*., 2011），但是这并不能完全说明暗色微粒包体的岩浆混合成因。

在很多岩基中，暗色微粒包体和寄主花岗岩的同种矿物组分具有明显的相似性，如角闪石、黑云母和斜长石（Barbarin, 2005; Niu *et al*., 2013; Zhang *et al*., 2016），这些矿物成分的相似性被认为是暗色微粒包体是寄主岩石的同源捕虏体所造成的（Dodge and Kistler, 1990），但是部分学者认为这是混合的镁铁质岩浆和花岗质岩浆在相似的物理条件下结晶的（Barbarin, 1986）。但是昔马岩体的花岗岩类和暗色微粒包体中的矿物化学成分是有所不同的，如角闪石和黑云母。Ⅱ型 MMEs 中角闪石和黑云母具有相对高的 Mg#值，其中角闪石的 Mg#值为 63～73，黑云母的 Mg#值为 53～57，但是最基性的寄主岩石中角闪石和黑云母具有相对低的 Mg#值，角闪石的 Mg#值为 54～60，黑云母的 Mg#值为 45～47。但是Ⅰ型 MMEs 中的角闪石和黑云母 Mg#值同寄主花岗岩类中同种矿物的 Mg#值相似，其角闪石 Mg#值为 52～62，黑云母 Mg#值为 37～48。相比Ⅱ型 MMEs 和寄主花岗岩中的角闪石和黑云母，Ⅰ型 MMEs 的矿物与寄主岩石同种矿物的 Mg#值更相似，这是由于Ⅰ型 MMEs 与寄主岩石更多的反应（以下将在 4.2.12 节中具体讨论）。暗色微粒包体和寄主花岗岩类中斜长石的形态和种类相似，两种岩性中都含有两种斜长石，一类为具有明显成分环带的斜长石，并且在包体中具有明显成分环带的斜长石常以大晶出现，另外一类是无成分环带的斜长石（图 4.7）。两类 MMEs 中都含具有明显成分环带的斜长石大晶，被认为是花岗质岩浆中的斜长石机械交换进入暗色微粒包体中。包体中的无成分环带的斜长石核部最高的 An 为 58%，而在最基性的花岗岩类中斜长石核部最高为 48%（无环带）或 49%（成分环带），暗色微粒包体无成分环带的斜长石和寄主花岗岩类中斜长石是不同的，暗色微粒包体中的斜长石 An 要明显高于最基性的花岗岩类中斜长石的 An（图 4.18、图 4.19），并且相差 10%左右，因此暗色微粒包体不可能是花岗质岩浆早期结晶的产物。结合包体和寄主岩石中的角闪石和黑云母成分上的不同，本书认为昔马-铜壁关花岗岩类中的暗色微粒包体代表着与花岗质岩浆不同的镁铁质岩浆，进入其中结晶的产物，镁铁质岩浆可以结晶的斜长石 An 大于 58%，而花岗质岩浆中结晶的斜长石 An 为 48%～49%，并且根据花岗岩类和所有暗色微粒包体相似的 Sr-Nd 同位素，说明可能在镁铁质岩浆和花岗质岩浆混合过程中达到了 Sr-Nd 同位素组分的平衡。

在昔马-铜壁关地区，存在大量的基性岩（季建清等，2000; Wang *et al*., 2014a, 2015a），本节对该地区基性岩进行详细的野外地质调查和岩石学研究，发现昔马-铜壁关地区早始新世镁铁质岩浆有关的岩石类型包括变质辉长岩和细粒闪长岩。变质辉长岩中的角闪石Mg#值为74～76，细粒闪长岩中的角闪石Mg#值为59～64，与Ⅱ型MMEs中角闪石的Mg#值相似，但明显高于Ⅰ型MMEs和花岗岩类中的角闪石Mg#值（图4.20）。变质辉长岩中的斜长石大部分无环带，少部分斜长石具有核边的成分分带，而细粒石英闪长岩中的大部分斜长石具有成分环带，少部分斜长石无成分环带（图4.7）。本节对变质辉长岩和细粒石英闪长岩中的斜长石进行矿物化学分析，结果表明变质辉长岩中具有成分环带的斜长石核部An为88%～90%，边部An为50%～60%，细粒石英闪长岩中具有成分环带的斜长石核部An为77%～81%，边部An为47%～50%，这些斜长石核部An值比MMEs和寄主花岗岩类斜长石核部的An值要高，与花岗质岩浆结晶的中酸性斜长石不同，表明这些与昔马-铜壁关花岗岩类同期的变质辉长岩和细粒石英闪长岩是镁铁质岩浆的产物（图4.17）。根据岩相学和矿物化学（包括角闪石和斜长石）的研究，本节认为变质辉长岩代表着富晶体的镁铁质熔体和少量花岗质岩浆混合的产物，而细粒石英闪长岩为含有晶体的镁铁质岩浆和花岗质岩浆混合的产物，两类MMEs代表着演化的镁铁质岩浆和花岗质岩浆混合的产物。那就引发一个问题，在变质辉长岩和细粒石英闪长岩中暗色矿物是以角闪石为主，而镁铁质岩浆结晶的斜长石An可达88%～90%，为培长石，在岩浆结晶条件下与培长石相平衡的暗色矿物应该是辉石，但事实上这些岩石中的暗色矿物均以角闪石为主，这一点在4.2.12节中再做具体讨论。

暗色微粒包体的锆石Hf同位素组分也可以说明这些包体为两种不同硅酸盐体系的端元组分混合形成。暗色微粒包体中的锆石Hf同位素分析结果表明（图4.21），Ⅰ型MMEs的$\varepsilon_{Hf}(t)$值为–7.7～9.0，具有3个峰值，即–7、–1和7；Ⅱ型MMEs的$\varepsilon_{Hf}(t)$值为–10.2～0.6，具有两个峰值，即–7和1，两种包体都具有较宽的变换范围，表明为混合成因（Kemp *et al.*, 2007; Yang *et al.*, 2007; Bolhar *et al.*, 2008）。同时，细粒石英闪长岩的锆石$\varepsilon_{Hf}(t)$值为–4.9～6.8，具有明显的两个峰值，即–4和2；变质辉长岩的锆石$\varepsilon_{Hf}(t)$值为1.8～10.9，具有明显的单个峰值7。锆石Hf同位素表明变质辉长岩中的Hf同位素为亏损特征，代表着镁铁质岩浆的Hf同位素组分，细粒闪长岩和暗色微粒包体的Hf同位素则是不同演化阶段的镁铁质岩浆和花岗质岩浆不同程度混合的结果。

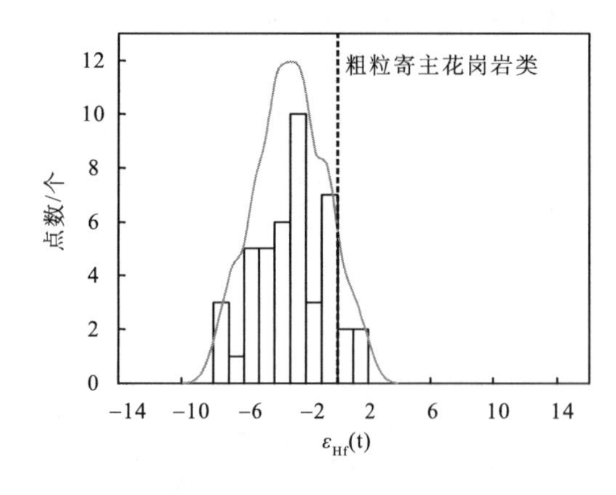

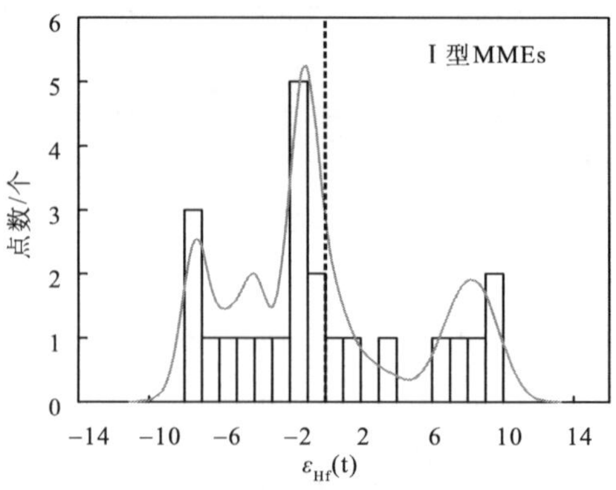

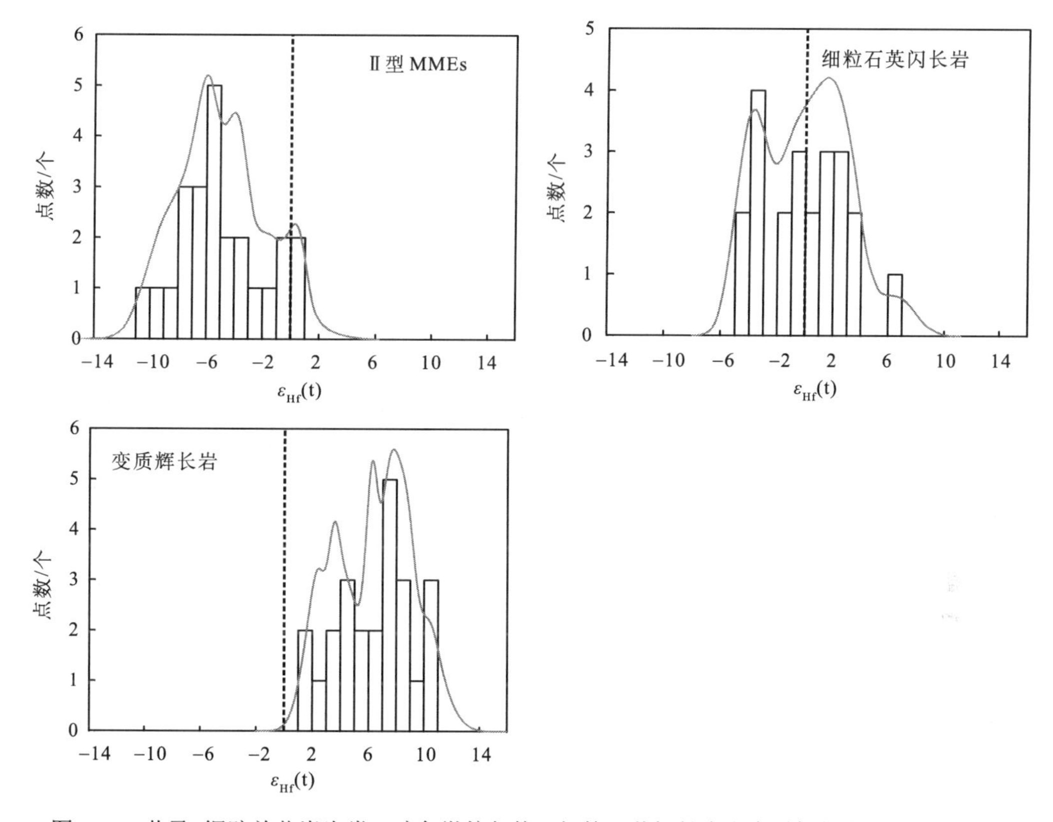

图 4.21　昔马-铜壁关花岗岩类、暗色微粒包体、细粒石英闪长岩和变质辉长岩 $\varepsilon_{Hf}(t)$的柱状图

因此，结合暗色微粒包体的细粒结构、包体中大量的针状磷灰石、Sr-Nd 同位素和锆石 Hf 同位素组分，以及角闪石、黑云母和斜长石的矿物化学含量分析结果，本书认为昔马-铜壁关花岗岩类中的暗色微粒包体为岩浆混合成因。

4.2.9　花岗岩类的混合成因

活动大陆边缘与俯冲碰撞相关的 I 型花岗岩类成因现阶段仍存在很大争议，主要成因有以下几点认识：①由镁铁质下地壳物质直接部分熔融形成（Rapp *et al.*, 1991; Rushmer 1991; Roberts and Clemens, 1993; Rapp and Watson, 1995）；②岩浆混染作用形成，如高铝玄武岩同化混染地壳中的泥质组分（Patiño Douce, 1995）；③岩浆混合作用形成，如幔源镁铁质岩浆和壳源花岗质岩浆的混合（Davis and Hawkesworth, 1993; Eichelberger and Izbekov, 2000; Barbarin, 2005; Yang *et al.*, 2007; Reubi and Blundy 2009; Kent *et al.*, 2010; Ruprecht *et al.*, 2012）；④结晶分异作用形成，如含水的幔源镁铁质岩浆结晶分异（Grove *et al.*, 2003; Schiano *et al.*, 2004a; Deering and Bachmann, 2010; Dessimoz *et al.*, 2012; Jagoutz and Schmidt, 2012; Castro, 2013; Lee and Bachmann, 2014）；⑤具有特殊地球化学特征的 I 型花岗岩类，如具埃达克属性或高镁特征的岩石，由水饱和的地幔物质的部分熔融（Falloon and Danyushevsky, 2000）或者俯冲洋壳（Defant and Drumond 1990;

Yogodzinski *et al*., 1995; Martin *et al*., 2005; Falloon *et al*., 2008）和沉积物的部分熔融（Plank and Langmuir, 1993, 1998; Prouteau *et al*., 2001; Plank, 2005; Mibe *et al*., 2011; Carter *et al*., 2015; Pirard and Hermann, 2015a, 2015b）。腾冲地块为新特提斯洋东向俯冲的岛弧地区，早始新世花岗岩类形成与同期的镁铁质岩浆作用密切相关，本书已经证明花岗岩类中的暗色微粒包体为不同端元组分的硅酸盐体系混合形成，因此本节主要讨论昔马-铜壁关的花岗岩类成因。

花岗岩类的成因及演化过程可以通过其全岩地球化学、同位素组分和矿物化学进行反演，昔马-铜壁关花岗岩类主量和微量元素与 SiO_2 含量之间存在明显的相关性，如 MgO、TF_2O_3、CaO、TiO_2、P_2O_5 和 TiO_2 等主量元素随着 SiO_2 的增加而减小，随着 SiO_2 的增加 Rb 逐渐增加，V 和 Cr 逐渐减小，这些主微量元素与 SiO_2 之间的相关性可以是母岩浆的结晶分异或者两种不同端元组分的岩浆混合所造成（Lee and Bachmann, 2014）。昔马-铜壁关花岗岩类 Sr-Nd 同位素组分从偏基性端元到偏酸性端元均一致（图 4.14），因此利用同位素组分也不能很好地确定这些花岗岩类的成因机制。在岩浆结晶体系中微量元素 Zr 和 P 均受控于副矿物锆石和磷灰石，当岩浆体系中的 Zr 和 P 不饱和时，岩浆中不会结晶出锆石和磷灰石，当 Zr 和 P 达到饱和时，岩浆体系中开始结晶锆石和磷灰石，液相中的 Zr 和 P 开始下降，岩浆体系中的 Zr 饱和时，SiO_2 含量为 65%左右，P 饱和时，SiO_2 为 60%左右（Gualda *et al*., 2012），并且 Zr 和 P 饱和时的 SiO_2 含量是受控于结晶温度、矿物组合和熔体组分及熔体中 H_2O 的含量（Lee and Bachmann, 2014）。因此如果花岗岩类是由基性岩浆结晶分异形成的，Zr 和 P 在昔马-铜壁关花岗岩类中会随着 SiO_2 的含量变化出现饱和点，但事实上，这些花岗岩类的 Zr 和 P 并未表现出明显结晶分异的结果，即 P 随着 SiO_2 增加演化时未出现饱和点，而是表现出岩浆混合的特征，即随着 SiO_2 的增加 P 逐渐减小，而 Zr 则随着 SiO_2 的变化出现离散的现象（图 4.11、图 4.12）。同时岩浆体系中，可以利用不同不相容元素在固相和液相之间的配分系数来判断花岗岩的成因（Schiano *et al*., 2010），在不相容元素-不相容元素/相容元素图解及 1/相容元素-不相容元素/相容元素图解中，混合成因的岩浆在图解中分别形成双曲线和线性关系，而部分熔融过程会分别形成线性关系和双曲线，结晶分异过程在两个图中均形成双曲线。昔马-铜壁关花岗岩类在 Rb-Rb/V 和 1/V-Rb/V 图解中显示这些花岗岩质岩浆为混合形成的（图 4.22）。但是岩浆混合包括源区混合和不同岩浆组分的混合，通过相容和不相容元素可对岩浆混合和源区混合进行有效的识别（Langmuir *et al*., 1978），部分熔融影响相容/不相容元素比值，而不相容元素之间的比值没有明显的影响，因此岩浆混合和源区混合在不相容/不相容元素比值均表现出混合的特征，而在相容/不相容元素表现出的混合特征是由于岩浆混合，并非源区混合（Schiano *et al*., 2010）。在 Rb-Rb/V 和 1/V-Rb/V 图解显示出的混合特征是岩浆混合而不是源区混合。因此根据微量元素的分析结果，本书认为昔马-铜壁关花岗岩类为岩浆混合成因。

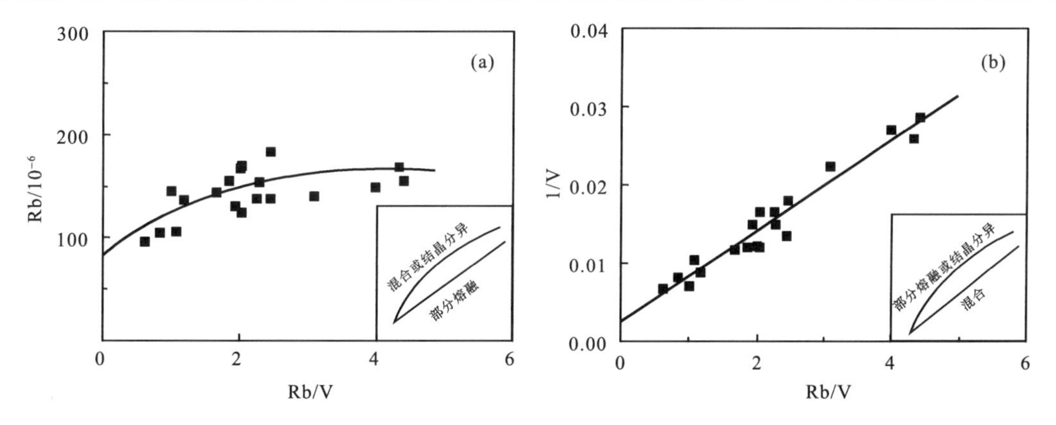

图4.22　昔马-铜壁关花岗岩类 Rb-Rb/V（a）和 1/V-Rb/V（b）图解（据 Schiano *et al.*, 2010)

昔马-铜壁关花岗岩类岩浆混合成因的另外一个证据：具有明显反生长环带的斜长石。花岗岩类中具有成分环带的斜长石其核部 An 为 37%～49%，而其蚀变面具有多变且更高的 An，为 40%～72%，斜长石边部具有低的 An，为 34%～41%，这些斜长石的蚀变面主要由斜长石和绿帘石组成（图 4.18)。火成岩中斜长石空间成分变化记录着斜长石生长的岩浆体系中物理化学条件的变化（Ginibre *et al.*, 2007; Ginibre and Wörner, 2007)。斜长石晶体中的 An 从核部向幔部逐渐增加是减压或者加入更原始的岩浆组分所导致，如岩浆房从深部位置向浅部等熵条件下（绝热）的侵位上升或者是在等温或者等焓条件下岩浆混合（Ginibre *et al.*, 2007; Ginibre and Wörner, 2007; Ustunisik *et al.*, 2014)。岩浆房的减压上升会导致斜长石组分中的 An 逐渐增加，但是这种斜长石 An 的增加是渐变过程，经过实验岩石学和模拟实验，在岩浆减压结晶或岩浆房内对流过程中，斜长石的 An 含量随着压力的减小而升高，在岩浆房上升减压 1kbar，斜长石中的 An 可以增加3%左右。由于斜长石中的 Ab/An 是和熔体中的 Na_2O 和 CaO 有关，环带中的组分是受控于熔体中二者含量的多少，当压力减小，Na_2O 更易于配分进入熔体中，这就导致了斜长石中的 An 升高（Ustunisik *et al.*, 2014)。昔马-铜壁关斜长石中蚀变面的 An 增加不是简单的岩浆房上升减压造成的，其 An 的增加是突变的，而这种成分变化特征说明，岩浆体系中斜长石生长过程中会有一次非常偏基性的组分加入，导致其蚀变面内的 An 可达 72%，为培长石，而蚀变面内部的培长石应为镁铁质岩浆中结晶的斜长石，并非花岗质岩浆中结晶的，并且蚀变面内还有大量的绿帘石，这说明加入花岗质岩浆中的镁铁质岩浆富挥发分（H_2O)。因此，昔马-铜壁关花岗岩类的矿物化学成分变化主要是岩浆混合引起的。已知在昔马-铜壁关地区存在大量的同期变质辉长岩和细粒石英闪长岩，变质辉长岩是镁铁质岩浆早期结晶的产物和少量花岗质岩浆混合的结果，细粒石英闪长岩代表着含晶体的镁铁质岩浆和花岗质岩浆混合的产物，同时在变质辉长岩和细粒石英闪长岩中的斜长石核部组分代表着镁铁质岩浆的结晶，其 An 分别为 88%～90%和 77%～81%，为培长石，这是与花岗岩类中具有成分环带的斜长石蚀变面中的斜长石 An（72%）相似，这也说明，花岗岩类中的斜长石蚀变面是该期镁铁质岩浆的加入所引起，并且部分镁铁质岩浆中斜长石未被分解直接参与花岗质岩浆中斜长石的结晶过程。在花岗岩类中存在大量的暗色微粒包体，这些暗色微粒包体代表着演化的镁铁质岩浆在花岗质岩浆中结晶的产物，并且发生不同程度的混合，经过地球化学的对比，Ⅱ型 MMEs 的成分更能代表和花岗质岩浆混合的镁铁质岩浆组分。根据以上讨论，昔马-铜壁关的花岗岩类是富水的镁铁质岩浆和花岗质岩浆混合形成的。

花岗岩类的岩浆混合成因也可以被锆石 Lu-Hf 同位素组分所证实，本节对花岗岩类中的锆石 Lu-Hf 同位素组分进行测试，结果表明在寄主花岗岩中 $\varepsilon_{Hf}(t)$值为–7.5～1.9，峰值为–3，由负值向正值转变，代表着不同组分的混合（图 4.21）（Kemp *et al*., 2007; Yang *et al*., 2007; Bolhar *et al*., 2008）。当岩浆混合时，镁铁质岩浆结晶的锆石可以很好地提供母岩浆的 Lu-Hf 同位素信息，但是这些锆石很难在高温的中酸性岩浆（>1000℃）中保留下来，并且这个温度超过了锆石的 Lu-Hf 封闭温度（Zheng *et al*., 2005; Hu *et al*., 2012），那在岩浆混合过程中，镁铁质岩浆中结晶的锆石必然会和中酸性岩浆化学体系发生再平衡，或者被熔解。但是花岗岩类中仍然可以保留这些镁铁质岩浆结晶的锆石，这是由于锆石在岩浆中结晶后会被包裹在难熔的镁铁矿物中，如辉石、角闪石、黑云母，当岩浆混合时，这些矿物如果没有被分解，包裹在矿物里的锆石是与中酸性岩浆隔离的，就可保留混合的镁铁质岩浆原始的同位素信息。

4.2.10　镁铁质岩浆和花岗质岩浆的源区特征

镁铁质岩浆源区：在昔马-铜壁关地区镁铁质岩浆的产物有变质辉长岩、细粒石英闪长岩和两类暗色微粒包体，其中细粒石英闪长岩和暗色微粒包体均是镁铁质岩浆不同演化阶段并且和花岗质岩浆发生一定混合的产物，只有变质辉长岩与花岗质岩浆发生混合较小，因此变质辉长岩的地球化学特征在一定程度上是可以反映镁铁质岩浆源区的属性。本节利用变质辉长岩同位素组分特征进行镁铁质岩浆源区的示踪，变质辉长岩锆石 $^{176}Hf/^{177}Hf$ 值为 0.282792～0.283047，对应的 $\varepsilon_{Hf}(t)$值为 1.8～10.9，呈亏损特征，单阶段模式年龄为 0.29～0.65Ga。变质辉长岩具有相对低的初始 Sr 值（0.706319～0.706338），Nd 同位素比值为 0.512414～0.512454，相应的 $\varepsilon_{Nd}(t)$值为–3.4，二阶段模式年龄为 0.97～1.02Ga。变质辉长岩 Hf 同位素显示亏损的特征，而 Nd 同位素显示富集的特征，其 Nd-Hf 同位素出现了解耦现象。同时变质辉长岩中的斜长石为培长石，平衡共生的暗色矿物应为辉石，但事实上样品中的暗色矿物均为角闪石和少量黑云母，这说明变质辉长岩虽然保留原有结晶时的辉长结构，但是在岩浆结晶后发生了辉石向角闪石转变的反应，所以 Nd-Hf 同位素的解耦可能是变质辉长岩和花岗质岩浆的反应所引起的。由于本节测试的是锆石 Lu-Hf 同位素，其封闭温度较高，相比全岩的 Nd 同位素组分，Hf 同位素比值更能保留原始岩浆的信息（Zheng *et al*., 2005; Kemp *et al*., 2007; Yang *et al*., 2007; Bolhar *et al*., 2008; Hu *et al*., 2012）。昔马-铜壁关变质辉长岩锆石 Hf 同位素的亏损特征说明镁铁质岩浆源区应为亏损的地幔物质，但本书不能识别出该亏损地幔物质是否受到俯冲板片起源流体或熔体的交代。

花岗质岩浆源区：昔马-铜壁关花岗岩类具有较宽的 SiO_2 含量变化范围，SiO_2=54.08%～70.09%，同位素分析结果表明这些花岗岩类具有相对高的初始 $^{87}Sr/^{86}Sr(t)$=0.708502～0.709175，Nd 同位素比值为 0.512282～0.512330，$\varepsilon_{Nd}(t)$值为–6.5～–5.2，二阶段模式年龄为 1.10～1.19Ga；锆石 Hf 同位素分析结果表明 $^{176}Hf/^{177}Hf$ 值为 0.282527～0.282795，$\varepsilon_{Hf}(t)$值为–7.5～1.9，其中 4 个点的 $\varepsilon_{Hf}(t)$为 0.4～1.9，相对应的单阶段模式年龄为 0.66～0.73Ga，其他点的 $\varepsilon_{Hf}(t)$为–7.5～–0.3，对应的二阶段模式年龄为 1.15～1.60Ga。结合高初始 Sr 比值和富集的 Nd-Hf 同位素组分及 Nd-Hf 同位素的二阶段模式年龄，表明昔马-铜壁关花岗岩质岩浆主要是中元古代的古老陆壳物质部分熔融形成的。花岗岩类锆石中显示亏损 Hf 同位素记录的是与花岗质岩浆混合的镁铁质岩浆 Hf 同位素信息。实验岩石学的结果表明下地壳的镁铁质物质部分熔融可形成准铝质富钠的低钾钙碱性花岗质岩浆，同时形成的花岗质岩浆的 Mg#<45（Rapp *et al*., 1991; Roberts and Clemens, 1993; Rapp and Watson, 1995）。但是昔马-铜壁关花岗岩类的地球化学结果显示高钾钙碱性的特征，同时最偏基性的样品（石英闪长岩，NB107）的 SiO_2 含量为 54.08%，Mg#值为 45，这是与镁铁质下地壳物质直接部分熔融形成的熔体性质不同（Rapp and Watson, 1995）。Lóperz 等（2005）利用镁铁质岩石和长英质岩石互层的熔融实验证明，在熔融开始阶段，镁铁质岩浆中的富 K 流体/熔体可以进入长英质岩层中，使熔体中的 K_2O 含量增高，并且在岩浆混合过程中可以使花岗质岩浆中的 Mg#值升高（Karsli *et al*., 2010）。因此，昔马-铜壁关花岗岩类的母岩浆是由中元古代古老地壳物质部分熔融形成，并且和镁铁质岩浆发生了混合形成花岗闪长岩。

4.2.11　岩浆混合的简单模拟计算

根据花岗岩类和暗色微粒包体的地球化学、同位素组分和矿物化学确定花岗岩类和 MMEs 均为镁铁质岩浆和花岗质岩浆混合形成的。镁铁质岩浆具有相对高的温度，进入温度相对较低的花岗质岩浆中发生快速冷却，由于镁铁质岩浆和花岗质岩浆不同的温度和流变学性质，两种不同组分的硅酸盐熔体不能发生有效的混合（McBirney, 1980; Paterson *et al*., 2004），会出现一些不平衡的结构和成分，如暗色微粒包体及其细粒结构、针状磷灰石等（Campbell and Turner, 1986）。两种不同组分和流变学性质的硅酸盐熔体发生有效混合，是需要在高温条件下进行的（Renggli *et al*., 2016），通过对自然界硅酸盐熔体的岩浆混合实验，表明在高温条件下（1350～1400℃），黏度差达四个数量级的岩浆可以发生有效的混合（Morgavi *et al*., 2013a, 2013b, 2013c）。但是自然界形成深成岩的体系中，两种不同组分的岩浆混合时温度是否能达到这一标准？并且在岩浆混合时是两种液相混合还是类似于“粥状物”的熔体（正在结晶含有晶体的岩浆）混合？近些年关于岩浆混合机制的研究，部分学者认为岩浆的混合是受控于混沌动力学（chaotic dynamics; Ottino *et al*., 1988; Perugini *et al*., 2006; De Campos *et al*., 2011），在这种机制下，具有相同扩散速率的元素其行为在岩浆体系中是相似的，具有很好的相关性，如主量元素之间；相反地，扩散速率不同的元素之间相关性较弱或者无相关性，因此会造成成分上的差异，但这种岩浆混合机制也是需要高温条件下进行。

虽然昔马-铜壁关地区变质辉长岩代表着镁铁质岩浆早期结晶的产物，但最基性的Ⅱ型 MMEs 更能代表与花岗质岩浆混合的镁铁质岩浆组分，而昔马-铜壁关花岗岩体中最偏酸性的花岗岩成分可代表初始花岗质岩浆的组分。本节可以利用基性端元和酸性端元组分对昔马-铜壁关花岗岩类进行简单的二元混合模拟，满足公式 $C_m=C_a(1-x)+C_bx$，其中 C_m 为混合形成的组分，C_a 为基性组分，C_b 为酸性组分，x 为酸性组分贡献的质量百分比（图 4.23）。本节将Ⅱ型 MMEs 的样品主量元素进行平均（由于其相对高的 SiO_2 和 K_2O，剔除 NB87），取其平均值为基性组分端元，将 YJ37、YJ38 和 NB01 主量元素的平均值作为酸性端元组分。模拟计算结果如图 4.23 所示，花岗岩类的组分从偏酸性组分（TBG30、NB50、NB83）到偏基性组分（NB95 和 NB107）模拟结果都显示了岩浆混合的趋势，但在花岗岩类中偏基性端元的模拟结果明显要比偏酸性端元的差一些，其确定系数 R^2 为 0.895～0.999，x 值为 0.84～0.23，代表昔马-铜壁关花岗岩类形成时酸性组分（花岗质岩浆）所贡献的比例。本节对Ⅰ型 MMEs 和细粒石英闪长岩进行混合模拟，包括选取其中一个样品（NB69）和取所有的Ⅰ型 MMEs 的平均值进行计算，结果表明Ⅰ型包体的拟合的混合趋势明显较差，其确定系数 R^2 为 0.804～0.753，而石英闪长岩的模拟计算结果也显示混合趋势较差，R^2 为 0.691。结合花岗岩类中偏基性端元的模拟结果，本节认为在岩浆混合过程中，镁铁质岩浆和酸性岩浆的混合并非是简单的二元混合，如形成细粒石英闪长岩的过程中，镁铁质岩浆和花岗质岩浆混合时，镁铁质岩浆中是含有结晶出的晶体存在，并非两个液相的混合，而在岩浆混合时还存在一些其他的混合过程，如两个组分端元之间的机械交换、暗色微粒包体的溶解和分解等过程。

4.2.12　岩浆体系的混合过程

岩浆混合是两个不同端元的硅酸盐岩浆体系机械混合和化学混合综合的过程；机械混合是岩浆的物理扩散过程，而化学混合是化学梯度的不同导致向均一化转变并且减小化学梯度的过程（Perugni and Poli, 2012）。在昔马-铜壁关暗色微粒包体中存在大量的斜长石大晶，包体中的大晶被认为是镁铁质岩浆在进入花岗质岩浆达到最终侵位层次时捕获花岗质岩浆中结晶的矿物（Castro, 2013），这一过程被认为是镁铁质岩浆和花岗质岩浆机械混合造成的。同时暗色微粒包体中的斜长石大晶说明在镁铁质岩浆侵入至花岗质岩浆时，花岗质岩浆已经开始结晶；包体中的大晶缺少石英和碱性长石，并且包体中的石英和碱性长石均以他形的粒间相存在，石英和碱性长石在岩浆中属于晚期结晶相，而斜长石在花岗质岩浆中属于相对早期的结晶相，因此暗色微粒包体中存在斜长石大晶而缺少石英和碱性长石大晶说明当镁铁质岩浆侵入至花岗质岩浆时，花岗质岩浆是处于开始结晶状态，结晶程度不高，矿物以早期结晶的斜长石为主。镁铁质岩浆在花岗岩体中以暗色微粒包体的形式进行保存，这说明在镁铁质岩浆侵入花岗质岩浆中后需要有将镁铁质岩浆分割的动力学机制，而这种机制主要是由于镁铁质岩浆富挥发分，其黏度和密度较低，在浮力驱动下进入黏度和密度较高温度较低的花岗质岩浆中（Jellinek and Kerr,

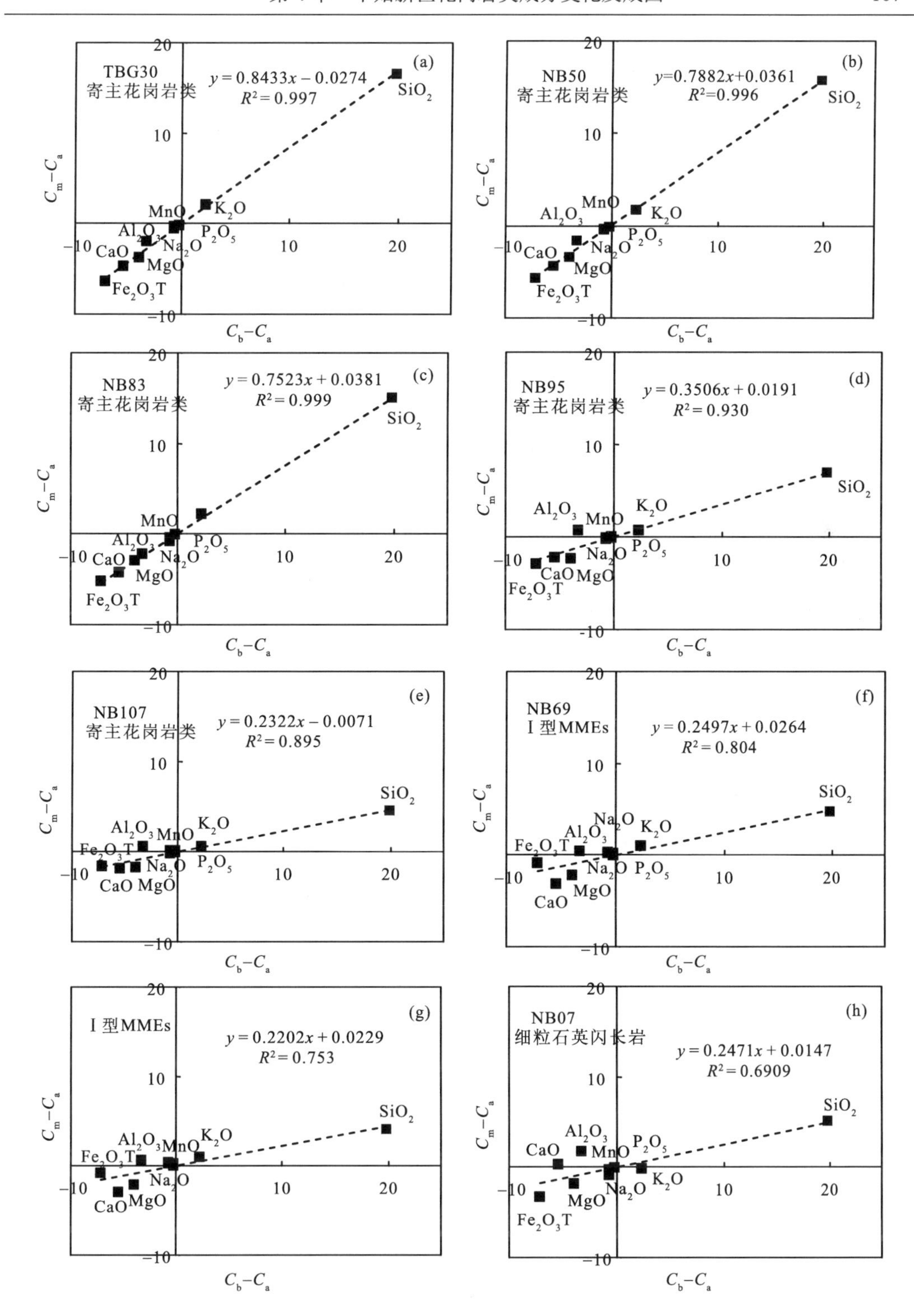

图 4.23　昔马–铜壁关地区花岗岩类、暗色微粒包体和细粒石英闪长岩的简单混合模拟（据 Fourcade and Allegre, 1981）

1999; Longo *et al*., 2006），当岩浆中挥发分在浮力驱动下排出时会形成气泡，这些气泡可以拖曳镁铁质岩浆进入花岗质岩浆中（Ruprecht *et al*., 2008; Wiesmaier *et al*., 2015）。在此过程中镁铁质岩浆也是可以捕获花岗质岩浆中已经结晶的斜长石，形成大晶。这种岩浆混合的过程可以被暗色微粒包体中斜长石大晶的矿物成分所证实，这些斜长石大晶核部的 An 为 36%～47%，溶蚀区的 An 为 49%～80%，边部 An 为 31%～44%，与寄主花岗岩类中具有溶蚀结构的斜长石晶体成分基本一致，其核部 An 为 37%～49%，而边部 An 为 34%～41%，溶蚀区中的斜长石 An 为 40%～72%（图 4.18、图 4.19）。暗色微粒包体中斜长石大晶核部的成分与寄主花岗岩类斜长石核部的成分一致，这说明这种斜长石均是在花岗质岩浆中早期结晶形成的；而包体和寄主花岗岩中斜长石溶蚀区的成分一致并且发生突变则说明结晶过程中发生了镁铁质岩浆的加入和岩浆混合，同时可能在岩浆混合过程中发生了斜长石晶体的机械交换，在此过程中由于高温的含水镁铁质岩浆加入，花岗质岩浆中已经结晶的斜长石发生溶蚀，并且形成大量的绿帘石（图 4.7），镁铁质岩浆中结晶的培长石未被低温的花岗质岩浆分解则可拼贴至溶蚀的斜长石边部继续生长，常呈港湾状界面和筛状结构，如包体中的斜长石大晶（图 4.7、图 4.17）（Browne *et al*, 2006）；斜长石边部成分的相似说明岩浆混合后，暗色微粒包体和寄主花岗岩类可能是在同一物理化学体系下结晶形成的（Barbarin，2005）。机械混合也可能存在于暗色微粒包体冷却后与寄主岩浆反应的过程中。

在昔马-铜壁关地区，镁铁质岩浆与花岗岩类混合产物有变质辉长岩、细粒石英闪长岩和两类暗色微粒包体。变质辉长岩中斜长石大部分无成分环带，但部分斜长石具有明显的成分环带，其核部 An 为 88%～90%，边部为 50%～60%，这种斜长石成分的变化说明变质辉长岩是早期结晶的镁铁质岩浆产物和花岗质岩浆较小程度混合的结果；细粒石英闪长岩中大部分斜长石具有明显的成分环带，核部 An 为 77%～81%，边部为 47%～50%，同样也说明细粒石英闪长岩是含有晶体的镁铁质岩浆与花岗质岩浆混合的结果。变质辉长岩和细粒石英闪长岩中具有成分环带的斜长石核部为培长石，镁铁质岩浆结晶时与培长石平衡的暗色矿物应该为辉石，但是变质辉长岩和细粒石英闪长岩中的暗色矿物主要为角闪石和黑云母，这是与培长石明显不平衡的矿物组合。辉石为名义上的不含水矿物，而角闪石为含水矿物，这两类暗色矿物之间转变的主要介质就是 H_2O。由于 H_2O 在含水岩浆体系结晶时是不相容的，任何含水岩浆在结晶后期最终会达到水饱和（Eggler, 1972），但当岩浆体系中出现含水矿物时，如角闪石和黑云母，会抑制岩浆达到水饱和，而这些含水矿物不一定是岩浆中直接结晶形成的，可能是通过含水熔体和已经存在的无水矿物之间反应形成的，如熔体与辉石+Fe-Ti 氧化物的反应可以形成角闪石和/或黑云母（Beard *et al*., 2005）。岛弧地壳中经常可见大量堆晶体和捕虏体中的暗色矿物以角闪石为主，同时少见辉石存在（Sorbadere *et al*., 2013），但是在岛弧火山岩或者火山碎屑中常见辉石斑晶（Ewart, 1976），而在深成岩和捕虏体中，见到的暗色矿物更多是角闪石，这种岩石中的部分角闪石很有可能是早期结晶的辉石替代反所应所形成（Beard *et al*., 2004, 2005），其反应如下：

辉石+Fe-Ti 氧化物+富钙斜长石+含水熔体══角闪石（黑云母）+石英+富钠斜长石

辉石被替代的反应一般是在辉石的解理面、晶体的边部发生或者完全被替代形成角闪石（Beard *et al*., 2004, 2005; Smith, 2014），最终岩石会形成嵌晶结构或者粒状变晶结构（图 4.7）。这种含水熔体和辉石的反应形成角闪石的现象在地壳中的堆晶体、地幔辉石岩和被交代的地幔橄榄岩中也被广泛识别（Best, 1975; Francis, 1976; Debari *et al*., 1987; Neal, 1988; Coltorti *et al*., 2004）。角闪石替代辉石的反应可以出现在含水岩浆冷却结晶时，并且在岩浆体系中不含水矿物都会发生类似的反应，这些不含水矿物的来源也可以是不同的，如岩浆中原生的矿物、围岩或者源区捕虏体矿物（包晶矿物），因此结晶较晚的这些角闪石或者黑云母是可以有多个形成途径，而这些岩浆携带的包晶矿物对岩浆的成分也有重要的影响（Clemens *et al*., 2011; Clemens and Stevens, 2012）。根据上述的反应，在角闪石替代辉石时，有石英和富钠的斜长石伴生，那么在岩相学中，就可以根据角闪石中含有石英和钠质斜长石晶体包裹体来判断角闪石是否为替代辉石形成还是岩浆中结晶形成，如在变质辉长岩和细粒石英闪长岩中，观察到部分角闪石含有石英和富钠斜长石的微粒包体（图 4.24）。在变质辉长岩中，石英除了以包裹体的形式出现在角闪石中，其余的均以他形粒间相围绕在角闪石矿物边缘，这些岩相学的特征说明角闪石为替代辉石成因的，而细粒石英闪长岩中石英的含量明显增加，除被角闪石包裹的石英外，其余的石英常以细脉状粒间相出现（图 4.7），这说明细粒石英闪长岩中的石英可能来源于辉石转变成角闪石时伴生形成的（包裹体）和与细粒石英闪长岩混合的花岗质岩浆（细脉状粒间相石英）；同时两类岩石中均存在部分角闪石具有明显的自形晶，不含矿物包体，可能是在含水的岩浆中直接结晶形成的。实际上，在岩浆中直接结晶生成的角闪石和替代辉石形成的角闪石其主量元素在同一样品中是很难区分的，因为在形成时可能具有相似的物理化学条件。但在西南太平洋所罗门群岛的萨沃岛弧地区，Smith（2014）将火山岩中捕掳的源区堆晶体及火山岩中的斑晶矿物不同成因的单斜辉石和角闪石进行微量元素测试，发现岩浆中结晶角闪石和替代辉石的角闪石中微量元素有所不同，其不相容元素（如 Zr 和 Pb）在替代辉石成因的角闪石中含量较少，而在岩浆结晶形成的角闪石中含量较高，这可能是因为角闪石相对辉石而言是后期结晶矿物。但是这种不同成因角闪石微量元素的区别是在火山岩中识别出来，由于深成岩浆在地壳内部经常长期滞留，其微量元素体系更加复杂多变，那么在深成岩中不同成因的角闪石微量元素是否有差别还有待研究。

从上述的反应式中可得，辉石向角闪石转变是需要含水熔体，那含水熔体的来源是如何的？一般在岩浆体系中具有两种含水熔体来源：一类为镁铁质岩浆演化后期自身会逐渐富水，存在富水的熔体；另外一类为外来的含水熔体，如发生岩浆混合的花岗质熔体。如果是镁铁质岩浆演化后期的富水熔体和早期的结晶固体相发生反应，其斜长石组分应该为渐变的，即在镁铁质岩浆体系自身演化过程中进行的，其斜长石应是持续生长的；但是这与昔马-铜壁关变质辉长岩和细粒石英闪长岩中的斜长石成分变化明显不同，变质辉长岩和细粒石英闪长岩中的斜长石组分从核部（An 分别为 88%～90%和 77%～81%）到边部（An 分别为 47%～50%和 50%～60%）是突变的，说明斜长石结晶过程中有更偏酸性的组分加入，这也说明了变质辉长岩和细粒石英闪长岩为镁铁质岩浆结晶演化不同阶段的产物和花岗质岩浆不同程度混合的结果。暗色微粒包体代表着演化的镁铁质岩浆和花岗质岩浆混合的产物，两类包体中的暗色矿物也是以角闪石和黑云母为主，这说明在岩浆混合过程中也发生了上述的辉石被角闪石所替代的反应，这同样也被岩相学所证实，包体中的角闪石也是含有石英和富钠斜长石晶体包裹体（图 4.7）。

图 4.24　变质辉长岩和Ⅰ型 MMEs 的显微镜下照片

以上提到变质辉长岩和细粒石英闪长岩中的角闪石其 Mg#值也是不同的，变质辉长岩中角闪石的 Mg#值为 74～76，TiO_2 为 0.08%～0.31%，而细粒石英闪长岩角闪石的 Mg#值为 59～64，TiO_2 含量为 1.09%～1.84%，角闪石 Mg#的降低和 TiO_2 的增高也说明镁铁质岩浆的结晶演化。寄主花岗岩类中的暗色微粒包体中的暗色矿物也是以角闪石和黑云母为主，其中Ⅰ型 MMEs 中以黑云母为主，Ⅱ型 MMEs 中以角闪石为主，并且Ⅱ型 MMEs 的角闪石 Mg#值为 63～73，TiO_2 含量为 0.85%～1.52%，与细粒石英闪长岩中的角闪石 Mg#相同，但明显高于Ⅰ型 MMEs 中的角闪石 Mg#值（52～62），两类暗色微粒包体的角闪石 TiO_2 含量与细粒石英闪长岩中的角闪石 TiO_2 含量相似。这样的矿物成分变化说明不同岩性中角闪石形成时的物理化学条件是有差异的，符合岩浆结晶演化的规律。

镁铁质岩浆进入花岗质岩浆体系中会发生快速冷却，形成暗色微粒包体，发生岩浆混合，这个是形成昔马-铜壁关花岗岩类地球化学和同位素特征的主要过程。昔马-铜壁关的 SiO_2 含量变化范围较宽，为 54.08%～70.09%，表现出明显的不均一性，但 Sr-Nd 同位素表现出明显的均一性，初始 $^{87}Sr/^{86}Sr(t)$值为 0.708502～0.709175，$\varepsilon_{Nd}(t)$值为–6.5～–5.2，花岗岩类在岩浆混合形成时主量元素和同位素组分之间表现出了明显相反的特征。此外，两类包体相比，Ⅱ型 MMEs 暗色矿物以角闪石为主，石英和碱性长石含量较少，SiO_2 含量为 48.90%～52.65%，而Ⅰ型 MMEs 暗色矿物以黑云母为主，石英和碱性长石含量较多，SiO_2 含量为 51.49%～54.50%；Ⅰ型 MMEs 的初始 $^{87}Sr/^{86}Sr(t)$值为 0.709082，$\varepsilon_{Nd}(t)$为–5.7；Ⅱ型 MMEs 的初始 $^{87}Sr/^{86}Sr(t)$值为 0.708655～0.709660，$\varepsilon_{Nd}(t)$值为–6.3～–5.9，两种暗色微粒包体的矿物组成和主量元素是不同的，但 Sr-Nd 同位素组分是相似的，且与寄主花岗岩类的同位素组分一致（图 4.14）。昔马-铜壁关寄主花岗岩类和暗色微粒包体微量元素虽然配分模式相似，但是其含量仍有差别，说明混合时达到不完全的平衡（图 4.12）。这些花岗岩类之间、花岗岩类和暗色微粒包体之间及不同类型的暗色微粒包体之间的地球化学的差异说明在岩浆混合和侵位过程中形成了主量元素混合不完全，而微量元素和同位素体系达到部分到完全平衡。这主要是由于主量元素在硅酸盐体系中是以硅酸盐矿物的网状格子组分（network-forming components）存在，不易被活化，微量元素和相关的同位素组分是非格子组分（non-network components），容易被活化，而微量元素和相关同位素体系相比，同位素体系更容易达到均一化，在岩浆混合后，同位素组分的扩散速率更高，会快速发生扩散，达到同位素体系的平衡（Lesher, 2010）。在此过程中，化学扩散和热扩散均起一定的作用，但是在岩浆体系中热扩散的速率是化学扩散速率的 10^3～10^5 倍，因此在岩浆混合初期阶段，温度较高的条件下，热扩散更容易使这些花岗岩类和包体达到化学平衡，当包体和寄主花岗岩类共同开始发生减压侵位及冷却结晶时，由于化学梯度不同，会在两种不同的硅酸盐体系中发生化学扩散（Waight *et al.*, 2001）。但是在花岗岩类侵位上升时，还会有一些其他的混合过程来影响花岗质岩浆的组分，如实验岩石学的结果表明在自然界中的花岗岩类（花岗闪长岩-英云闪长岩）相比熔融实验所获得的熔体，CaO、MgO 和 FeO 含量更高（Clemens and Stevens, 2012），因此在花岗岩类形成过程中 CaO、MgO 和 FeO 这些镁铁组分会加入花岗质最小熔体组分中（Patiño Douce, 1999），最终形成这些“偏基性”的花岗岩类（Clemens *et al.*, 2011; Castro, 2013）。事实上，对于这些加入花岗质熔体中的镁铁组分的来源现阶段还是存在争议的，Clemens 等（2011）认为这些镁铁质组分是携带的难熔矿物（如辉石、石榴子石等）发生包晶矿物的转融，使花岗质熔体中的 Fe+Mg+Ca 含量增高，但 Castro（2013）认为如果仅靠这些包晶矿物的转融使熔体组分与自然界的花岗岩类中 Fe+Mg+Ca 含量相匹配，需要在 1000℃条件下大约 20%的辉石加入熔体中（Castro *et al.*, 1999）。因此岩石中 Fe+Mg+Ca 组分可能有来源于包晶矿物转融的结果，但是也有可能是在岩浆体系中共析的结果，并且受控于岩浆结晶演化过程中的温度变化，如在岩浆侵位时的冷却和结晶过程（Castro, 2014）。除此之外，实验研究表明岩浆混合阶段或者减压上升侵位过程中，暗色微粒包体和寄主花岗岩类之间会发生反应，使暗色微粒包体分解，镁铁质组分进入寄主花岗岩类中，使其 Ca+Fe+Mg 含量升高，而包体为寄主花岗岩类提供的化学组分主要是由包体中分解相的组分控制（García-Moreno *et al.*, 2006; Miles *et al.*, 2013）。昔马-铜壁关花岗岩类中不同类型的暗色微粒包体及相关的析离体的岩相学及结构特征表明，暗色微粒包体在寄主花岗岩中发生了多阶段不同程度的反应，造成部分到完全裂解（图 4.6），这种包体和寄主花岗岩类不同程度的反应也可以被暗色微粒包体和与之相对应寄主岩石对的主微量元素所证实。两类暗色微粒包体相比，Ⅰ型 MMEs 的 SiO_2、Al_2O_3 和 K_2O 含量要高于Ⅱ型 MMEs，但 TFe_2O_3、CaO 和 MgO 的含量相对要低于Ⅱ型 MMEs，这说明Ⅰ型 MMEs 和花岗质熔体反应的程度要高于Ⅱ型 MMEs 和花岗质熔体的反应，同时也说明 Fe+Mg+Ca 这些镁铁组分在包体和长英质熔体反应时进入花岗质岩浆中，使熔体中的镁铁组分含量升高。两类暗色微粒包体和相应的寄主花岗岩之间的微量元素和稀土元素配分图（图 4.25）表明，Ⅰ型 MMEs 和寄主岩石之间比Ⅱ型 MMEs 和相应的寄主岩石之间的 LILE 和 LREE 更相近，也说明不同暗色微粒包体和相应寄主岩石之间不同程度的化学平衡，并且Ⅱ型 MMEs 中的 P_2O_5、TiO_2 及 REE 含量要比Ⅰ型 MMEs 中的含量低（图 4.25），也可能是由于Ⅱ型 MMEs 和寄主岩石在反应时磷灰石和榍石等矿物的机械交换要比Ⅰ型 MMEs 和寄主岩石的机械交换更弱，这也同样被Ⅰ型 MMEs 中含有更多的斜长石大晶所证实。Ⅰ型 MMEs 相比Ⅱ型 MMEs 和寄主花岗质熔体之间的反应更多也体现于不同暗色微粒包体的岩相学和矿物组合，Ⅱ型 MMEs 无富黑云母的边部，其暗色矿物以角闪石为主，而Ⅰ型 MMEs 具有明显的富黑云母的边部，并且暗色矿物以黑云母为主，同时部分微粒包体可见脱落的富黑云母边，脱落的黑云母边进入寄主岩石中，形成富黑云母的集合体或者析离体。前人对于暗色微粒包体出现成分环带的成因有不同的观点：①镁铁质岩浆进入花岗质岩浆中快速冷凝（Wiebe *et al*., 1997; Ratajeski *et al*., 2001）；②镁铁质包体的原位结晶及元素扩散（Eberz and Nicholls, 1990）；③气体压滤（gas-filter pressing）（Bacon, 1986; Sisson and Bacon, 1999），在此过程中，正在结晶的包体会发生驱气，这些气体会驱动残余熔体向外迁移，在边部形成岩浆后期结晶的产物。这几种成因模式只能解释具有成分环带的暗色微粒包体单阶段的成因。事实上，暗色微粒包体在寄主花岗岩类中是有不同的岩相学特征，表明多阶段长期的演化，说明包体的成分及岩相学特征是包体与寄主花岗质熔体之间多阶段反应的结果，并且边部富集黑云母的过程使其流变学性质变弱，容易被拉伸，进一步从包体边缘脱落形成富集黑云母的析离体，而脱落富集黑云母边部的包体再继续与寄主花岗质熔体发生反应形成新的富黑云母边，这样的过程在花岗质岩浆冷凝之前可持续并且重复进行（Farner *et al*., 2014），进一步促使岩浆混合过程。岩相学及矿物学的观察结果表明形成富集黑云母边部的过程主要为暗色微粒包体中的角闪石向黑云母转变的过程（图 4.24），此过程主要遵循以下的反应（Farner *et al*., 2014）：

角闪石+富钾长英质组分══黑云母+富镁钙组分

$$Ca_2Mg_5Si_8O_{22}(OH)_2+0.5K_2O+0.5Al_2O_3 = KMg_3AlSi_3O_{10}(OH)_2+2CaO+2MgO+5SiO_2$$

根据上述反应式，促进该反应的是花岗质熔体中的 K_2O 含量。昔马-铜壁关岩体中与包体相对应的寄主岩石的 K_2O 含量均高于包体中的含量，Ⅱ型包体中 K_2O=1.53%～2.72%（除 NB87，K_2O 为 4.89%），相应的寄主岩石 NB83 的 K_2O 含量为 4.25%，Ⅰ型包体中的 K_2O=2.82%～3.48%，相应的寄主岩石 NB50 的 K_2O 含量为 3.72%，这说明Ⅰ型包体的富集黑云母边是包体与相应的寄主花岗质岩浆之间反应形成的，而寄主花岗质岩浆富 K 也能促使该反应发生。根据上述反应式也可观察到，当角闪石向黑云母发生转变发应时，包体中的 CaO 和 MgO 也会进入熔体相，因此包体和熔体的反应会使花岗质熔体中的 CaO 和 MgO 升高，同时包体的形成富集黑云母的析离体进入寄主花岗质熔体中也会使花岗岩类的 Fe+Mg+Ca 含量升高。这也可以很好地证实自然界中偏基性的花岗岩类要比实验岩石学所得花岗质熔体中 Fe+Mg+Ca 含量要高的现象。

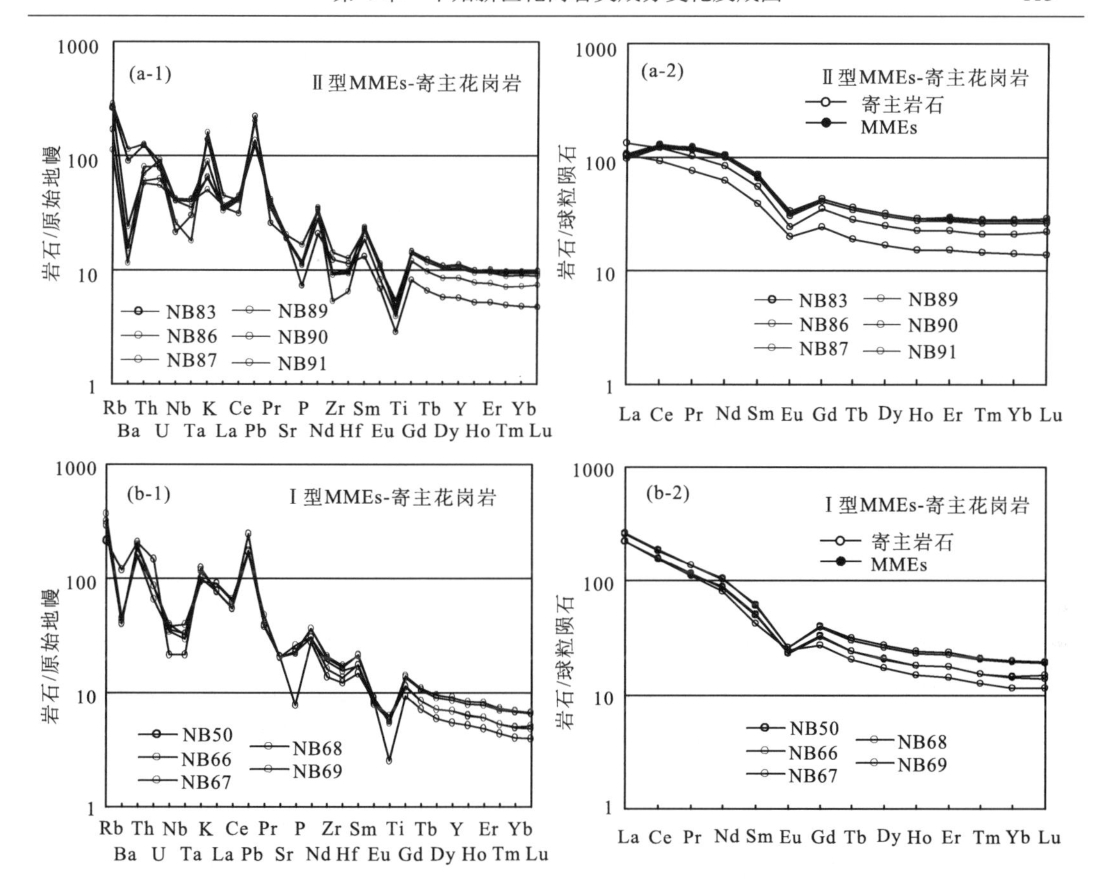

图4.25　昔马-铜壁关地区寄主花岗岩类和相应的暗色微粒包体对原始地幔标准化微量元素蛛网图和球粒陨石标准化稀土元素配分图解

标准化值据 Sun 和 McDonough（1989）

在镁铁质岩浆和花岗质岩浆混合时，会出现两种不同组分的机械交换，矿物的转变及暗色微粒包体与寄主熔体之间的反应，这些过程会使两个流变学性质、温度、组分不同的硅酸盐体系达到部分-完全平衡（García-Moreno *et al.*, 2006），而在此过程中热扩散和化学扩散也会起重要的作用。

4.3　昔马-铜壁关花岗岩类混合成因的意义

腾冲地块为新特提斯洋东向俯冲的活动大陆边缘岛弧地区，以古元古界高黎贡山群为基底，同时上覆新元古界、泥盆系、二叠系、三叠系的沉积地层，发育大量的早古生代及中生代岩浆作用，这些岩浆作用具有明显壳源成因特征（杨启军等，2006; 丛峰等，2009; 李再会等，2010，2012; 林仕良等，2012; Xu *et al.*, 2012; 陈永清等，2013; Zhu *et al.*, 2015），说明腾冲地块是具有成熟地壳物质的活动大陆边缘弧。前人在对岛弧地区火成岩成分穿弧性的研究集中于讨论岛弧地区基性岩的组分变化，并且一些对岛弧岩浆成分穿弧性的认识是基于对洋内弧或者具有新生、薄陆壳的岩浆弧地区的研究（Hickey-Vargas *et al*., 1989; Leeman *et al*., 1990; Coira and Kay, 1993; Stolper and Newman, 1994; Ryan *et al*., 1995; Walker *et al*., 1995; Patino *et al*., 1997; Trumbull *et al*., 1999; Churikova *et al*., 2001; Caffe *et al*., 2002; Feeley, 2003; Schnurr *et al*., 2007; Kay *et al*., 2010）。研究结果表明，在岛弧地区的镁铁质岩浆的成分变化与地幔楔熔融程度、地幔楔和俯冲板片起源的熔体/流体的相互作用及俯冲沉积物的再循环有关（Elburg *et al*., 2002），或者在岩浆侵位至岛弧地壳中，会和岛弧地壳的上覆沉积物或古老地壳物质发生不同程度混染，形成组分变化的特征（Mamani *et al*., 2010）。镁铁质岩浆在地壳中的混染或者结晶分异可以形成相应的偏中酸性岩浆，而这些岩浆也可能同样具有相似的成分变化。但是关于起源于具有厚地壳的活动大陆边缘岛弧地区中酸性岩浆成分变化的关注较少，而腾冲地块符合具有厚古老地壳物质的活动大陆边缘岛弧，并且发育大量与新特提斯洋俯冲闭合相关的早始新世岩浆活动，因此腾冲地块可作为研究活动大陆边缘岛弧地区中酸性岩浆成分变化的理想地区。

腾冲地块早始新世岩浆作用主要以镁铁质岩浆和花岗质岩浆共生为特征，基性岩和花岗岩类（SiO_2=60%～70%）的成分由西向东富集组分（如K_2O、LILE、REE、Sr-Nd-Hf同位素）逐渐增加，并且变化同步（图 4.1、图 4.2）（Wang *et al*., 2014a），但是花岗岩类的 Pb 同位素比值具有由西向东有逐渐减小的趋势（图 4.3），与其他富集组分由西向东逐渐增加明显矛盾。通过对昔马-铜壁关花岗岩类，以及暗色微粒包体、变质基性岩和细粒石英闪长岩的年代学、地球化学、Sr-Nd-Hf 同位素组分及单矿物化学的研究，昔马-铜壁关花岗岩类是由起源于地幔的镁铁质岩浆和起源于古老陆壳物质的花岗质岩浆混合形成。结合本书对腾冲地块邦湾地区花岗闪长岩岩浆混合成因的讨论，认为腾冲地块早始新世花岗岩类的成分变化是起源于岩石圈地幔楔不同的镁铁质岩浆与陆壳起源的花岗质岩浆混合的结果，进一步，可理解岩浆混合作用在活动大陆边缘岛弧地区中酸性岩浆成分变化中起主要作用。

4.4　小　　结

（1）昔马-铜壁关花岗岩类、暗色微粒包体、变质辉长岩和细粒石英闪长岩的年代学研究表明，这些镁铁质岩浆作用和花岗质岩浆作用是同期的，形成时代为早始新世，结晶年龄为 55～50Ma。

（2）暗色微粒包体在昔马-铜壁关花岗岩类中以多种形态出现，不发育富集黑云母边的Ⅱ型 MMEs，具有明显富黑云母边的Ⅰ型 MMEs 及相关的富黑云母的集合体或析离体，表明包体和寄主岩石多阶段的反应和演化。通过对暗色微粒包体矿物化学的研究，并结合其细粒结构和斜长石大晶及针状磷灰石等岩相学特征，认为暗色微粒包体是镁铁质岩浆进入花岗质岩浆快速冷凝的结果。综合昔马-铜壁关地区的变质辉长岩、细粒石英闪长岩，以及暗色微粒包体的矿物化学、地球化学结果，这些岩石是不同演化阶段的镁铁质岩浆与花岗质岩浆不同程度混合形成，其中变质辉长岩代表结晶的镁铁质岩石与花岗质岩浆少量混合的结果，细粒石英闪长岩是含晶体的镁铁质岩浆与花岗质岩浆混合的产物，暗色微粒包体为演化的镁铁质岩浆与花岗质岩浆混合的产物。变质辉长岩的锆石 $\varepsilon_{Hf}(t)$ 值为 1.8～10.9，表明镁铁质岩浆起源于亏损的地幔楔物质，但其 $\varepsilon_{Nd}(t)$值为–3.4，Nd-Hf 同位素发生解耦，可能是岩浆混合和反应所造成。细粒石英闪长岩与暗色微粒包体的锆石 Hf 同位素组分变化较大，表明岩浆混合的程度较高。

（3）昔马-铜壁关花岗岩类成分变化较大，但与暗色微粒包体的 Sr-Nd 同位素组分一致，表现富集的特征，锆石 Hf 同位素组分变化较广，$\varepsilon_{Hf}(t)$值为–7.5～1.9。结合微量元素地球化学特征及花岗岩类矿物组分变化，尤其是斜长石的组分变化，本书认为昔马-铜壁关花岗岩类为镁铁质岩浆和花岗质岩浆混合的产物，花岗质岩浆是古老地壳物质部分熔融形成。但简单的二元混合模拟结果表明，昔马-铜壁关花岗岩类形成并非不同硅酸盐体系简单的混合，在演化过程中还有一些其他的混合过程。

（4）本章主要通过矿物学和岩相学的分析，结合地球化学组分反演花岗岩类形成时岩浆体系的混合作用。变质辉长岩、细粒石英闪长岩与暗色微粒包体组分相当于辉长岩-闪长岩，并且在岩浆混合过程中，发生了辉石向角闪石转变的反应，但不同岩石类型形成角闪石的成分是有所差异的，符合岩浆结晶演化规律。暗色微粒包体在花岗岩类中常以椭球状或者水滴状的形态出现，这是镁铁质岩浆侵入花岗质岩浆后结晶驱气，在浮力作用下，挥发分携带椭球状或者水滴状镁铁质岩浆进入寄主岩浆中形成的，并且斜长石大晶是镁铁质岩浆与花岗质岩浆机械混合的结果。在暗色微粒包体进入花岗质岩浆后，包体中的角闪石与富钾花岗质熔体之间会发生反应，形成黑云母，该反应使包体中 Ca+Fe+Mg 组分会进入花岗质熔体中，形成的花岗岩类相应组分含量会增高，同时该反应也会降低包体的流变学性质，使包体发生分解，或者在包体周围形成富集黑云母的边部，这些边部脱落进入寄主花岗质熔体中，形成富黑云母的析离体，这一系列的反应在花岗质岩浆演化过程中可重复进行，使岩浆混合最终达到部分—完全平衡。

（5）腾冲地块是新特提斯洋东向俯冲的活动大陆边缘岛弧，早始新世（55～50Ma）岩浆作用在腾冲地块非常普遍，由西向东，基性岩呈现出富集组分逐渐增加的特征（Wang *et al.*, 2014a）。通过本书的研究对比，SiO_2 含量在 60%～70%的花岗岩类同样具有相似的特征，由西向东富集组分逐渐增加，Sr 同位素比值逐渐升高、Nd 和 Hf 同位素比值逐渐减小，但这与 Pb 同位素比值逐渐减小的趋势相矛盾。综合昔马-铜壁关和邦湾地区壳源花岗岩类岩石成因的研究，本书认为在具有厚地壳物质的活动大陆边缘岛弧地区，中酸性火成岩的成分变化是起源于地幔楔的不同镁铁质岩浆和起源于陆壳的花岗质岩浆混合所造成的，并且花岗岩类的成分变化受控于混合时相应镁铁质岩浆的化学成分变化。

第5章 腾冲地块晚白垩世—早始新世花岗岩类时空分布特征及其大陆动力学意义

5.1 晚白垩世—早始新世花岗岩类时空分布特征及与邻区的对比

晚白垩世—早始新世花岗岩类广泛分布于新特提斯洋有关的活动大陆边缘岛弧地区，是南拉萨地块、东喜马拉雅构造结及腾冲地块岩浆活动最强烈的时期（Chung *et al*., 2005; Mo *et al*., 2007; Mitchell *et al*., 2007, 2012; Wen *et al*., 2008a, 2008b; Xu *et al*., 2008; Ji *et al*., 2009, 2012, 2014; Gao *et al*., 2010; Chu *et al*., 2011; Guo *et al*., 2011, 2012; Zhu *et al*., 2011; Jiang *et al*., 2014; Ma *et al*., 2014; Pan *et al*., 2014, 2016; Shellnutt *et al*., 2014; Wang *et al*., 2014a, 2015a; Chen *et al*., 2015a; Qi *et al*., 2015; Cao *et al*., 2016）。这些晚白垩世—早始新世岩浆作用与新特提斯洋北向和东向的俯冲及印度-欧亚大陆的初始碰撞密切相关。花岗岩类年代学的研究结果表明拉萨地块、东喜马拉雅构造结、腾冲地块和西缅地块至少自早白垩世起，在构造上是相连的，并且经历了同时代的岩浆活动（Xu *et al*., 2015; Xie *et al*., 2016），因此，这些地块上的晚白垩世—早始新世岩浆活动有很好的类比性。关于拉萨地块和东喜马拉雅构造结的晚白垩世—早始新世岩浆活动研究成果丰富，并且根据这些岩浆岩的研究成果，多数学者认为晚白垩世—早始新世是构造体制从新特提斯洋逐渐关闭到印度-欧亚大陆初始碰撞转变的重要时期（莫宣学等，2003; Wen *et al*., 2008b; Chu *et al*., 2011）。从岩浆岩角度出发，莫宣学等（2003）根据林子宗火山岩底部典中组的 $^{40}Ar/^{39}Ar$ 年龄确定林子宗火山岩与下部的地层之间不整合时间约为 64.5Ma，结合古地磁等证据，他们认为印度-欧亚大陆初始碰撞发生在 65Ma 左右。但是 Chu 等（2011）通过测试冈底斯岩浆带中花岗岩类锆石 Hf 同位素判别出花岗岩中的 Hf 同位素在 55Ma 发生转变，在 55Ma 之前（侏罗纪—古新世），冈底斯花岗岩类的锆石 Hf 同位素表现为亏损特征，$\varepsilon_{Hf}(t)$值为 6～20，为新生地壳部分熔融形成的，而 55Ma 之后（早始新世），锆石 Hf 同位素表现出较大的变化范围，$\varepsilon_{Hf}(t)$值为–7～15，具有明显的岩浆混合特征，他们将锆石 Hf 同位素组分的这种转变认为是印度大陆沉积物俯冲至拉萨地块下部，引起锆石 Hf 同位素的变化，因此，认为印度-欧亚大陆的初始碰撞是在 55Ma 左右，但 Zhu 等（2011）认为这种同位素变化可能是受控于中拉萨地块的古老地壳基地（赵志丹等，2011）。此外，冈底斯岩浆带（包括拉萨地块和东喜马拉雅构造结）年代学研究结果表明晚白垩世—早始新世岩浆活动具有逐渐向南迁移的趋势，即岩浆岩的年龄由北向南逐渐变年轻（Chung *et al*., 2005; Wen *et al*., 2008b; Lee *et al*., 2009）。

腾冲地块晚白垩世—早古新世（76～64Ma）的岩浆岩主要分布在古永-小龙河-大松坡-户撒一带，岩性以相对高硅的花岗岩类为主，区域上未见中基性岩石，并且地球化学特征表明晚白垩世—早古新世花岗岩类主要为古老地壳物质部分熔融形成的，但在苏典地区存在少量新生地壳物质低程度的部分熔融形成的高硅花岗岩（Xu *et al.*, 2012; Xie *et al.*, 2016），部分花岗岩类表现出源区混合特征，如户撒花岗闪长岩（见第 3 章）。晚白垩世—早古新世花岗岩类多数具有明显的高初始 Sr 比值及富集 Nd 和变化范围较大的锆石 Hf 同位素组成特征，$^{87}Sr/^{86}Sr(t)$值为 0.706511～0.716496，$\varepsilon_{Nd}(t)$值为–16.5～–9.2，$\varepsilon_{Hf}(t)$值为–18.1～6.5（Chen *et al.*, 2015a; Qi *et al.*, 2015; Xie *et al.*, 2016），但少数晚白垩世—早古新世花岗岩类具有亏损的 Hf 同位素特征，如苏典地区的二长花岗岩（SiO_2 含量为 70.20%）$\varepsilon_{Hf}(t)$值为 0.5～3.1（Xie *et al.*, 2016）和 0～4.1（Xu *et al.*, 2012），表现出明显的新生地壳低程度部分熔融的结果，同时也表明腾冲地块西侧有新生地壳物质存在。因此，腾冲地块晚白垩世—早古新世岩浆岩以花岗岩类为主，且花岗岩类为古老地壳物质部分熔融加上少量的新生地壳物质低程度的部分熔融形成。

腾冲地块早始新世（5550Ma）岩浆作用活动剧烈，主要分布于那邦-铜壁关-癞痢山-邦湾一带，岩性变化较大，由花岗岩、花岗闪长岩、石英闪长岩和变质辉长岩组成，具有完整的酸性-中性-基性岩浆岩序列，本书重点讨论的是早始新世的中酸性岩，即花岗岩类。腾冲地块早始新世花岗岩类同位素变化范围较大，$^{87}Sr/^{86}Sr(t)$值为 0.7052～0.725863，$\varepsilon_{Nd}(t)$为–11.6～1.1，锆石 $\varepsilon_{Hf}(t)$为–12.3～11.1（Xu *et al.*, 2012; Ma *et al.*, 2014; Xie *et al.*, 2016），并且早始新世花岗岩类中保留了大量幔源物质的信息，包括具有亏损的 Nd 和 Hf 同位素特征，以及花岗岩类中普遍存在的大量暗色微粒包体。腾冲地块 SiO_2 含量在 60%～70%的花岗岩类具有由西向东富集组分逐渐增加的趋势，结合地球化学属性和矿物化学的特征，这些花岗岩类具有明显的岩浆混合特征，是起源于腾冲地块下地壳古老地壳物质的花岗质岩浆和起源于岩石圈地幔的镁铁质岩浆混合的结果（见第 3 章和第 4 章），同时花岗岩类源区中有少量新生地壳物质（Ma *et al.*, 2014）。腾冲地块存在大量早始新世变质基性岩，代表了岩石圈地幔部分熔融事件（Wang *et al.*, 2014a, 2015a），并且这些基性岩也同样存在由西向东富集组分逐渐增加的特征（Wang *et al.*, 2014a），与花岗岩类成分变化是同步的，这种成分极性是与冈底斯岩浆带基性-酸性侵入岩的由南向北富集组分逐渐增加的成分变化相类似（赵志丹等，2011），但引起基性岩的成分变化原因尚未查明。因此，腾冲地块早始新世岩浆岩是以长英质岩石和镁铁质岩石共存为特征，并且这些基性岩和花岗岩类（SiO_2 含量在 60%～70%）具有明显的成分极性，花岗岩类的源区物质主要有古老地壳物质、新生地壳物质及同期镁铁质岩浆。

腾冲地块晚白垩世—早始新世花岗岩类与冈底斯岩浆带同时代的花岗岩类相比，同位素组分的变化是不同的，尤其是锆石的 Hf 同位素组分。冈底斯岩浆带的晚白垩世—早古新世的花岗岩类锆石 Hf 同位素主要表现为亏损的特征，$\varepsilon_{Hf}(t)$值多具正值（Ji *et al.*, 2009, 2012, 2014; Chu *et al.*, 2011; Jiang *et al.*, 2014; Zheng *et al.*, 2015），只有中拉萨地块和东喜马拉雅构造结的少量晚白垩世—早古新世花岗岩类锆石 Hf 同位素表现为富集的特征（Guo *et al.*, 2011; Wang *et al.*, 2012; Pan *et al.*, 2014, 2016; Zheng *et al.*, 2015）；冈底斯岩浆带早始新世的花岗岩类的锆石 Hf 同位素变化范围较大，$\varepsilon_{Hf}(t)$值具有由负到正的变化特征（Chu *et al.*, 2011）。腾冲地块早白垩世—早古新世的花岗岩类锆石 Hf 同位素主要表现为富集的特征，少数花岗岩类锆石 Hf 同位素具有亏损的特征（Xu *et al.*, 2012; Chen *et al.*, 2015a; Qi *et al.*, 2015; Xie *et al.*, 2016），而早始新世花岗岩类的锆石 Hf 同位素变化范围较大，$\varepsilon_{Hf}(t)$值具有由负到正的变化特征，表明源区可能存在大量的幔源物质（Ma *et al.*, 2014）。因此，冈底斯岩浆带与腾冲地块的晚白垩世—早始新世花岗岩类地球化学特征变化是有一定区别的，冈底斯岩浆带花岗岩类从晚白垩世—早古新世到早始新世锆石 Hf 同位素出现明显转变，说明更多的富集组分（沉积物）加入源区（Chu *et al.*, 2011），而腾冲地块花岗岩类从晚白垩世—早古新世到早始新世锆石 Hf 同位素同样也出现变化，但早始新世花岗岩类的锆石 Hf 同位素中亏损特征明显增强，这种变化说明幔源物质更多加入花岗质岩浆源区中（图 5.1）。

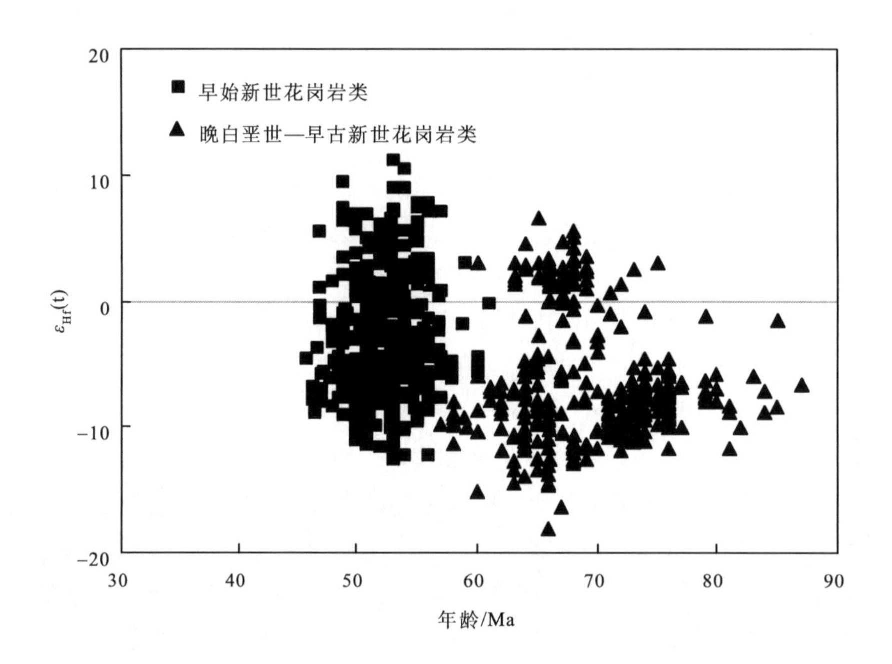

图 5.1　腾冲地块晚白垩世—早始新世花岗岩类 $\varepsilon_{Hf}(t)$-年龄图解

数据引自 Chen 等（2015），Qi 等（2015），Xie 等（2016），Xu 等（2012），Ma 等（2014）

综上所述，腾冲地块晚白垩世—早古新世的岩石类型以花岗岩类为主，区域上未见同期的基性岩，而早始新世的岩石类型由花岗岩-花岗闪长岩-闪长岩-变质辉长岩组成，以中酸性-基性岩共存为特征，同时腾冲地块岩浆岩年代学格架表明晚白垩世—早古新世的岩浆岩主要出露于盈江县城以东地区，而早始新世的岩浆岩主要集中在盈江县城以西地区（图 5.2）。因此腾冲地块晚白垩世—早始新世岩浆活动同样具有向西年龄逐渐减小的迁移趋势。

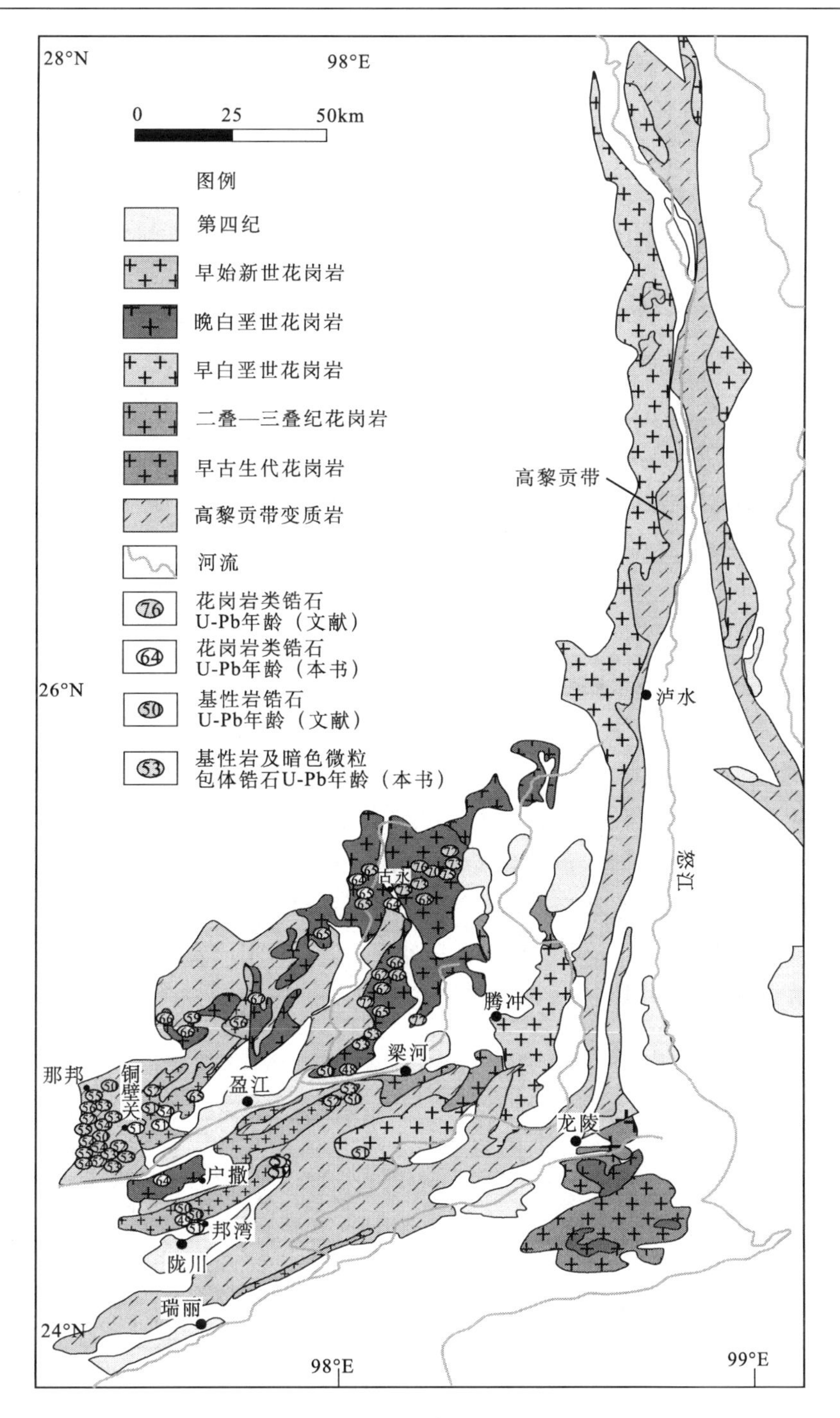

图 5.2 腾冲地块晚白垩世—早始新世岩浆岩分布图

数据引自杨启军等（2009），Xu 等（2012），江彪等（2012），马楠等（2013），Ma 等（2014），Wang 等（2014a, 2015a），Chen 等（2015a），Qi 等（2015）

5.2　晚白垩世—早始新世花岗岩类形成的深部动力学背景及地质意义

Wyllie（1984）根据俯冲洋壳和岩石圈地幔不同的热状态将俯冲带壳幔结构简单地划分为 4 种：冷幔-热壳结构、冷幔-冷壳结构、热幔-冷壳结构、热幔-热壳结构。俯冲带这 4 种壳幔结构所形成的岩石组合是有差别的，因此根据不同的岩石组合可以推测俯冲带岩浆弧地区岩浆源区的位置及壳幔热结构（邓晋福等，2015）。一般来说，大陆边缘俯冲带岩浆弧的岩浆源区有 3 个可能存在的地方：俯冲的大洋洋壳、俯冲带楔形地幔区、地幔上覆的大陆地壳。俯冲洋壳起源的岩浆具有明显特殊的地球化学特征，如 TTG、埃达克岩、高镁花岗岩类等；楔形地幔部分熔融形成镁铁质岩石，如基性岩、玻安岩等；大陆地壳部分熔融一般会形成高硅-高钾的花岗岩类。结合本节及相关的区域研究资料，腾冲地块未发现存在晚白垩世—早始新世指示俯冲洋壳部分熔融形成的花岗岩类，因此本书认为新特提斯洋为冷的大洋洋壳东向俯冲至腾冲地块之下。腾冲地块晚白垩世—早古新世的岩浆岩以壳源的高钾钙碱性花岗岩类为主，区域上缺少基性岩，说明俯冲地幔楔未发生部分熔融，即冷幔；而早始新世的岩浆岩由花岗岩-花岗闪长岩-石英闪长岩-变质辉长岩组成，具有壳源中酸性和幔源基性岩共存的特征，说明地幔楔和大陆地壳同时发生部分熔融，即热幔，因此腾冲地块作为新特提斯洋东向俯冲的大陆边缘岛弧地区，在晚白垩世—早古新世时以冷壳-冷幔结构为特征，而到早始新世时以冷壳-热幔结构为特征（图 5.3），壳幔热状态的转变时间约为 55Ma，即基性岩形成的最早年龄（Wang *et al.*, 2014a, 2015a）。从晚白垩世—早古新世到早始新世地幔楔由低温变为高温引发了部分熔融，由此引发的问题就是什么样的动力学机制导致地幔楔热状态发生变化？

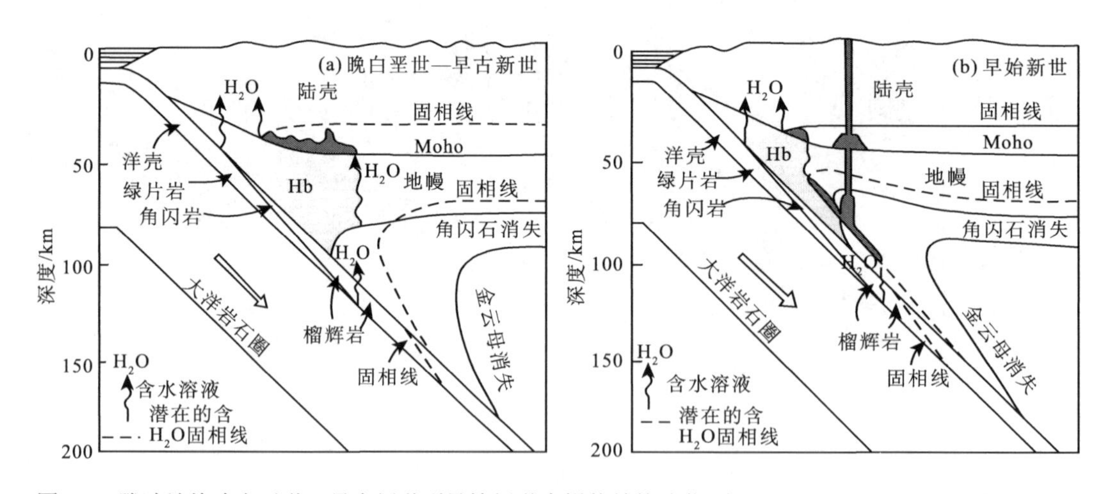

图 5.3　腾冲地块晚白垩世—早古新世到早始新世壳幔热结构演化（据 Wyllie，1984；邓晋福等，2015）

前言部分描述了关于新特提斯洋闭合，印度-欧亚大陆初始碰撞时间的现阶段研究成果。本书所采用的是印度-欧亚大陆北向初始碰撞时间为 59±1Ma（Wu *et al*., 2014; Hu *et al*., 2015），东向的初始碰撞时间为 57～52Ma（Xu *et al*., 2008）。印度-欧亚大陆东向初始碰撞时间与腾冲地块壳幔热状态的转变时间及腾冲地块早始新世岩浆作用爆发时间（55～50Ma）基本一致，因此，壳幔热状态的变化是印度-欧亚大陆初始碰撞造成的。陆陆碰撞后俯冲洋壳发生回转，导致洋壳与地幔楔之间出现空隙，高温的软流圈物质进入并加热上覆地幔楔，同时加快地幔楔的对流，使其热状态发生改变。此外，印度大陆向北漂移速率在 55Ma 发生了明显的减小，由 18～19.5cm/a 减少至 4.5cm/a（Klootwijk *et al*., 1992, 1994），也说明印度-欧亚大陆可能发生了碰撞。本书再次证明了印度-欧亚大陆东向初始碰撞时间为 55Ma 左右，略晚于北向初始碰撞时间。

通过本书及前人对腾冲地块晚白垩世—早始新世岩浆作用的研究结果，本书提出新的认识来解释晚白垩世—早始新世新特提斯洋东向俯冲和印度-欧亚大陆东向碰撞过程及相关花岗岩类的岩石成因（图 5.4）。

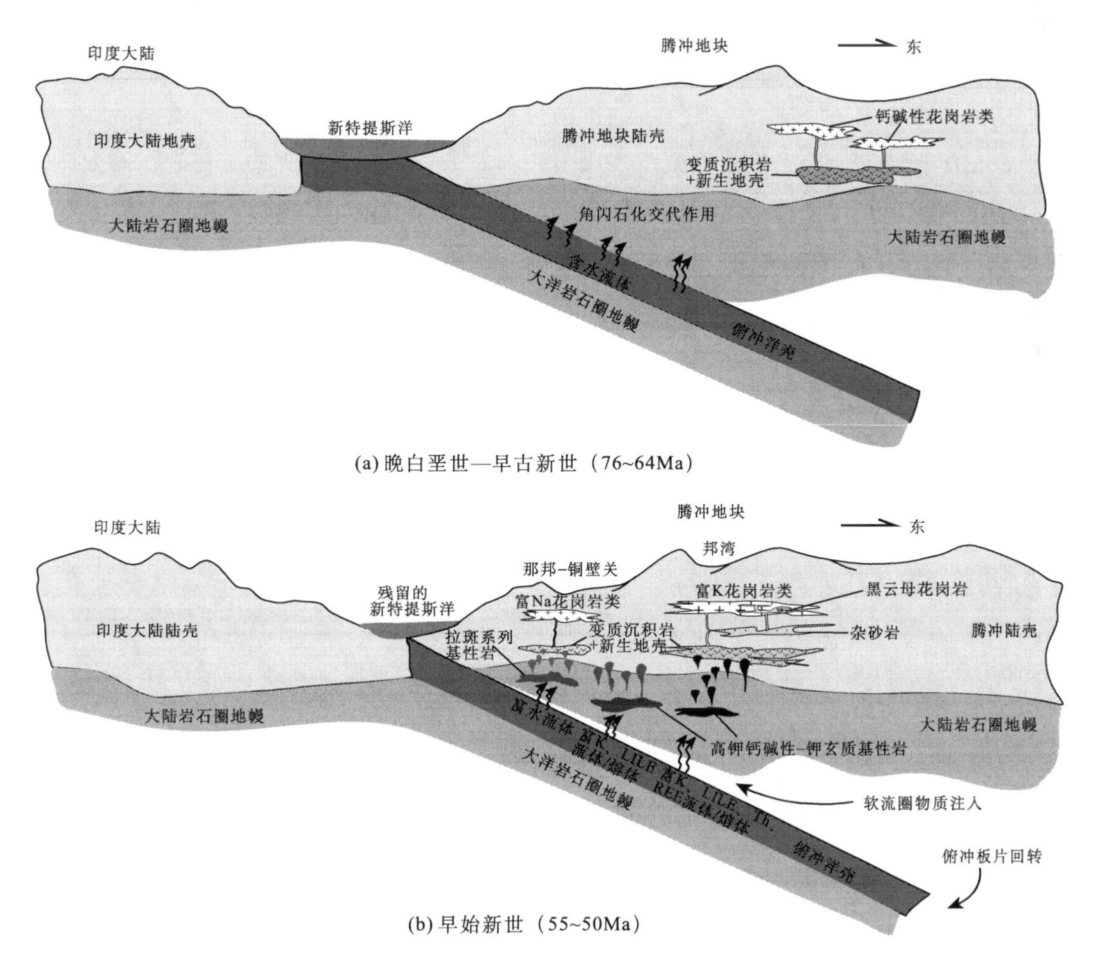

图 5.4　腾冲地块晚白垩世—早古新世到早始新世花岗岩类形成模式图

（1）晚白垩世—早古新世时，新特提斯洋洋壳俯冲至腾冲地块之下，在岛弧地区由于地幔楔和俯冲洋壳温度过低，未能达到部分熔融所需要的条件，形成相应的岩石，仅有俯冲板片起源的流体与地幔楔发生的角闪石化交代作用。在较薄的地壳厚度下，仅有陆壳的古老地壳物质和新生地壳物质发生部分熔融，形成高钾钙碱性的花岗岩类，以古永岩体和户撒岩体为代表。晚白垩世—早古新世的岩浆作用出露位置主要靠东侧，即盈江县城以东地区，推测可能为岛弧地区的弧后伸展部位[图 5.4（a）]。

（2）早始新世时，新特提斯洋闭合，印度-欧亚大陆发生初始碰撞，俯冲洋壳的温度仍然较低，未发生部分熔融。但是地幔楔物质由于俯冲板片的回转、软流圈物质的加入及加快的地幔楔对流，被俯冲板片起源流体交代的地幔楔发生部分熔融，形成镁铁质岩浆作用。这些镁铁质岩浆由西向东富集组分逐渐增加，存在明显的成分极性，也证实了新特提斯洋在腾冲地块的俯冲是向东俯冲。这些镁铁质岩浆侵位上升至腾冲地块地壳中，发生冷凝，形成基性岩。镁铁质岩浆底侵至地壳中，引起了地壳物质（地壳中的变质沉积岩与新生地壳物质）的部分熔融，形成花岗质岩浆，这些花岗质岩浆与镁铁质岩浆发生大规模的岩浆混合作用，使腾冲地块早始新世花岗岩类中存在大量的暗色微粒包体，并且具有花岗岩类与同期基性岩共存的特征。腾冲地块 SiO_2 含量在 60%～70%的钙碱性-高钾钙碱性花岗岩类由西向东富集组分逐渐增加，这种成分变化是与基性岩的成分变化同步，花岗岩类的成分极性是岩浆混合所引起，并非指示岛弧地壳物质有规律的变化。在腾冲地块上早始新世的岩浆岩出露位置靠西侧，主要在盈江县城及以西地区，相比晚白垩世—早古新世岩浆作用发生了向西的迁移，这种岩浆作用随时间的迁移也指示着俯冲板片的回转[图 5.4（b）]。

参 考 文 献

陈永清, 卢映祥, 赵红娟, 等. 2013. 滇西腾冲地块小场钼矿化花岗岩的锆石 SHRIMP U-Pb 定年、地球化学及其构造意义. 地学前缘, 20: 1-14.

丛峰, 林仕良, 李再会, 等. 2009. 滇西腾冲地块片麻状花岗岩的锆石 U-Pb 年龄. 地质学报, 83: 651-658.

丛峰, 林仕良, 唐红峰, 等. 2010. 滇西梁河三叠纪花岗岩的锆石微量元素、U-Pb 和 Hf 同位素组成. 地质学报, 84: 1155-1164.

邓晋福, 冯艳芳, 狄永军, 等. 2015. 岩浆弧火山岩构造组合与洋陆转换. 地质论评, 61: 473-484.

董美玲, 董国臣, 莫宣学, 等. 2012. 滇西宝山地块早古生代花岗岩类的年代学、地球化学及意义. 岩石学报, 28: 1453-1464.

高一鸣, 陈毓川, 王成辉, 等. 2011. 亚贵拉-沙让-洞中拉矿集区中新生代岩浆岩 Hf 同位素特征与岩浆源区示踪. 矿床地质, 30(2): 297-313.

黄勇, 邓贵标, 彭成龙, 等. 2009. 滇西保山南部早中奥陶世沉积缺失的发现及意义. 贵州地质, 26: 1-6.

黄勇, 郝家栩, 白龙, 等. 2012. 滇西施甸地区晚泛非运动的地层学和岩石学响应. 地质通报, 31: 306-313.

黄玉, 赵志丹, 张凤琴, 等. 2010. 西藏冈底斯仁布-拉萨一带花岗岩基的地球化学及其意义. 岩石学报, 26: 3131-3142.

黄志英, 戚学祥, 唐贯宗, 等. 2013. 腾冲地块内早印支期构造事件的厘定: 来自那邦闪长岩锆石 U-Pb 定年和 Lu-Hf 同位素证据. 中国地质, 40: 730-741.

纪伟强, 吴福元, 锺孙霖, 等. 2009. 西藏南部冈底斯岩基花岗岩时代与岩石成因. 中国科学, 39: 849-871.

季建清, 钟大赉, 陈昌勇. 2000. 滇西南那邦变质基性岩地球化学与俯冲板片裂离. 岩石学报, 16(3): 433-442.

江彪, 龚庆杰, 张静, 等. 2012. 滇西腾冲大松坡锡矿区晚白垩世铝质 A 型花岗岩的发现及其地质意义. 岩石学报, 28: 1477-92.

李化启, 许志琴, 蔡志慧, 等. 2011. 滇西三江构造带西部腾冲地块内印支期岩浆热事件的发现及其地质意义. 岩石学报, 27: 2165-2172.

李再会, 林仕良, 丛峰, 等. 2010. 滇西腾-梁地块印支造山事件——花岗岩的锆石 U-Pb 年代学和岩石学证据. 岩石矿物学杂志, 29: 298-312.

李再会, 林仕良, 丛锋, 等. 2012. 滇西高黎贡山群变质岩的锆石年龄及其构造意义. 岩石学报, 28: 183-195.

林仕良, 丛峰, 高永娟, 等. 2012. 滇西腾冲地块东南缘高黎贡山群片麻岩 LA-ICP-MS 锆石 U-Pb 年龄及其地质意义. 地质通报, 31: 258-263.

刘烨, 柳小明, 胡兆初, 等. 2007. ICP-MS 测定地质样品中 37 个元素的准确度和长期稳定性分析. 岩石学报, 23: 1203-1210.

马楠, 邓军, 王庆飞, 等. 2013. 云南腾冲大松坡锡矿成矿年代学研究: 锆石 LA-ICP-MS U-Pb 年龄和锡石 LA-ICP-MS U-Pb 年龄证据. 岩石学报, 29: 1223-1235.

莫宣学, 赵志丹, 邓晋福, 等. 2003. 印度-欧亚大陆碰撞过程的火山作用响应. 地学前缘, 10: 135-148.

潘桂棠, 莫宣学, 侯增谦, 等. 2006. 冈底斯造山带的时空结构及演化. 岩石学报, 22: 521-533.

戚学祥, 朱路华, 胡兆初, 等. 2011. 青藏高原东南缘腾冲早白垩世岩浆岩锆石 SHRIMP U-Pb 定年和 Lu-Hf 同位素组成及其构造意义. 岩石学报, 11: 3409-3421.

施琳, 唐良栋, 赵珉, 等. 1991. 腾冲-梁河地区原生锡矿床类型及成矿机理. 云南地质, 10: 290-322.

宋述光, 季建清, 魏春景, 等. 2007. 滇西北怒江早古生代片麻状花岗岩的确定及其构造意义. 科学通报, 8: 927-930.

吴元保, 郑永飞. 2001. 锆石成因矿物学研究及其对U-Pb年龄解释的制约. 科学通报, 49(16): 1589-1604.

杨启军, 徐义刚. 2011. 滇西怒江-高黎贡构造带内花岗岩的侵位过程及其对特提斯演化过程中的响应. 吉林大学学报, 41:1353-1361.

杨启军, 徐义刚, 黄小龙, 等. 2006. 高黎贡构造带花岗岩的年代学和地球化学及其构造意义. 岩石学报, 22: 817-834.

杨启军, 徐义刚, 黄小龙, 等. 2009. 滇西腾冲-梁河地区花岗岩的年代学、地球化学及其构造意义. 岩石学报, 25:1092-1104.

翟明国, 从柏林, 乔广生, 等. 1990. 中国滇西南造山带变质岩的 Sm-Nd 和 Rb-Sr 同位素年代学. 岩石学报, 6: 1-11.

赵志丹, 朱弟成, 董国臣, 等. 2011. 西藏当雄南部约 54Ma 辉长岩-花岗岩杂岩的岩石成因及意义. 岩石学报, 27: 3513-3524.

钟大赉. 1998. 滇川西部古特提斯造山带. 北京: 科学出版社.

邹光富, 林仕良, 李再会, 等. 2011. 滇西梁河龙塘花岗岩体LA-ICP-MS锆石U-Pb年代学及其构造意义. 大地构造与成矿学, 35: 439-451.

Aitchison J C, Ali J R, Davis A M. 2007. When and where did India and Asia collide? Journal of Geophysical Research: Solid Earth, 112 (B5): 51-70.

Annen C, Blundy J D, Sparks R S J. 2006. The genesis of Intermediate and silicic magmas in deep crustal hot zones. Journal of Petrology, 47: 505-539.

Avanzinelli R, Lustrino M, Mattei M, *et al.* 2009. Potassic and ultrapotassic magmatism in the circum-Tyrrhenian region: Significance of carbonated pelitic vs. pelitic sediment recycling at destructive plate margins. Lithos, 113: 213-227.

Ayers J C, Dittmer S K, Layne G D. 1997. Partitioning of elements between peridotite and H_2O at 2.0–3.0 GPa and 900–1000°C, and application to models of subduction processes. Earth and Planetary Science Letters, 150: 381-398.

Bacon C R. 1986. Magmatic inclusions in silicic and intermediate volcanic rocks. Journal of Geophysical Research: Solid Earth, 91: 6091-6112.

Barbarin B. 1986. Comparison of mineralogy of mafic magmatic enclaves and host granitoids, central Sierra Nevada, California. Abstract of the Geological Society of America Annual Meeting, 18: 83.

Barbarin B. 2005. Mafic magmatic enclaves and mafic rocks associated with some granitoids of the central Sierra Nevada batholith, California: nature, origin, and relations with the hosts. Lithos, 80: 155-177.

Barker M B, Hirschmann M M, Ghiorso M S, *et al.* 1995. Compositions of near-solidus peridotite melts from experiments and thermodynamic calculations. Nature, 375: 308-311.

Baxter S, Feely M. 2002. Magma mixing and mingling textures in granitoids: examples from the Galway Granites, Connemara, Ireland. Mineralogy and Petrology, 76: 63-74.

Beard J S, Ragland P C, Rushmer T. 2004. Hydration crystallization reaction between anhydrous minerals and hydrous melt to yield amphibole and biotite in igneous rocks: description and implications. The Journal of Geology, 112: 617-621.

Beard J S, Ragland P C, Crawford M L. 2005. Reactive bulk assimilation: A model for crust mantle mixing in silicic magmas. Geology, 33: 681-684.

Bertrand G, Rangin C, Maluski H, *et al.* 2001. Diachronous cooling along the Mogok Metamorphic Belt (Shan Scarp, Myanmar): the trace of the northward migration of the Indian syntaxis. Journal of Asian Earth Science, 19: 649-659.

Best M G. 1975. Amphibole-bearing cumulate inclusions, Grand Canyon, Arizona and their bearing on silica-undersaturated hydrous magmas in the upper mantle. Journal of Petrology, 16: 212-236.

Bievre P D, Taylor P D P. 1993. Table of the isotopic compositions of the elements. International Journal of Mass Spectrometry and Ion Processes, 123(2): 149-166.

Blichert-Toft J, Albarede F. 1997. The Lu-Hf isotope geochemistry of chondrites and the evolution of the mantle-crust system. Earth and Planetary Science Letters, 148: 243-258.

Bolhar R, Weaver S D, Whitehouse M J, *et al.* 2008. Sources and evolution of arc magmas inferred from coupled O and Hf isotope systematics of plutonic zircons from the Cretaceous Separation Point Suite (New Zealand). Earth and Planetary Science Letters, 268: 312-324.

Bonin B. 2004. Do coeval mafic and felsic magmas in post-collisional to within-plate regimes necessarily imply two contrasting mantle and crustal, sources? A review. Lithos, 17: 1-24.

Bouilhol P, Jagoutz O, Hanchar J M. *et al.* 2013. Dating the India-Eurasia collision through arc magmatic records. Earth and Planetary Science Letters, 366: 163-175.

Brasse H, Lezaeta P, Rath V, *et al.* 2002. The Bolivian Altiplano conductivity anomaly. Journal of Geophysical Research: Solid Earth, 107: 4-14.

Brenan J M, Shaw H F, Ryerson F J, *et al.* 1995. Mineral-aqueous fluid partitioning of trace elements at 900°C and 2. 0 GPa: Constraints on the trace element chemistry of mantle and deep crustal fluids. Geochimica et Cosmochimica Acta, 59: 3331-3350.

Brown M. 2001. Crustal melting and granite magmatism: key issues. Physics and Chemistry of the Earth, 26: 201-212.

Brown M. 2013. Granite: from genesis to emplacement. Geological Society of America Bulletin, 125: 1079-1113.

Browne B L, Elchelberger J C, Patino L C, *et al.* 2006. Generation of porphyritic and equigranular mafic enclaves during magma recharge events at Unzen Volcano, Japan. Journal of Petrology, 47: 301-328.

Caffe P J, Trumbull R B, Coira B L, *et al.* 2002. Petrogenesis of Early Neogene magmatism in the northern Puna: implications for magma genesis and crustal processes in the Central Andean Plateau. Journal of Petrology, 43: 907-942.

Cai F L, Ding L, Leary R J, *et al.* 2012. Tectonostratigraphy and provenance of an accretionary complex within the Yarlung-Zangpo suture zone, southern Tibet: insights into subduction-accretion processes in the Neo-Tethys. Tectonphysics, 574-575: 181-192.

Campbell I H, Turner J S. 1986. The influence of viscosity on fountains in magma chambers. Journal of Petrology, 27: 1-30.

Cao H W, Zhang S T, Lin J Z, *et al.* 2014. Geology, geochemistry and geochronology of the Jiaojiguanliangzi Fe-polymetallic deposit, Tengchong County, Western Yunnan (China): Regional tectonic implications. Journal of Asian Earth Sciences, 81: 142-152.

Cao H W, Hao Zou, Zhang Y H, *et al.* 2016. Late Cretaceous magmatism and related metallogeny in the Tengchong area: evidence from geochronological, isotopic and geochemical data from the Xiaolonghe Sn deposit, western Yunnan, China. Ore Geology Reviews, 78: 196-212.

Carmichael I S E. 2002. The andesite aqueduct: perspectives on the evolution of intermediate magmatism in west-central (105-99°W) Mexico. Contributions to Mineralogy and Petrology, 143: 641-663.

Carmichael I S E. 2004. The activity of silica, water, and the equilibration of intermediate and silicic magmas. American Mineralogist, 89: 1438-1446.

Carter L B, Skora S, Blundy J D, *et al.* 2015. An experimental study of trace element fluxes from subducted oceanic crust. Journal of Petrology, 56: 1585-1606.

Cashman K V, Marsh B D. 1988. Crystal size distribution (CSD) in rocks and the kinetics and dynamics of crystallization: I. Theory. Contributions to Mineralogy and Petrology, 99: 277-291.

Castro A. 2013. Tonalite-granodiorite suites as cotectic systems: a review of experimental studies with applications to granitoid petrogenesis. Earth-Science Reviews, 124: 68-95.

Castro A. 2014. The off-crust origin of granite batholiths. Geoscience Frontiers, 5: 63-75.

Castro A, Moreno-Ventas I, de la Rosa J D. 1991. H-type (hybrid) granitoids: a proposed revision of the granite-type classification and nomenclature. Earth Science Reviews, 31: 237-253.

Castro A, Patiño Douce A E, Corretgé L G, *et al.* 1999. Origin of peraluminous granites and granodiorites, Iberian massif, Spain. An experimental text of granite petrogenesis. Contributions to Mineralogy and Petrology, 135: 255-276.

Castro A, Gerya T, García-Casco A, *et al.* 2010. Melting relations of MORB-sediment mélanges in underplated mantle wedge plumes. Implications for the origin of cordilleran-type batholiths. Journal of Petrology, 51: 1267-1295.

Chapman J B, Ducea M N, DeCelles P G, *et al.* 2015. Tracking changes in crustal thickness during orogenic evolution with Sr/Y: an example from the North American Cordillera. Geology, 43: 919-922.

Chappell B W, White A J R. 1974. Two contrasting granite types. Pacific geology, 8: 173-174.

Chappell B W, White A J R. 1992. I- and S-type granites in the Lachlan Fold Belt. Transactions of the Royal Society of Edinburgh Earth Sciences, 83: 1-26.

Chappell B W, White A J R, Wyborn D. 1987. The importance of residual source material (restite) in granite petrogenesis. Journal of Petrology, 28: 1111-1138.

Chappell B W, White A J R, Williams I S, *et al.* 2000. Lachlan Fold Belt granites revisited: high- and low-temperature granites and their implications. Australian Journal of Earth Sciences, 47: 123-138.

Chappell B W, White A J R. 2001. Two contrasting granites types: 25 years later. Australian Journal of Earth Sciences, 48: 489-499.

Chen F K, Li X H, Wang X L. *et al.* 2007. Zircon age and Nd-Hf isotopic composition of the Yunnan Tethyan belt, southwestern China. International Journal of Earth Science, 96: 1179-1194.

Chen J S, Huang B C, Sun L S. 2010. New constraints to the onset of the India-Asia collision: paleomagnetic reconnaissance on the Linzizong Group in the Lhasa Block, China. Tectonophysics, 489: 189-209.

Chen X C, Hu R Z, Bi X W, *et al.* 2015a. Petrogenesis of metaluminous A-type granitoids in the Tengchong-Lianghe tin belt of southwestern China: evidences from zircon U-Pb ages and Hf-O isotopes, and whole-rocks Sr-Nd isotopes. Lithos, 212-215: 93-110.

Chen J L, Xu J F, Yu H X. *et al.* 2015b. Late Cretaceous high-Mg# granitoids in southern Tibet: implications for the early crust thickening and tectonic evolution of the Tibetan Palteau? Lithos, 232: 12-22.

Chen Y D, Price R C, White A J R. 1989. Inclusions in thress S-type granites from southeastern Australia. Journal of Petrology, 30: 1181-1218.

Cheng Y B, Spandler C, Mao J W, *et al*. 2012. Granite, gabbro and mafic microgranular enclaves in the Gejiu area, Yunnan Province, China: a case of two-stage mixing of crust-and mantle-derived magmas. Contributions to Mineralogy and Petrology, 164: 659-676.

Chiaradia M. 2015. Crustal thickness control on Sr/Y signatures of recent arc magmas: an Earth scale perspective. Sicentific Reports, 5 (8015) :8115.

Chmielowski J, Zandt G, Habeland C. 1999. The Central Andean Altiplano-Puna magma body. Geophysical Research Letters, 26: 783-786.

Chu M F, Chung S L, Song B, *et al*. 2006. Zircon U-Pb and Hf isotope constraints on the Mesozoic tectonics and crustal evolution of southern Tibet. Geology, 34: 745-748.

Chu M F, Chung S L, O'Reilly, *et al*. 2011. India's hidden inputs to Tibetan orogeny revealed by Hf isotopes of Transhimalayan zircon and host rocks. Earth and Planetary Science Letter, 307: 479-486.

Chu N C, Taylor R N, Chavagnac V, *et al*. 2002. Hf isotopic ratio analysis using multi-collector inductively coupled plasma mass spectrometry: an evaluation of isobaric interference corrections. Journal of Analytical Atomic Spectrometry, 17(2): 1567-1574.

Chui H Y, Chung S L, Wu F Y, *et al*. 2009. Zircon U-Pb and Hf isotopic constraints from eastern Transhimalayan batholiths on the precollisional magmatic and tectonic evolution in southern Tibet. Tectonophysics, 477: 3-19.

Chung S L, Chu M F, Zhang Y Q. 2005. Tibet tectonic evolution inferred from spatial and temporal variations in post-collisional magmatism. Earth Science Review, 68: 173-196.

Churikova T, Dorendorf F, Wörner G. 2001. Sources and fluids in the mantle wedge below Kamchatka, evidence from across-arc geochemical variation. Journal of Petrology, 42: 1567-1593.

Clemens J D. 2003. S-type granitic magmas-petrogenetic issues, models and evidence. Earth-Science Reviews, 61: 1-18.

Clemens J D. 2014. Element concentrations in granitic magmas: ghosts of texture past? Journal of the Geological Society, London, 171: 13-19.

Clemens J D, Watkins J M. 2001. The fluid regime of high-temperature metamorphism during granitoid magma genesis. Contributions to Mineralogy and Petrology, 140: 600-606.

Clemens J D, Benn K. 2010. Anatomy, emplacement and evolution of a shallow-level, post-tectonic laccolith: the Mt. Disappointment pluton, SE Australia. Journal of the Geological Society, London, 167: 915-941.

Clemens J D, Stevens G. 2012. What controls chemical variation in granitic magmas? Lithos, 134-135: 317-329.

Clemens J D, Stevens G, Farina F. 2011. The enigmatic sources of I-type granites: the peritectic connexion. Lithos, 126: 174-181.

Coira B, Kay S M. 1993. Implications of Quaternary volcanism at Cerro Tuzgle for crustal and mantle evolution of the Puna Plateau, Central Andes, Argentina. Contributions to Mineralogy and Petrology, 113: 40-58.

Collins W J. 1998. Evaluation of petrogenetic models for Lachlan Fold Belt granitoids: implications for crustal architecture and tectonic models. Australian Journal of Earth Sciences, 45: 483-500.

Collins W J, Beams S D, White A J R, *et al*. 1982. Nature and origin of A-type granites with particular reference to southeastern Australia. Contributions to Mineralogy and Petrology, 80: 189-200.

Coltorti M, Beccaluva L, Bonadiman C, *et al*. 2004. Amphibole genesis via metasomatic reaction with clinopyroxene in mantle xenoliths from Victoria Land, Antarctica. Lithos, 75: 115-139.

Conceição R V, Green D H. 2004. Derivation of potassic (shoshonitic) magma by decompression melting of phlogopite+pargasite Iherzolite. Lithos, 72: 209-229.

Condamine P, Médard E. 2014. Experimental melting of phlogopite-bearing mantle at 1GPa: implications for potassic magmatism. Earth and Planetary Science Letters, 397: 80-92.

Condamine P, Médard E, Devidal J L. 2016. Experimental melting of phlogopite-peridotite in the garnet stability field. Contributions to Mineralogy and Petrology, 171: 95.

Condie K C. 1982. Plate Tectonics and Crustal Evolution. New York: Pergamon Press.

Condie K C. 1998. Episodic continental growth and supercontinents: a mantle avalanche connection? Earth and Planetary Science Letters, 163: 97-108.

Conrad W K, Nicholls I A, Wall V J. 1988. Water-saturated and -undersaturated melting of metaluminous and peraluminous crustal compositions at 10kb: evidence for the origin of silicic magmas in the Taupo Volcanic zone, New Zealand, and other occurences. Journal of Petrology, 29: 765-803.

Conticelli S, Guarnieri L, Farinelli A, *et al.* 2009. Trace elements and Sr-Nd-Pb isotopes of K-rich, shoshonitic, and calc-alkaline magmatism of the Western Mediterranean Region: genesis of ultrapotassic to calc-alkaline magmatic associations in a post-collisional geodynamic setting. Lithos, 107: 68-92.

Cooper L B, Plank T, Arculus R J, *et al.* 2010. High-Ca boninites from the active Tonga Arc. Journal of Geophysical Research: Solid Earth, 115: 5966-5963.

Cousens B L, Aspler L B, Chiarenzelli J R, *et al.* 2001. Enriched Archean lithopheric mantle beneath western Churchill Province tapped during Paleoproterozoic orogenesis. Geology, 29: 827-830.

Curray J R. 2005. Tectonics and history of the Andaman Sea region. Journal of Asian Earth Sciences, 25: 187-232.

Dahlquist J A. 2002. Mafic microgranular enclaves: early segregation from metaluminous magma (Sierra de Chepes), Pampean Ranges, NW Argentina. Journal of South American Earth Sciences, 15: 643-655.

Davis J, Hawkesworth C. 1993. The petrogenesis of 30–20 Ma basic and intermediate volcanics from the Mogollon-Datil Volcanic Field, New-Mexico, USA. Contributions to Mineralogy and Petrology, 115: 165-183.

De Campos C P, Perugini D, Ertel-Ingrisch W, *et al.* 2001. Enhancement of magma mixing efficiency by chaotic dynamics: an experimental study. Contribution to Mineralogy and Petrology, 161: 863-881.

Debari S, Kay S M, Kay R W. 1987. Ultramafic xenoliths from Adagdak Volcano, Adak, Aleutian Islands, Alaska: Deformed igneous cumulates from the Moho of an Island Arc. The Journal of Geology, 95: 329-341.

Deering C D, Bachmann O. 2010. Trace element indicators of crystal accumulation in silicic igneous rocks. Earth and Planetary Science Letters, 297: 324-331.

Defant M J, Drummond M S. 1990. Derivation of some modern arc magmas by melting of young subducted lithosphere. Nautre, 347: 662-665.

Dessimoz M, Müntener O, Ulmer P. 2012. A case for hornblende dominated fraction of arc magmas: the Chelan Complex (Washington Cascades). Contributions to Mineralogy and Petrology, 163: 567-589.

Di Vincenzo G, Andriessen P A M, Ghezzo C. 1996. Evidence of two different components in a Hercynian peraluminous cordierite-bearing granite: the San Basilio intrusion (Central Sardinia, Italy). Journal of Petrology, 37: 1175-1206.

Didier J. 1987. Contribution of enclave studies to the understanding of origin and evolution of granitic magmas. Geologische Rundschau, 76: 41-50.

Didier J, Barbarin B. 1991. Enclaves and Granite Petrology. Amsterdam: Elsevier.

Ding L, Zhong D L, Yin A, *et al.* 2001. Cenozoic structural and metamorphic evolution of the eastern Himalayan syntaxis (Namche Barwa). Earth and Planetary Science Letters, 92: 423-438.

Ding L, Kapp P, Zhong D L, *et al.* 2003. Cenozoic volcanism in Tibet: evidence for a transition from oceanic to continental subduction. Journal of Petrology, 44: 1833-1865.

Dodge F C W, Kistler R W. 1990. Some additional observations on inclusions in the granitic rocks of the Sierra Nevada. Journal of Geophysical Research: Solid Earth, 95: 17841-17848.

Donaire T, Pascual E, Pin C, *et al.* 2005. Microgranular enclaves as evidence of rapid cooling in granitoid rocks: the case of the Los Pedroches granodiorite, Iberian Massif, Spain. Contributions to Mineralogy and Petrology, 149: 247-265.

Dong M L, Dong G C, Mo X X, *et al.* 2013. Geochemistry, zircon U-Pb geochronology and Hf isotopes of granites in the Baoshan Block, Western Yunnan: Implications for Early Paleozoic evolution along the Gondwana margin. Lithos, 179: 36-47.

Dorais M J, Whitney J A, Roden M. 1990. Origin of mafic enclaves in the Dinkey Creek Pluton, Central Sierra Nevada batholith, California. Journal of Petrology, 31: 853-881.

Dupont-Nivet G, Lippert P C, van Hinsbergen D J J, *et al.* 2010. Palaeolatitude and age of the Indo-Asia collision: paleomagnetic constraints. Geophysical Journal International, 182: 1189-1198.

Eberz G W, Nicholls I A. 1990. Chemical modification of enclave magma by post-emplacement crystal fractionation, diffusion and metasomatism. Contributions to Mineralogy and Petrology, 104: 47-55.

Eggler D H. 1972. Amphibole stability in H_2O-undersaturated calc-alkaline melts. Earth and Planetary Science Letters, 15: 28-34.

Eichelberger J C, Izbekov P E. 2000. Eruption of andesite triggered by dyke injection: contrasting cases at Karymsky Volcano, Kamchatka and Mt Katmai, Alaska. Philosophical Transactions: Mathematical, Physical and Engineering Sciences, 358: 1465-1485.

Elburg M A, Bergen M V, Hoogewerff J, *et al.* 2002. Geochemical trends across an arc-continent collision zone: magma sources and slab-wedge transfer processes below the Pantar Strait volcanoes, Indonesia. Geochimica et Cosmochimica Acta, 66: 2771-2789.

Elhlou S, Belousova E, Griffin W L, *et al.* 2006. Trace element and isotopic composition of GJ red zircon standard by Lasa Ablation. Geochimica et Cosmochimica Acta, 70(18): A158.

Elliott T, Plank T, Zindler A, *et al.* 1997. Element transport from slab to volcanic front at the Mariana arc. Journal of Geophysical Research: Solid Earth, 102: 14991-15019.

Eroğlu S, Siebel W, Danišík M, *et al.* 2013. Multi-system geochronological and isotopic constraints on age and evolution of the Gaoligongshan metamorphic belt and shear zone system in western Yunnan, China. Journal of Asian Earth Sciences, 73: 218-239.

Ewart A. 1976. Mineralogy and chemistry of modern orogenic lavas-some statistics and implications. Earth and Planetary Science Letters, 31: 417-432.

Falloon T J, Danyushevsky L V. 2000. Melting of refractory mantle at 15, 2, and 2.5GPa under anhydrous and H_2O-undersaturated conditions: implications for the petrogenesis of high-Ca boninites and the influence of subduction components on mantle melting. Journal of Petrology, 41: 257-283.

Falloon T J, Danyushevsky L V, Crawford A J, *et al.* 2008. Boninites and adakites from the northern termination of the Tonga Trench: implications for adakite petrogenesis. Journal of Petrology, 49: 697-715.

Farner M J, Lee C T, Putirka K D. 2014. Mafic-felsic magma mixing limited by reactive processes: a case study of biotite-rich rinds on mafic enclaves. Earth and Planetary Science Letters, 393: 49-59.

Feeley T C. 2003. Origin and tectonic implications of across-strike geochemical variations in the Eocene Absaroka volcanic province, United States. Journal of Petrology, 111: 329-346.

Feeley T C, Wilson L F, Underwood S J. 2008. Distribution and compositions of magmatic inclusions in the Mount Helen dome, Lassen Volcanic Center, California: Insight into magma chamber processes. Lithos, 106: 173-189.

Fourcade S, Allegre C J. 1981. Trace elements behavior in granite genesis: a case study the calc-alkaline plutonic association from the Querigut Complex (Pyrénées, France). Contribution to Mineralogy and Petrology, 76: 177-195.

Francis D. 1976. Amphibole pyroxenite xenoliths: cumulate or replacement phenomena from the upper mantle, Nunivak Island, Alaska. Contribution to Mineralogy and Petrology, 58: 51-61.

Gao Y F, Yang Z S, Hou Z Q, *et al.* 2010. Eocene potassic and ultrapotassic volcanism in south Tibet: new constraints on mantle source characteristics and geodynamic processes. Lithos, 117: 20-32.

García-Moreno O, Castro A, Corretgé L G, *et al.* 2006. Dissolution of tonalitic enclaves in ascending hydrous granitic magmas: an experimental study. Lithos, 89: 245-258.

Gertisser R, Keller J. 2003. Trace element and Sr, Nd, Pb, and O isotope variations in medium-K and high-K volcanic rocks from Merapi volcano, central Java. Indonesia: evidence for the involvement of subducted sediments in Sunda arc magma genesis. Journal of Petrology, 44: 457-489.

Ginibre C, Wörner G. 2007. Variable parent magmas and recharge regimes of the Parinacota magma system (N. Chile) revealed by Fe, Mg and Sr zoning in plagioclase. Lithos, 98: 118-140.

Ginibre C, Wörner G, Kronz A. 2007. Crystal zoning as an archive for magma evolution. Elments, 3: 261-266.

Griffin W L, Wang X, Jackson S E. *et al.* 2002. Zircon chemistry and magma mixing, SE China: in-situ analysis of Hf isotopes, Tonglu and Pingtan igneous complexes. Lithos, 61: 237-269.

Grove T L, Elkins-Tanton L T, Parman S W, *et al.* 2003. Fractional crystallization and mantle-melting controls on calc-alkaline differentiation trends. Contributions to Mineralogy and Petrology, 145: 515-533.

Gualda G A R, Ghiorso M S, Lemons R V, *et al.* 2012. Rhyolite-Melts: a modified calibration of MELTS optimized for silica-rich, fluid-bearing magmatic systems. Journal of Petrology, 53: 875-890.

Guillot S, Garzanti E, Baratoux D, *et al.* 2003. Reconstructing the total shortening history of the NW Himalaya. Geochemistry Geophysics Geosystems, 4(7): 107-137.

Guo L, Zhang H F, Harris N, *et al.* 2011. Origin and evolution of multi-stage felsic melts in eastern Gangdese belt: constraints from U-Pb zircon dating and Hf isotopic composition. Lithos, 127: 54-67.

Guo L, Zhang H F, Harris N, *et al.* 2012. Paleogene crustal anatexis and metamorphism in Lhasa terrane, eastern Himalayan syntaxis: evidence from U-Pb zircons ages and Hf isotopic compositions of the Nyingchi Complex. Gondwana Research, 21: 100-111.

Guo Z F, Cheng Z H, Zhang M L, *et al.* 2015. Post-collisional high-K calc-alkaline volcanism in Tengchong volcanic field, SE Tibet: constraints on Indian eastward subduction and slab detachment. Journal of the Geological Society, 172: 624-640.

Guo Z F, Hertogen J, Liu J Q, *et al.* 2005. Potassic magmatism in Western Sichuan and Yunnan Provinces, SE Tibet, China: petrological and geochemical constraints on petrogenesis. Journal of Petrology, 46: 33-78.

Guo Z F, Wilson M, Liu J Q. 2007. Post-collisional, adakites in south Tibet: products of partial melting of subduction-modified lower crust. Lithos, 96: 205-224.

Guo Z F, Wilson M, Zhang M L, *et al.* 2013. Post-collisional, K-rich, mafic magmatism in south Tibet: constraints on Indian slab-to-wedge transport processes and plateau uplift. Contributions to Mineralogy and Petrology, 165: 1311-1340.

Hawkesworth C J, Kemp A I S. 2006. The differentiation and rates of generation of the continental crust. Chemical Geology, 226(3-4): 134-143.

Hawkesworth C J, Turner S P, Peate D W, *et al.* 1990. Continental mantle lithosphere and shallow level enrichments processes in Earth's mantle. Earth and Planetary Science Letters, 96: 256-268.

He R Z, Zhao D P, Gao R, *et al.* 2010. Tracing the Indian lithospheric mantle beneath central Tibetan Plateau using teleseismic tomography. Tectonophysics, 491: 230-243.

He S D, Kapp P, DeCelles P G, *et al.* 2007. Cretaceous-Tertiary geology of the Gandgese Arc in the Linzhou area, southern Tibet. Tectonophysics, 433: 15-37.

Hermann J. 2002. Allanite: thorium and light rare earth element carrier in subducted crust. Chemical Geology, 192: 289-306.

Hermann J, Rubatto D. 2009. Accessory phase control on the trace element signature of sediment melts in subduction zones. Chemical Geology, 265: 512-526.

Hibbard M J. 1981. The magma mixing origin of mantled feldspars. Contributions to Mineralogy and Petrology, 76: 158-170.

Hickey-Vargas R, Roa H M, Escobar L L, *et al.* 1989. Geochemical variations in Andean basaltic and silicic lavas from the Villarrica-Lanin volcanic chain (39. 5°S): an evaluation of source heterogeneity, fractional crystallization and crust assimilation. Contributions to Mineralogy and Petrology, 103: 361-386.

Hochstaedter A G, Kepezhinskas P, Defant M, *et al.* 1996. Insights into the volcanic arc mantle wedge from magnesian lavas from the Kamchatka arc. Journal of Geophysics Research: Solid Earth, 101: 697-712.

Hochstaedter A G, Gill J B, Taylor B, *et al.* 2000. Across-arc geochemical trends in the Izu-Bonin arc: constraints on source composition and mantle melting. Journal of Geophysics Research: Solid Earth, 105: 495-512.

Hofmann A W. 1988. Chemical differentiation of the Earth: the relationship between mantle, continental crust, and oceanic crust. Earth Planetary of Science Letters, 90: 279-314.

Holk G J, Taylor H P. 2000. Water as a petrologic catalyst driving $^{18}O/^{16}O$ homogenization and anatexis of the middle crust in the metamorphic core complexes of British Columbia. International Geology Review, 42: 97-130.

Holtz F, Johannes W, Tamic N, *et al.* 2001. Maximum and minimum water contents of granitic melts generated in the crust: a reevaluation and implications. Lithos, 56: 1-14.

Hou Z Q, Zaw K, Pan G T, *et al.* 2007. Sanjiang Tethyan metallogenesis in S. W. China: tectonic setting metallogenic epochs and deposit types. Ore Geology Reviews, 31: 48-87.

Hou Z Q, Duan L F, Lu Y J, *et al.* 2015. Lithospheric architecture of the Lhasa Terrane and its control on ore deposits in the Himalayan-Tibetan Orogen. Economic Geology, 110: 1541-1575.

Hu X M, Garzanti E, Moore T, *et al.* 2015. Direct stratigraphic dating India-Asia collision onset at the Selandian (middle Paleocene, 59±1Ma). Geology, 43: 859-862.

Hu Z C, Liu Y S, Gao S, *et al.* 2012. Improved in situ Hf isotope ratio analysis of zircon using newly designed X skimmer cone and jet sample cone in combination with the addition of nitrogen by leser ablation multiple collector ICP-MS. Journal of Analytical Atomic Spectrometry, 27: 1391-1399.

Jacques G, Hoernle K, Gill J, *et al.* 2013. Across-arc geochemical variations in the Southern Volcanic Zone,

Chile (34.5−38.0°S): Constraints on mantle wedge and slab input compositions. Geochimica et Cosmochimica Acta, 123: 218-243.

Jagoutz O, Schmidt M W. 2012. The formation and bulk composition of modern juvenile continental crust: the Kohistan arc. Chemical Geology, 298-299: 79-96.

Jellinek A M, Kerr R C. 1999. Mixing and compositional stratification produced by natural convection: 2. Applications to the differentiation of basaltic and silicic magma chambers and komatiite lava flows. Journal of Geophysical Research: Solid Earth, 104: 7203-7218.

Ji W Q, Wu F Y, Chung S L, *et al.* 2009. Zircon U-Pb chronology and Hf isotopic constraints on the petrogenesis of Gangdese batholiths, southern Tibet. Chemical Geology, 262: 229-245.

Ji W Q, Wu F Y, Liu C Z, *et al.* 2012. Early Eocene crustal thickening in southern Tibet: new age and geochemical constraints from the Gangdese batholith. Journal of Asian Earth Sciences, 53: 82-95.

Ji W Q, Wu F Y, Chung S L, *et al.* 2014. The Gangdese magmatic constraints on a latest Cretaceous lithospheric delamination of the Lhasa terrane, southern Tibet. Lithos, 210-211: 168-180.

Jiang Z Q, Wang Q, Li Z X, *et al.* 2012. Late Cretaceous (Ca. 90 Ma) adakitic intrusive rocks in the Kelu area, Gangdese Belt (southern Tibet): slab melting and implications for Cu-Au mineralization. Journal of Asian Earth Sciences, 53: 67-81.

Jiang Z Q, Wang Q, Wyman D A, *et al.* 2014. Transition from oceanic to continental lithosphere subduction in southern Tibet: evidence from the Late Cretaceous-Early Oligocene (~91−30 Ma) intrusive rocks in the Chanang-Zedong area, southern Gangdese. Lithos, 196-197: 213-231.

Jin X C. 1996. Tectono-Stratigraphic Units of Western Yunnan, China and Their Counterparts in Southeast Asia. Continental Dynamics, 1: 123-133.

Jin X C. 2002. Permo-Carboniferous sequences of Gondwana affinity in southwest China and their paleogeographic implications. Journal of Asian Earth Sciences, 20: 633-646.

Johnson M C, Plank T. 2000. Dehydration and melting experiments constrain the fate of subducted sediments. Geochemistry, Geophysics, Geosystems, 1: 1-12.

Kapp J L D A, Harrison M, Kapp P, *et al.* 2005. Nyainqentanglha Shan: a window into the tectonic, thermal, and geochemical evolution of the Lhasa block, southern Tibet. Journal of Geophysical Research: Solid Earth, 110B: 08413.

Karsli O, Dokuz A, Uysal I, *et al.* 2010. Relative contributions of crust and mantle to generation of Campanian high-K calc-alkaline I-type granitoids in a subduction setting, with special reference to the Harşit Pluton, Eastern Turkey. Contributions to Mineralogy and Petrology, 160: 467-487.

Kay S M, Mpodozis C. 2001. Central Andean ore deposits linked to evolving shallow subduction systems and thickening crust. GSA Today, 11: 4-9.

Kay S M, Coira B L, Caffe P J, *et al.* 2010. Regional chemical diversity, crustal and mantle sources and evolution of Central Andean Puna Plateau ignimbrites. Journal of Volcanology and Geothermal Research, 198: 81-111.

Kemp A I S, Hawkesworth C J, Paterson B A, *et al.* 2006. Episodic growth of the Gondwana supercontinent from hafnium and oxygen isotopes in zircon. Nature, 439: 580-583.

Kemp A I S, Hawkesworth C J, Foster G L, *et al.* 2007. Magmatic and crustal differentiation history of granitic rocks from Hf-O isotopes in zircon. Science, 315: 980-983.

Kent A J R, Darr C, Koleszar A M, *et al.* 2010. Preferential eruption of andesitic magmas through recharge filtering. Nature Geoscience, 3: 631-636.

Keppler H. 1996. Constraints from partitioning experiments on the composition of subduction-zone fluids. Nature, 380: 237-240.

Kessel R, Schmidt M W, Ulmer P, *et al.* 2005. Trace element signature of subduction-zone fluids, melts and supercritical liquids at 120-180 km depth. Nature, 437: 724-727.

King P L, Chappell B W, Allen C M, *et al.* 2001. Are A-type granites the high-temperature felsic granites? Evidence from fractionated granites of the Wangrah Suite. Australian Journal of Earth Sciences, 48: 501-514.

Klimm K, Blundy J D, Green T H. 2008. Trace element partitioning and accessory phase saturation during H_2O-saturated melting of basalt with implications for subduction zone chemical fluxes. Journal of Petrology, 49: 523-553.

Klootwijk C T, Gee J S, Peirce J W, *et al.* 1992. An early India-Asia contact: paleomagnetic constraints from Ninetyeast Ridge, ODP Leg 121. Geology, 20: 395-398.

Klootwijk C T, Conaghan P J, Nazirullah R, *et al.* 1994. Further palaeomagnetic data from Chitral (Eastern Hindukush): evidence for an early India-Asia contact. Tectonophysics, 237: 1-25.

Kocak K, Zedef V, Kansun G. 2011. Magma mixing/mingling in the Eocene Horoz (Nigde) granitoids, Central southern Turkey: evidence from mafic microgranular enclaves. Mineralogy and Petrology, 103: 149-167.

Kornfeld D, Eckert S, Appel E, *et al.* 2014. Cenozoic clockwise rotation of the Tengchong block, southeastern Tibetan Plateau: A paleomagnetic and geochronologic study. Tectonophysics, 628: 105-122.

Kumar S, Rino V. 2006. Mineralogy and geochemistry of microgranular enclaves in Palaeoproterozoic Malanjkhand granitoids, central India: evidence of magma mixing, mingling, and chemical equilibration. Contributions to Mineralogy and Petrology, 152: 591-609.

Langmuir C H, Vocke Jr R D, Hanson G N. 1978. A general mixing equation with application to Icelandic basalts. Earth and Planetary Science Letters, 37: 1978.

Leake B E, Woolley A R, Arps C E S, *et al.* 1997. Nomenclature of amphiboles: report of the Subcommittee on amphiboles of the International Mineralogical Association Commission on New Minerals and Mineral Names. The Canadian Mineralogist, 35: 219-246.

Lee C T A, Bachmann O. 2014. How important is the role of crystal fractionation in making intermediate magmas? Insights from Zr and P systematics. Earth and Planetary Science Letters, 393: 266-274.

Lee C T A, Morton D M, Kistler R W, *et al.* 2007. Petrology and tectonics of Phanerozoic continent formation: From island arcs to accretion and continental arc magmatism. Earth and Planetary Science Letters, 263: 370-387.

Lee H Y, Chung S L, Wang J R, *et al.* 2003. Miocene Jiali faulting and its implications for Tibetan tectonic evolution. Earth and Planetary Science Letters, 205: 185-194.

Lee H Y, Chung S L, Lo C H, *et al.* 2009. Eocene Neotethyan slab breakoff in southern Tibet inferred from the Linzizong volcanic record. Tectonophysics, 477: 20-35.

Lee H Y, Chung S L, Ji J Q, *et al.* 2012. Geochemical and Sr-Nd isotopic constraints on the genesis of the Cenozoic Linzizong volcanic successions, southern Tibet. Journal of Asian Earth Science, 53: 96-114.

Lee T Y, Lawver L A. 1995. Cenozoic plate reconstruction of Southeast Asia. Tectonophysics, 251: 85-138.

Leech M L, Singh S, Jain A K, *et al.* 2005. The onset of India-Asia continental collision: early, steep subduction required by the timing of UHP metamorphism in the western Himalaya. Earth and Planetary Science Letter, 234: 83-97.

Leeman W P, Smith D P, Hildreth W, *et al.* 1990. Compositional diversity of Late Cenozoic basalts in a transect across the southern Washington Cascades: implications for subduction zone magmatism. Journal of Geophysical Research: Solid Earth, 95: 19561-19582.

Lesher C E. 1990. Decoupling of chemical and isotopic exchange during mixing. Nature, 344: 235-237.

Lesher C E. 2010. Self-diffusion in silicate melts: Theory, observations and applications to magmatic systems. Reviews in Mineralogy and Geochemistry, 72: 269-309.

Leslie R A J, Danyushevsky L V, Crawford A J, *et al.* 2009. Primitive shoshonites from Fiji: geochemistry and source components. Geochemistry, Geophysics and Geosystems, 10: 131-147.

Li C, van Der Hilst R D, Meltzer A S, *et al.* 2008. Subduction of the Indian lithosphere beneath the Tibetan plateau and Burma. Earth and Planetary Science Letters, 274: 157-168.

Li D P, Luo Z H, Chen Y L, *et al.* 2014. Deciphering the origin of the Tengchong block, west Yunnan: evidence from detrital zircon U-Pb ages and Hf isotopes of Carboniferous strata. Tectonophysics, 614: 66-77.

Li G J, Wang Q F, Huang Y H, *et al.* 2016. Petrogenesis of middle Ordovician peraluminous granites in the Baoshan block: implications for the early Paleozoic tectonic evolution along East Gondwana. Lithos, 245: 76-92.

Li Y B, Kimura J I, Machida S, *et al.* 2013. High-Mg adakite and low-Ca boninite from a bonin fore-arc seamount: implications for the reaction between slab melts and depleted mantle. Journal of Petrology, 54: 1149-1175.

Liao S Y, Yin F G, Sun Z M, *et al.* 2013. Early Middle Triassic mafic dikes from the Baoshan subterrane, western Yunnan: implications for the tectonic evolution of the Paleo-Tethys in Southeast Asia. International Geology Review, 55: 976-993.

Liebke U, Appel E, Ding L, *et al.* 2010. Position of the Lhasa terrane prior to India-Asia collision derived from palaeomagnetic inclinations of 53Ma old dykes of the Linzhou Basin: constraints on the age of collision and post-collisional shortening within the Tibetan Plateau. Geophysical Journal International, 182: 1199-1215.

Lin H T, Lo C H, Chung S L, *et al.* 2009. $^{40}Ar/^{39}Ar$ dating of the Jiali and Gaoligong shear zones: Implications for crustal deformation around the Eastern Himalayan Syntaxis. Journal of Asian Earth Sciences, 34: 674-685.

Lin I J, Chung S L, Chu C H, *et al.* 2012. Geochemical and Sr-Nd isotopic characteristics of Cretaceous to Paleocene granitoids and volcanic rocks, SE Tibet: petrogenesis and tectonic implications. Journal of Asian Earth Sciences, 53: 131-150.

Liu S, Hu R Z, Gao S, *et al.* 2009. U-Pb zircon, geochemical and Sr-Nd-Hf isotopic constraints on the age and origin of Early Paleozoic I-type granite from the Tengchong-Baoshan block, western Yunnan Province, SW China. Journal of Asian Earth Sciences, 36: 168-182.

Lloyd F E, Arima M, Edgar A D. 1985. Partial melting of a phlogopite-clinopyroxenite nodule from south-west Uganda: an experimental study bearing on the origin of highly potassic continental rift volcanics. Contributions to Mineralogy and Petrology, 91: 321-329.

Longo A, Vassalli M, Papale P, *et al.* 2006. Numerical simulation of convection and mixing in magma chambers replenished with CO_2-rich magma. Geophysical Research Letters, 33: L21305.

Lóperz S, Castro A, García-Casco A. 2005. Production of granodiorite melt by interaction between hydrous magma and tonalitic crust. Experimental constraints and implicatiaon for the generation of Archaean

TTG complexes. Lithos, 79: 229-250.

Ludwig K R. 2003. Isoplot 3.0: a geochronological toolkit for Micro-soft Excel. Berkeley Geochronology Center, Special Publication.

Ma L, Wang Q, Li Z X, *et al*. 2013. Early Late Cretaceous (ca. 93Ma) norites and hornblendites in the Milin area, eastern Gangdese: lithosphere-asthenosphere interaction during slab roll-back and an insight into early Late Cretaceous (ca. 100–80Ma) magmatic "flare-up" in southern Lhasa (Tibet). Lithos, 172-173: 17-30.

Ma L Y, Wang Y J, Fan W M, *et al*. 2014. Petrogenesis of the early Eocene I-type granites in west Yingjiang (SW Yunnan) and its implications for the eastern extension of the Gangdese batholiths. Gondwana Research, 25: 401-419.

Mamani M, Tassara A, Wörner G. 2008. Composition and structural control of crustal domains in the Central Andes. Geochemistry, Geophysics, Geosystems, 9: 1-13.

Mamani M, Wörner G, Sempere T. 2010. Geochemical variations in igneous rocks of the Central Andean orocline (13°S to 18°S): Tracing crustal thickening and magma generation through time and space. Geological Society of America Bulletin, 122: 162-182.

Maniar P D, Piccoli P M. 1989. Tectonic discrimination of granitoids. Geological Society of American Bulletin, 101: 635-643.

Mantle G W, Collions W J. 2008. Quantifying crustal thickness variations in evolving orogens: correlation between arc basalt composition and Moho depth. Geology, 36: 87-90.

Marsh B D. 1988. Crystal size distribution (CSD) in rocks and the kinetics and dynamics of crystallization. Contributions to Mineralogy and Petrology, 99: 277-291.

Martin H, Smithies R H, Rapp R, *et al*. 2005. An overview of adakite, tonalite-trondhjemite-granodiorite (TTG), and sanukitoid: relationships and some implications for crustal evolution. Lithos, 79: 1-24.

McBirney A R. 1980. Mixing and unmixing of magmas. Journal of Volcanology and Geothermal Research, 7: 357-371.

Meng F Y, Zhao Z D, Zhu D C, *et al*. 2014. Late Cretaceous magmatism in Mamba area, central Lhasa subterrane: Products of back-arc extension of Neo-Tethyan Ocean? Gondwana Research, 26: 505-520.

Metcalfe I. 2002. Permian tectonic framework and palaeogeography of SE Asia. Journal of Asian Earth Sciences, 20: 551-566.

Metcalfe I. 2011. Palaeozoic-Mesozoic history of SE Asia. Geological Society London Special Publications, 355(1): 7-35.

Metcalfe I. 2013. Gondwana dispersion and Asian accretion: tectonic and palaeogeographic evolution of eastern Tethys. Journal of Asian Earth Sciences, 66: 1-33.

Metcalfe I, Aung K P. 2014. Late Tournaisian conodonts from the Taungnyo Group near Loi Kaw, Myanmar (Burma): implications for Shan Plateau stratigraphy and evolution of the Gondwana-derived Sibumasu Terrane. Gondwana Research, 26: 1159-1172.

Mibe K, Kawamoto T, Matsukage K N, *et al*. 2011. Slab melting versus slab dehydration in subduction-zone magmatism. PANS, 108: 8177-8182.

Miles A J, Graham C M, Hawkesworth C J, *et al*. 2013. Evidence for distinct stages of magma history recorded by the compositions of accessory apatite and zircon. Contributions to Mineralogy and Petrology, 166: 1-19.

Miller C F, Watson E B, Rapp R P. 1985. Experimental inverstigation of mafic mineral-felsic liquid equilibria:

preliminary results and petrogenetic implications. EOS (American Geophysics Union Transactions), 66: 1130.

Milord I, Sawyer E W, Brown M. 2001. Formation of diatexite migmatite and granite magma during anatexis of semipelitic metasedimentary rocks: an example from St. Malo, France. Journal of Petrology, 42: 487-505.

Mitchell A H G. 1993. Cretaceous-Cenozoic tectonic events in the western Myanmar (Burma)-Assam region. Journal of the Geological Society, 150: 1089-1102.

Mitchell A H G, Htay M T, Htun K M, *et al.* 2007. Rock relationships in the Mogok metamorphic belt, Tatkon to Mandalay, central Myanmar. Journal of Asian Earth Sciences, 29: 891-910.

Mitchell A H G, Chung S L, Oo T, *et al.* 2012. Zircon U-Pb ages in Myanmar: magmatic-metamorphic events and the closure of a neo-Tethys ocean? Journal of Asian Earth Sciences, 56: 1-23.

Mo X X, Hou Z Q, Niu Y L, *et al.* 2007. Mantle contributions to crustal thickening during continental collision: evidence from Cenozoic igneous rocks in southern Tibet. Lithos, 96: 225-242.

Mo X X, Niu Y L, Dong G C, *et al.* 2008. Contribution of syncollisional felsic magmatism to continental crust growth: a case study of the Paleogene Linzizong Volcanic succession in southern Tibet. Chemical Geology, 250: 49-68.

Modreski P J, Boettcher A L. 1972. The stability of phlogopite+enstatite at high pressures: a model for micas in the interior of the Earth. American Journal of Science, 272: 852-869.

Montel J M. 1993. A model for monazite/melt equilibrium and application to the generation of granitic magmas. Chemical Geology, 110: 127-146.

Morely C, Woganan N, Sankumarn N, *et al.* 2001. Late Oligocene-Recent stress evolution in rift basins of northern and central Thailand: implications for escape tectonics. Tectonophysics, 334: 115-150.

Morgavi D, Perugini D, De Campos C P, *et al.* 2013a. Time evolution of chemical exchanges during mixing of rhyolitic and basaltic melts. Contributions to Mineralogy and Petrology, 166: 615-638.

Morgavi D, Perugini D, De Campos C P, *et al.* 2013b. Morphochemistry of patterns produced by mixing of rhyolitic and basaltic melts. Journal of Volcanology and Geothermal Research, 253: 87-96.

Morgavi D, Perugini D, De Campos C P, *et al.* 2013c. Interactions between rhyolitic and basaltic melts unraveled by chaotic mixing experiments. Chemical Geology, 346: 199-212.

Najman Y, Appel E, Boudagher-Fadel M, *et al.* 2010. Timing of India-Asia collision: geological, biostratigraphic, and palaeomagnetic constraints. Journal of Geophysical Research: Solid Earth, 115: B12416.

Naney M T, Swanson S E. 1980. The effect of Fe and Mg on crystallization in granitic system. American Mineralogist, 65: 639-653.

Neal C R. 1988. The origin and composition of metasomatic fluids and amphibole beneath Malaita, Solomon Islands. Journal of Petrology, 29: 149-179.

Niu Y L, Zhao Z D, Zhu D C, *et al.* 2013. Continental collision zones are primary sites for net continental crust growth-A testable hypothesis. Earth-Science Reviews, 127: 96-110.

Ottino J M, Leong C W, Rising H, *et al.* 1988. Morphological structures produced by mixing in chaotic flows. Nature, 333: 419-425.

Pan F B, Zhang H F, Xu W C, *et al.* 2014. U-Pb zircon chronology, geochemical and Sr-Nd isotopic composition of Mesozoic-Cenozoic granitoids in the SE Lhasa terrane: petrogenesis and tectonic implications. Lithos, 192-195: 142-157.

Pan F B, Zhang H F, Xu W C, *et al.* 2016. U-Pb zircon dating, geochemical and Sr-Nd-Hf isotopic compositions of mafic intrusive rocks in the Motuo, SE Tibet constrain on their petrogenesis and tectonic implication. Lithos, 245: 133-146.

Paterson S R, Pignotta G S, Vernon R H. 2004. The significance of microgranitoid enclave shapes and orientations. Journal of Structural Geology, 26: 1465-1481.

Patiño Douce A E. 1995. Experimental generation of hybrid silicic melts by reaction of high Al basalt with metamorphic rocks. Journal of Geophysical Research: Solid Earth, 1001: 15623-15640.

Patiño Douce A E. 1999. What do experiments tell us about the relative contributions of crust and mantle to the origin of granitic magma?. Geological Society, London, Special Publications, 168: 55-75.

Patiño Douce A E. 2005. Vapor-Absent Melting of Tonalite at 15-32 kbar. Journal of Petrology, 46: 275-290.

Patiño Douce A E, Johnston A D. 1991. Phase equilibria and melt productivity in the pelite system: implications for the origin of peraluminous granitoids and aluminous granulites. Contributions to Mineralogy and Petrology, 107: 202-218.

Patiño Douce A G, Beard J S. 1995. Dehydration-melting of Biotite Gneiss and Quart Amphiolite from 3 to 15 kbar. Journal of Petrology, 36: 707-738.

Patino L C, Carr M J, Feigenson M D. 1997. Cross-arc geochemical variations in volcanic fields in Honduras C. A. : progressive changes in source with distance from the volcanic front. Contribution to Mineralogy and Petrology, 129: 341-351.

Peacock S M. 2003. Thermal structure and Metamorphic evolution of subducting slabs. Inside the Subduction Factory, 168: 7-22.

Pearce J A, Stern R J, Bloomer S H, *et al.* 2005. Geochemical mapping of the Mariana arc-basin system: implications for the nature and distribution of subduction components. Geochemistry, Geophysics, Geosystems, 6: 406-407.

Perugini D, Poli G. 2004. Determination of the degree of compositional disorder in magmatic enclaves using SEM, X-ray element, maps. European Journal of Mineralogy, 16: 431-442.

Perugini D, Poli G. 2012. The mixing of magmas in plutonic and volcanic environments: analogies and differences. Lithos, 153: 261-277.

Perugini D, Petrelli M, Poli G. 2006. Diffusive fractionation of trace elements by chaotic mixing of magmas. Earth and Planetary Science Letters, 243: 669-680.

Perugini D, De Campos C P, Dingwell D B, *et al.* 2008. Trace element mobility during magma mixing: preliminary experimental results. Chemical Geology, 256: 146-157.

Pirard C, Hermann J. 2015a. Experimentally determined stability of alkali amphibole in metasomatised dunite at sub-arc pressures. Contributions to Mineralogy and Petrology, 169(1): 1-26.

Pirard C, Hermann J. 2015b. Focused fluid transfer through the mantle above subduction zones. Geology, 43: 915-918.

Pistone M, Blundy J D, Brooker R A. 2016. Textural and chemical consequences of interaction between hydrous mafic and felsic magmas: an experimental study. Contributions to Mineralogy and Petrology, 171: 1-21.

Plank T. 2005. Constraints from Thorium/Lanthanum on sediment recycling at subduction zones and the evolution of the continents. Journal of Petrology, 46: 921-944.

Plank T, Langmuir C H. 1993. Tracing trace element from sediment input to volcanic output at subduction zones. Nature, 362: 739-742.

Plank T, Langmuir C H. 1998. The chemical composition of subducting sediment and its consequences for the crust and mantle. Chemical Geology, 145: 325-394.

Prouteau G, Scaillet B, Pichavant M, *et al.* 2001. Evidence for mantle metasomatism by hydrous silicic melts derived from subducted oceanic crust. Nature, 410: 197-200.

Qi L, Hu J, Gregoire D C. 2000. Determination of trace elements in granites by inductively coupled plasma mass spectrometry. Talanta, 51(3): 507-513.

Qi X X, Zhu L H, Grimmer J C, *et al.* 2015. Tracing the Transhimalayan magmatic belt and the Lhasa block southward using zircon U-Pb, Lu-Hf isotopic and geochemical data: Cretaceous-Cenozoic granitoids in the Tengchong block, Yunnan, China. Journal of Asian Earth Sciences, 110: 170-188.

Rapp R P, Watson E B. 1995. Dehydration melting of metabasalt at 8-32 kbar: implications for continental growth and crust-mantle recycling. Journal of Petrology, 36: 891-931.

Rapp R P, Watson E B, Miller C F. 1991. Partial melting of amphibolite/eclogite and the origin of Archean trondhjemites and tonalities. Precambrian Research, 51: 1-25.

Ratajeski K, Glazner A F, Miller B V. 2001. Geology and geochemistry of mafic to felsic plutonic rocks in the Cretaceous intrusive suite of Yosemite Valley, California. Geological Society of America Bulletin, 113: 1486-1502.

Ratschbacher L, Frisch W, Chen C S. *et al.* 1993. Deformation and motion along the southern margin of the Lhasa Block (Tibet) prior to and during the India-Asia collision. Journal of Geodynamics, 16(1-2): 21-54.

Renggli C J, Wiesmaier S, De Campos C P, *et al.* 2016. Magma mixing induced by particle setting. Contributions to Mineralogy and Petrology, 171: 96.

Replumaz A, Tapponnier P. 2003. Reconstruction of deformed collision zone Between India and Asia by backward motion of lithospheric blocks. Journal of Geophysical Research: Solid Earth, 108 (B6): 12-19.

Reubi O, Blundy J. 2009. A dearth of intermediate melts at subduction zone volcanoes and the petrogenesis of arc andesites. Nature, 461: 1269-1274.

Roberts M P, Clemens J D. 1993. Origin of high-potassium, calc-alkaline, I-type granitoids. Geology, 21: 825-828.

Rollinson H. 1993. Using Geochemical Data: Evaluation, Presentation, Interpretation. London: Longman Scientific & Technical.

Rowley D B. 1996. Age of initial of collision between India and Asia: a review of stratigraphic data. Earth and Planetary Science Letter, 145: 1-4.

Rudnick R L, Gao S. 2003. Composition of the Continental Crust. In: Holland H D, Turekian K T (eds). Treatise on Geochemistry. Amsterdam: Elsevier.

Ruprecht P, Bergantz G W, Dufek J. 2008. Modeling of gas-driven magmatic overturn: tracking of phenocryst dispersal and gathering during magma mixing. Geochemistry, Geophysics, Geosystems, 9 (7): 488-498.

Ruprecht P, Bergantz G W, Cooper K M, *et al.* 2012. The crustal magma storage system of volcán Quizapu, Chile, and the effects of magma mixing on magma diversity. Journal of Petrology, 53: 801-840.

Rushmer T. 1991. Partial melting of two amphibolites: contrasting results under fluid-absent conditions. Contributions to Mineralogy and Petrology, 107: 41-59.

Ryan J G, Morris J, Tera F, *et al.* 1995. Cross-arc geochemical variations in the Kurile Arc as a function of slab depth. Science, 270: 625-627.

Sakuyama M. 1983. Petrology of arc volcanic rocks and their origin by mantle diapirs. Journal of Volcanology and Geothermal Research, 18: 297-320.

Sato K, Katsura T, Ito E. 1997. Phase relations of natural phlogopite with and without enstatite up to 8 GPa: implication for mantle metasomatism. Earth and Planetary Science Letters, 146: 511-526.

Scherer E E, Munker C, Mezger K. 2001. Calibration of the Lutetium-Hafnium clock. Science, 293: 638-687.

Scherer E E, Whitehouse M J, Münker C. 2007. Zircon as a monitor of crustal growth. Elements, 3: 19-24.

Schiano P, Clocchiatti R, Boivin P, *et al.* 2004a. The nature of melt inclusions inside minerals in ultramafic cumulates from island arcs (Adak volcanic Center, Aleutian arc): implications for the origin of high-Al basalts. Chemical Geology, 203: 169-179.

Schiano P, Clocchiatti R, Ottolini L, *et al.* 2004b. The relationship between potassic, calc-alkaline and Na-alkaline magmatism in South Italy volcanoes: a melt inclusion approach. Earth and Planetary Science Letters, 220: 121-137.

Schiano P, Monzier M, Eissen J P, *et al.* 2010. Simple mixing as the major control of the evolution of volcanic suites in the Ecuadorian Andes. Contributions to Mineralogy and Petrology, 160: 297-312.

Schmitt A K, de Silva S L, Trumbull R B, *et al.* 2001. Magma evolution in the Purico ignimbrite complex, Northern Chile: evidence for zoning of a dacitic magma by injection of rhyolitic melts following mafic recharge. Contributions to Mineralogy and Petrology, 140: 680-700.

Schnurr W B W, Trumbull R B, Clavero J, *et al.* 2007. Twenty-five million years of silicic years of silicic volcanism in the southern Central Volcanic zone of the Andes: geochemistry and magma genesis of ignimbrites from 25° to 27°S, 67° to 72°W. Journal of Volcanology and Geothermal Research, 166: 17-46.

Sengör A M C, Altiner D, Cin A, *et al.* 1988. Origin and assembly of the Tethyside orogenic collage at the expense of Gondwana Land. Geology Society, London, Special Publications, 37: 119-181.

Shellnutt J G, Jahn B M, Dostal J. 2010. Elemental and Sr-Nd isotope geochemistry of microgranular enclaves from peralkaline A-type granitic plutons of the Emieshan large igneous province, SW China. Lithos, 119: 34-46.

Shellnutt J G, Lee T Y, Brookfield M E, *et al.* 2014. Correlation between magmatism of the Ladakh Batholith and plate convergence rates during the India-Eurasia collision. Gondwana Research, 26: 1051-1059.

Shimoda G, Tatsumi Y, Nohda S, *et al.* 1998. Setouchi high-Mg andesites revisited: geochemical evidence for melting of subducting sediments. Earth and Planetary Science Letters, 160: 479-492.

Simon E J, Norman J P, William L G, *et al.* 2004. The application of laser ablation-inductively coupled plasma-mass spectrometry to in-situ U-Pb zircon geochronology. Chemical Geolgoy, 211:47-69.

Sisson T W, Layne G D. 1993. H_2O in basalt and basaltic andesite glass inclusions from four subduction-related volcanoes. Earth and Planetary Science Letters, 117: 619-635.

Sisson T W, Bacon C R. 1999. Gas-driven filter pressing in magmas. Geology, 27: 613-616.

Sisson T W, Ratajeski K, Hankins W B, *et al.* 2005. Voluminous granitic magmas from common basaltic sources. Contributions to Mineralogy and Petrology, 117: 635-661.

Smith D J. 2014. Clinopyroxene precursors to amphibole sponge in arc crust. Nature Communations, 5: 4329.

Sorbadere F, Médard E, Laporte D, *et al.* 2013. Experimental melting of hydrous peridotite-pyroxenite mixed sources: constraints on the genesis of silica-undersaturated magmas beneath volcanic arcs. Earth and Planetary Science Letters, 384: 42-56.

Stanley W D, Mooney W D, Fuis G S. 1990. Deep crustal structure of the Cascade Range and surrounding regions from seismic refraction and magnetotelluric data. Journal of Geophysical Research: Solid Earth, 95: 19419-19438.

Stern R J, Jackson M C, Fryer P, *et al.* 1993. O, Sr, Nd and Pb isotopic composition of the Kasuga cross-chain in the Mariana Arc: a new perspective on the K-h relationship. Earth and Planetary Science Letters, 119: 459-475.

Stevens G, Villaros A, Moyen J F. 2007. Selective peritectic garnet entrainment as the origin of geochemical diversity in S-type granites. Geology, 35: 9-12.

Stolper E, Newman S. 1994. The role of water in the petrogenesis of Mariana trough magmas. Earth and Planetary Science Letters, 121: 293-325.

Sun S S, McDonough W F. 1989. Chemical and isotopic systematics of oceanic basalts: implications for mantle composition and processes. In: Saunders A D, Norry M J (eds). Magmatism in the Ocean Basins. Geological Society Special Publication, London, 42: 313-345.

Sylvester P J. 1998. Post-collisional strongly peraluminous granites. Lithos, 45: 29-44.

Tatsumi Y, Murasaki M, Arsade E M, *et al.* 1991. Geochemistry of Quaternary lavas from NE Sulawesi: transfer of subduction components into the mantle wedge. Contributions to Mineralogy and Petrology, 107: 137-149.

Tepper J H, Kuehner S M. 203. Geochemistry of mafic enclaves and host granitoids from the Chilliwack batholith, Washington: chemical exchange processes between coexisting mafic and felsic magmas and implications for the interpretation of enclave chemical traits. The Journal of Geology, 112: 349-367.

Tollstrup D L, Gill J B. 2005. Hafnium systematics of the Mariana arc: Evidence for sediment melt and residual phases. Geology, 33: 737-740.

Trumbull R D, Wittenbrink R, Hahne K, *et al.* 1999. Evidence for Late Miocene to Recent contamination of arc andesites by crustal melts in the Chilean Andes (25-26°S) and its geodynamic implications. Journal of South American Earth Sciences, 2: 135-155.

Ueno K. 2003. The Permian fusulinoidean faunas of the Sibumasu and Baoshan blocks: their implications for the paleogeographic and paleoclimatologic reconstruction of the Cimmerian Continent. Palaeography, Palaeoclimatology, Palaeoecology, 193: 1-24.

Ustunisik G, Kilinc A, Nielsen R L. 2014. New insights into the processes controlling compositional zoning in plagioclase. Lithos, 200-201: 80-93.

van Hinsbergen D J J, Lippert P C, Dupont-Nivet G, *et al.* 2012. Greater India Basin hypothesis and a two-stage Cenozoic collision between India and Asia. PANS, 109: 7659-7664.

van Hunen J, Allen M B. 2011. Continental collision and slab break-off: a comparison of 3-D numerical models with observations. Earth and Planetary Science Letters, 302: 27-37.

Vervoort J D, Blichert-Toft J. 1999. Evolution of the depleted mantle: Hf isotope evidence from juvenile rocks through time. Geochimical et Cosmochimica Acta, 63: 533-556.

Waigth T E, Dean A A, Nicholls I A. 2000. Sr and Nd isotopic investigations towards the origin of feldspar megacrysts in microgranular enclaves in two I-type plutons of the Lachlan Fold Belt, southeast Australia. Australian Journal of Earth Sciences, 47: 1105-1112.

Waight T E, Wiebe R A, Krogstad E J, *et al.* 2001. Isotopic responses to basaltic injections into silicic magma chambers: a whole-rock and microsampling study of macrorhythmic units in the Pleasant Bay layered gabbro diorite complex, Maine, USA. Contribution to Mineralogy and Petrology, 142: 323-335.

Walker J A, Carr M J, Patino L C, *et al.* 1995. Abrupt change in magma generation processes across the Central American arc in southeastern Guatemala: flux-dominated melting near the base of the wedge to decomposition melting near the top of the wedge. Contributions to Mineralogy and Petrology, 120:

378-390.

Wang X D, Shi G R, Sugiyama T. 2002. Permian of west Yunnan, Southwest China: a biostratigraphic synthesis. Journal of Asian Earth Science, 20: 647-656.

Wang Y, Zhang X M, Jiang C S, *et al.* 2007. Tectonic controls on the late Miocene-Holocene volcanic eruptions of the Tengchong volcanic field along the southeastern margin of Tibetan plateau. Journal of Asian Earth Sciences, 30: 375-389.

Wang G, Wan J L, Wang E, *et al.* 2008. Late Cenozoic to recent transtensional deformation across the Southern part of the Gaoligong shear zone between the Indian plate and SE margin of the Tibetan plateau and its tectonic origin. Tectonophysics, 460: 1-20.

Wang Y C, Zhou Y, Liu Y H, *et al.* 2012. Characteristics of Sinongduo large-size overprinted and reworked Pb-Zn deposit in Xietongmen County of Tibet and the ore-searching direction. Contributions to Geology and Mineral Resources Research, 27: 440-449.

Wang Y J, Fan W M, Zhang Y H, *et al.* 2006. Kinematics and $^{40}Ar/^{39}Ar$ geochronology of the Gaoligong and Chongshan shear systems, western Yunnan, China: Implications for early Oligocene tectonic extrusion of SE Asia. Tectonophysics, 418: 235-254.

Wang Y J, Xing X W, Cawood P A, *et al.* 2013. Petrogenesis of early Paleozoic peraluminous granite in the Sibumasu Block of SW Yunnan and diachronous accretionary orogenesis along the northern margin of Gondwana. Lithos, 182-183: 67-85.

Wang Y J, Zhang L M, Cawood P A, *et al.* 2014a. Eocene supra-subduction zone mafic magmatism in the Sibumasu Block of SW Yunnan: implications for Neotethyan subduction and India-Asia collision. Lithos, 206-207: 384-399.

Wang Q, Zhu D C, Zhao Z D, *et al.* 2014b. Origin of the ca. 90 Ma magnesia-rich volcanic rocks in SE Nyima, central Tibet: Products of lithospheric delamination beneath the Lhasa-Qiangtang collision zone. Lithos, 198-199: 24-37.

Wang Y J, Li S B, Ma L Y, *et al.* 2015a. Geochronological and geochemical constraints on the petrogenesis of Early Eocene metagabbroic rocks in Nabang (SW Yunnan) and its implications on the Neotethyan slab subduction. Gondwana Research, 27: 1474-1486.

Wang R, Richards J P, Hou Z Q, *et al.* 2015b. Zircon U-Pb age and Sr-Nd-Hf-O isotope geochemistry of the Paleocene-Eocene igneous rocks in western Gangdese: Evidence for the timing of Neo-Tethyan slab breakoff. Lithos, 224-225: 179-194.

Wen D R, Chung S L, Song B, *et al.* 2008a. Late Cretaceous Gangdese intrusions of adakitic geochemical characteristics, SE Tibet: petrogenesis and tectonic implications. Lithos, 105: 1-11.

Wen D R, Liu D Y, Chung S L, *et al.* 2008b. Zircon SHRIMP U-Pb ages of the Gangdese Batholith and implications for Neotethyan subduction in southern Tibet. Chemical Geology, 252: 191-201.

Whalen J B, Currie K L, Chappell B W. 1987. A-type granites: geochemical characteristics, discrimination and petrogenesis. Contributions to Mineralogy and Petrology, 95: 407-419.

Whitaker M L, Nekvasil H, Lindsledy D H, *et al.* 2008. Can crystallization of olivine tholeiite give rise to potassic rhyolites? An experimental investigation. Bulletin of Volcanology, 70: 417-434.

White R V, Tarney J, Kerr A C, *et al.* 1999. Modification of an oceanic plateau, Aruba, Dutch Caribbean: implications for the generation of continental crust. Lithos, 46: 43-68.

Wiebe R A, Smith D, Sturn M, *et al.* 1997. Enclaves in the Cadillac mountain granite (Coastal Marine): samples of hybrid magma from the base of the chamber. Journal of Petrology, 38: 393-426.

Wiedenbeck M, Alle P, Corfu F, *et al.* 1995. Three natural zircon standards for U-Th-Pb, Lu-Hf, trace element, and REE analyses. Geostandards and Geoanalytical Research, 19(1): 1-23.

Wiesmaier S, Morgavi D, Renggli C J, *et al.* 2015. Magma mixing enhanced by bubble segregation. Solid Earth, 6: 1007-1023.

Wopfner H. 1996. Gondwana origin of the Baoshan and Tengchong terrenes of west Yunnan. in: Hall R, Blundell D (eds). Tectonic evolution of Southeast Asian. Journal of Geology Society, London, 106: 539-547.

Wu F Y, Ji W Q, Liu C Z, *et al.* 2010. Detrital zircon U-Pb and Hf isotopic data from the Xigaze fore-arc basin: constraints on Transhimalayan magmatic evolution in southern Tibet. Chemical Geology, 271: 13-25.

Wu F Y, Ji W Q, Wang J G, *et al.* 2014. Zircon U-Pb and Hf isotopic constraints on the onset time of India-Asia collision. American Journal of Science, 314: 548-579.

Wu R X, Zheng Y F, Wu Y B, *et al.* 2006. Reworking of juvenile crust: element and isotope evidence from Neoproterozoic granodiorite in South China. Precambrian Research, 146: 179-212.

Wyllie P J. 1984. Constraints imposed by experimental petrology on possible and impossible magma sources and products. Philosophyical Transactions of the Royal Society of London, Series A, Mathematical, Physical and Engineering Sciences, 310: 439-456.

Xie J C, Zhu D C, Dong G C, *et al.* 2016. Linking the Tengchong Terrane in SW Yunnan with the Lhasa Terrane in southern Tibet through magmatic correlation. Gondwana Research, 39: 217-229.

Xu J F, Castillo P R. 2004. Geochemical and Nd-Pb isotopic characteristics of the Tethyan asthenosphere: implications for the origin of the Indian Ocean mantle domain. Tectonophysics, 393: 9-27.

Xu Y G, Lan J B, Yang Q J, *et al.* 2008. Eocene break-off of the Neo-Tethyan slab as inferred from intraplate-type mafic dykes in the Gaoligong orogenic belt, eastern Tibet. Chemical Geology, 255: 439-453.

Xu Y G, Yang Q J, Lan J B, *et al.* 2012. Temporal-spatial distribution and tectonic implications of the batholiths in the Gaoligong-Tengliang-Yingjiang area, western Yunnan: Constraints from zircon U-Pb ages and Hf isotopes. Journal of Asian Earth Sciences, 53: 151-175.

Xu Z Q, Wang Q, Cai Z H, *et al.* 2015. Kinematics of the Tengchong Terrane in SE Tibet from the late Eocene to early Miocene: insights from coeval mid-crustal detachments and strike-slip zones. Tectonophysics, 665: 127-148.

Yang J H, Wu F Y, Wilde S A, *et al.* 2007. Tracing magma mixing in granite genesis in situ U-Pb dating and Hf isotopes analysis of zircons. Contributions to Mineralogy and Petrology, 153: 177-190.

Yang J S, Xu Z Q, Li Z L, *et al.* 2009. Discovery of an eclogite belt in the Lhasa block, Tibet: a new border for Paleo-Tethys? Journal of Asian Earth Sciences, 34: 76-89.

Yardley B W D, Valley J W. 1997. The petrologic case for a dry lower crust. Journal of Geophysical Research: Solid Earth, 102: 12173-12185.

Yi Z Y, Huang B C, Chen J S, *et al.* 2011. Paleomagnetism of early Paleogene marine sediments in southern Tibet, China: implications to onset of the India-Asia collision and size of Greater India. Earth and Planetary Sciences Letters , 309: 153-165.

Yin A, Harrison T M. 2000. Geologic evolution of the Himalayan-Tibetan Orogen. Annual Review of Earth and Planetary Sciences, 28: 211-280.

Yogodzinski G M, Kay R W, Volynets O N, *et al.* 1995. Magnesian andesite in the western Aleutian Komandorsky region: implications for slab melting and processes in the mantle wedge. Geological Society of American Bulletin, 107: 505-519.

Yogodzinski G M, Kelemen P B. 1998. Slab melting in the Aleutians: implcations of an ion probe study of clinopyroxene in primitive adakite and basalt. Earth and Planetary Science Letters, 158: 53-65.

Yuan H L, Gao S, Liu X M, *et al.* 2004. Accurate U-Pb age and trace element determinations of zircon by laser ablation-inductively coupled plasma mass spectrometry. Geostandard Newsletters, 28: 353-370.

Yuan H L, Gao S, Dai M N, *et al.* 2008. Simultaneous determinations of U-Pb age, Hf isotopes and trace element compositions of zircon by excimer laser-ablation quadrupole and multiple-collector ICP-MS. Chemical Geology, 247: 100-118.

Yuan X, Sobolev S V, Kind R, *et al.* 2000. Subduction and collision processes in the Central Andes constrained by converted seismic phases. Nature, 408: 958-961.

Zartman R E, Doe B R. 1981. Plumbotectonics-The Model. Tectonophysics, 75: 135-162.

Zhang Z M, Zhao G C, Santosh M, *et al.* 2010a. Two stages of granulite facies metamorphism in the eastern Himalayan syntaxis, south Tibet: petrology, zircon geochronogy and implications for the subduction of Neo-Tethys and the Indian continent beneath Asia. Journal of Metamorphic Geology, 28: 719-733.

Zhang Z M, Zhao G C, Santosh M, *et al.* 2010b. Late Cretaceous charnockite with adakitic affinities from the Gangdese batholith, southeastern Tibet: evidence fro Neo-Tethyan mid-ocean ridge subduction? Gondwana Research, 17: 615-631.

Zhang B, Zhang J J, Zhong D L. 2010c. Structure kinematics and ages of transpression during strain-partitioning in the Chongshan shear zone, western Yunnan, China. Journal of Structural Geology, 32: 445-463.

Zhang Z M, Dong X, Xiang H, *et al.* 2013. Building of the deep gangdese arc, south Tibet: paleocence plutonism and granulite-Facies metamorphism. Journal of Petrology, 54: 2547-2580.

Zhang Y, Niu Y L, Hu Y, *et al.* 2016. The syncollisional granitoid magmatism and continental crust growth in the West Kunlun Orogen, China-Evidence from geochronology and geochemistry of Arkarz pluton. Lithos, 245: 191-204.

Zhao D P, Yu S, Ohtani E. 2011. East Asia: seismotectonics, magmatism and mantle dynamics. Journal of Asian Earth Sciences, 40: 689-709.

Zheng Y F, Wu Y B, Zhao Z F, *et al.* 2005. Metamorphic effect on zircon Lu-Hf and U-Pb isotope systems in ultrahigh-pressure eclogite-facies metagranite and metabasite. Earth and Planetary Science Letters, 240: 378-400.

Zheng Y C, Hou Z Q, Gong Y L, *et al.* 2014. Petrogenesis of Cretaceous adakite-like intrusions of the Gangdese Pluton Belt, southern Tibet: implications for mid-ocean ridge subduction and crustal growth. Lithos, 190-191: 240-263.

Zheng Y C, Fu Q, Hou Z Q, *et al.* 2015. Metallogeny of the northeastern Gangdese Pb-Zn-Ag-Fe-Mo-W polymetallic belt in the Lhasa terrane, southern Tibet. Ore Geology Reviews, 70: 510-532.

Zhu D C, Mo X X, Niu Y L, *et al.* 2009. Geochemical investigation of Early Cretaceous igneous rocks along and east-west traverse throughout the central Lhasa Tibet. Chemical Geology, 268: 298-312.

Zhu D C, Zhao Z D, Niu Y L, *et al.* 2011. The Lhasa Terrane: record of a microcontinent and its histories of drift and growth. Earth and Planetary Sciences Letters, 301: 241-255.

Zhu D C, Zhao Z D, Niu Y L, *et al.* 2013. The origin and pre-Cenozoic evolution of the Tibetan Plateau. Gondwana Research, 23: 1429-1454.

Zhu R Z, Lai S C, Qin J F, *et al.* 2015. Early-Cretaceous highly fractionated I-type granites from the northern Tengchong block, western Yunnan, SW China: petrogenesis and tectonic implications. Journal of Asian Earth Sciences, 100: 145-163.

ABSTRACT

The Tengchong Block is active continental margin arc, related to the eastward subduction of Neo-Tethys and collision of Indian-Asian continents, and has massive Late Cretaceous to Early Eocene granitic rocks. These granitic rocks could provide important information for research on the oceanic subduction and continental collision. Compared with the abundant achievements of northward subduction of Neo-Tethys and collision of Indian-Asian continents, the research on eastward process is relatively less. The northward and eastward subduction of Neo-Tethys and collision of Indian-Asian continents produce the Mesozoic to Cenozoic granitic rocks in magmatic arc area, which have different geochemical signatures. The Hf isotope of most of granitic rocks in Gangdese belt is depleted, but enriched in Tengchong Block. In addition, there is a suit of volcanic rocks in Lhasa Block, Linzizong volcanic rocks that resulted from the northward subduction of Neo-Tethys and collision of Indian-Asian continents. However, it is lack of coeval volcanic rocks in Tengchong Block. Thus, what is the dynamics mechanism that caused the different magmatism during different directions of subduction and collision? This study selects the Late Cretaceous to Early Eocene granitic rocks as research subjects to discuss the petrogenesis of the granitic rocks during the process of oceanic subduction and continental collision, then attempts to analyze the process of eastward subduction of Neo-Tethys and Indian-Asian collision from igneous rocks, and reveals the thermal structures of subducted oceanic crust and mantle.

This book selects the representative granitic bodies in Tengchong Block, including Guyong, Husa, Bangwan, Xima-Tongbiguan plutons. The systemic field investigation, petrography, zircon U-Pb age, geochemistry, mineral chemistry, Sr-Nd-Pb and zircon Lu-Hf isotopic analyses have conducted for these granitic rocks. Combined with the previous researches, this dissertation argues the geochronological framework and spatial-temporal evolution characteristics of granitic rocks, the relationship between the formation of granitic rocks and the Neo-Tethyan subduction and Indian-Asian collision. This study yields the opinions as following:

1. The Late Cretaceous to Early Eocene granitic magmatism in Tengchong was concentrated in 76–50Ma, and could be divided into two stages: the high-K calc-alkaline granite-granodiorite generated at 76–64Ma, calc-alkaline to high-K calc-alkaline granite-granodiorite-quartz diorite formed at 55–50Ma.

The detailed researches on zircon U-Pb age in representative granitic plutons suggest that the western Guyong granites have formation ages of 65±1Ma to 64±1Ma, and the eastern Guyong granites have crystallization ages of 76–68Ma referring to literatures, and the lithology in two parts of Guyong pluton is homogeneous; the Husa granodiorites have crystallization age of 64±1Ma. The Bangwan pluton is a complex massif, and the biotite granites have formation ages of 51±1Ma to 49±1Ma, the granodiorites have formation age of 50±1Ma. The Xima-Tongbiguan granodiorites-quartz diorites have crystallization ages of 54±1Ma to 51±1Ma. The abundant mafic microgranular enclaves are enclosed in the Bangwan granodiorites and Xima-Tongbiguan coarse-grain granodiorites-quartz diorites and crystallization ages of 50±1Ma and 52±1Ma to 51±1Ma, respectively. The products of mafic magmatism in Xima-Tongbiguan area have metagabbros and fine-grain quartz diorites, and the crystallization ages of 51±1Ma and 53±1Ma, respectively.

According to the characteristics of geochronology and petrology for the Late Cretaceous to Early Eocene granitic rocks in Tengchong Block, the granitic magmatism was concentrated in 76–50Ma, and these granitic rocks could be divided two stage: ①Late Cretaceous to Early Paleocene (76–64Ma), the stage of forming high-K calc-alkaline granitic rocks including Guyong granites and Husa granodiorites; ②Early Eocene (55–50Ma), the stage of forming Nabang calc-alkaine granodiorites, Xima-Tongbiguan high-K calc-alkaline coarse-grain granodiorites-quartz diorites, and Bangwan high-K calc-alkaline granodiorites and biotite granites. The data for Nabang granodiorites refer to the literatures. The abundant mafic microgranular enclaves are enclosed in Early Eocene granitic rocks, and coeval with the Early Eocene mafic rocks, which imply the closely relationship between granitic and mafic magmatism.

2. The geochemical and isotopic characteristics of Late Cretaceous to Early Paleocene granites and granodiorites reveal that the Guyong granites were derived from partial melting of pelite-rich rocks and the Husa granodiorites were derived from partial melting of mixing sources of ancient and juvenile crustal rocks. The Early Eocene granitic magmatism represents the anatexis in the different crustal levels. The biotite granites were derived from partial melting of ancient crustal rocks, and the granodiorites-quartz diorites were products of mixing of mantle-derived mafic and crust-derived granitic magma. The granodiorites-quartz diorites have abundant mafic microgranular enclaves, representing the coeval mafic magma, and implying the Early Eocene partial melting events of mantle wedge.

The Late Cretaceous-Early Paleocene granitic rocks could be subdivided into relatively high silicic Guyong granites and low silicic Husa granodiorites. The Guyong granites have SiO_2 contents of 70.64%–76.45%, K_2O contents of 4.14%–5.08%, A/CNK ratios of 1.01–1.12, belonging to peraluminous and high-K calc-alkaline series, and have variable CaO/Na_2O ratios of 0.1–0.7, high initial Sr ratios of 0.706511～0.711753, $\varepsilon_{Nd}(t)$ values of –11.6 to –9.2, suggesting that the granites were derived from partial melting of pelite-rich ancient crustal rocks. The Husa granodiorites have relatively low SiO_2 contents of 64.50%～66.99%, K_2O contents of 3.10%～3.78%, high Na_2O contents of 3.44%～3.85%, A/CNK ratios of 0.96～0.97, belonging to metaluminous high-K calc-alkaline series, and have high initial Sr ratio of 0.716496, $\varepsilon_{Nd}(t)$ value of –16.5, but variable Hf isotopic composition, $\varepsilon_{Hf}(t)$ values of –18.1 to 3.4, indicating that the granodiorites were derived from partial melting of mixing of ancient and juvenile crustal rocks. In addition, there are a little high-silicic granitic rocks that were derived from low-degree partial melting of juvenile crustal rocks in Tengchong Block. Thus, the sources for the Late Cretaceous to Early Paleocene granitic rocks are mainly comprised of ancient crustal and a little juvenile rocks. According to Sr/Y ratios of Husa granodiorites, the crustal thickness of Tengchong Block is thin during Late Cretaceous to Early Paleocene.

The Early Eocene granitic rocks in Tengchong Block are variable, and have SiO_2 contents of 54.08%–75.41%, forming deep crustal hot zone in the lower crust, as the magmatic products at different levels in crust, represented by Bangwan and Xima-Tongbiguan plutons.

Bangwan pluton is a complex massif, and consists of biotite granites and granodiorites. The biotite granites have high SiO_2 contents of 74.33%–75.41%, K_2O contents of 5.57%–6.23%, A/CNK ratios of 1.00–1.09, belonging to peraluminous and high-K calc-alkaline series, high CaO/Na_2O and Al_2O_3/TiO_2 ratios, low Mg#, high initial Sr ratios of 0.710526–0.713002, $\varepsilon_{Nd}(t)$ values of –9.4 to –7.4, $\varepsilon_{Hf}(t)$ values of –9.7 to –0.7, suggesting that they were derived from partial melting of greywackes in ancient crust. The granodiorites in Bangwan have SiO_2 contents of 67.81%–69.57%, K_2O contents of 4.48%–5.95%, A/CNK ratios of 0.97–1.03, belonging to metaluminous to peraluminous and high-K calc-alkaline series. The Bangwan and Late Cretaceous-Early Paleocene Husa granodiorites have identical occurrence locations and lithology, but different geochemical signatures. Bangwan granodiorites have more enriched K, Rb, Th, U and REE, and abundant mafic microgranular enclaves that is mixing of mafic and granitic magma, implying the Early Eocene mafic magmatism in the region. The comparison results show that the enriched compositions inject into the parent granitic magma during formation of the Bangwan granodiorites. The Bangwan granodiorites have high initial Sr ratios of 0.712751–0.713073, $\varepsilon_{Nd}(t)$values of –11.6 to –9.0, $\varepsilon_{Hf}(t)$ values of –10.8 to –1.0, indicating that the granitic magma was generated from partial melting of ancient crust rocks. The geochemistry of mafic microgranular enclaves and high-K calc-alkaline to shoshonitic mafic rocks in this region are similar, enriched in K, Th, U and LREE, high initial Sr ratios and enriched Nd-Hf isotopic compositions, which suggest that the mafic magma in the Bangwan area was derived from mantle wedges that was metasomatized by melts/fluids released after breaking of phlogopite and allanite in subducted sediments during increasing temperature. Thus, the Bangwan granodiorites were generated by mixing of crust-derived granitic magma and mantle-derived mafic magma.

The granitic rocks in Xima-Tongbiguan have variable compositions, SiO_2 contents of 54.08%–70.09%, and the lithology mainly consists of granodiorites and quartz diorites, that are associated with coeval abundant different types of mafic microgranular enclaves, enriched biotite-rind MMEs and absence of rind MMEs. Xima-Tongbiguan granodiorites-quartz diorites have K_2O contents of 2.24%–4.45%, A/CNK ratios of 0.92–1.01, belonging to metaluminous to peraluminous and high-K calc-alkaline series, high initial Sr ratios of 0.708502–0.709175, $\varepsilon_{Nd}(t)$ values of –6.5 to –5.2, $\varepsilon_{Hf}(t)$ values of –7.5 to 1.9, and the feldspars occur reverse growth zone. Combined with geochemical and mineral chemical results, the granodiorites-quartz diorites in Xima-Tongbiguan pluton were produced by mixing of mafic and granitic magma. The source rocks for granitic rocks are mainly comprised of ancient crustal rocks, juvenile crustal rocks and coeval mafic magmatism. The isotopic compositions show that the metagabbros have $\varepsilon_{Hf}(t)$ values of 1.8 to 10.9, and $\varepsilon_{Nd}(t)$ values of –3.4, indicating the decoupling between Nd and Hf isotopes, which resulted from the interaction and mixing between granitic and mafic magma. The mafic magma was derived from depleted mantle according to their zircon Lu-Hf isotopic compositions. The mafic microgranular enclaves enclosed in granitic rocks are the mixing products of evolved mafic magma and granitic magma, and different types of enclaves show different stages of interaction between mafic and granitic magma. After mafic magma moving into granitic magma and then rapid solidification, the minerals in enclaves could be interaction with host or residual granitic melts, such as amphibole changing into biotite. During this process, the enclaves could be broken and Ca+Fe+Mg move in the melts, leading to these compositions increase in the granitic magma.

3. Early Eocene granodiorites-quartz diorites with SiO_2 contents of 60%–70% have the increasing of enriched compositions from west to east, and the variations of granitic and mafic rocks are synchronous

As the active continental margin arc related to the eastward Neo-Tethyan subduction and Indian-Asian continental collision, the Tengchong Block has mature crust. The Eocene granitic rocks (including quartz diorites and granodiorites) with SiO_2 contents of 60%–70% show increasing enriched compositions from west to east, such as K, Th, U and LREE, and the increasing initial Sr ratios, decreasing Nd-Hf isotopic ratios, but decreasing Pb isotopic ratios. This trend between gradually increasing enriched compositions with Sr-Nd-Hf isotope and Pb isotopic compositions are opposite. The compositional variation of granitic rocks is synchronous to the mafic rocks, such as the granitic rocks change from Na-rich to K-rich and the mafic rocks change from low-K tholeiitic to high-K calc-alkaline-shoshonitic series.

Synthesized the petrogenesis of Bangwan and Xima-Tongbiguan granitic rocks, the composition variation of intermediate to acid igneous rocks in active continental margin arc is caused by mixing of different mantle-derived mafic magma and crust-derived granitic magma, and this variation depends upon the composition variation of mafic magma.

4. The activity of granitic magmatism from Late Cretaceous to Early Eocene in the Tengchong Block is gradually westward migration, and the thermal structure of crust-mantle vary from cool crust-cool mantle in Late Cretaceous-Early Paleocene to cool crust-warm mantle in Early Eocene, caused by the initial collision between Indian and Asian continents.

The Late Cretaceous-Early Paleocene magmatism occurs at the east of Yingjiang County, and the Early Eocene magmatism occurs at Yingjiang County and the west area. The activity of granitic magma from Late Cretaceous-Early Paleocene to Early Eocene in the Tengchong Block is gradually westward migration. The Late Cretaceous to Early Eocene igneous rocks is mainly granitic rocks, and lack of coeval mafic rocks in region, but the Early Eocene igneous rocks is characterized by coexisted granitic and mafic rocks and granitic rocks have abundant enclaves and depleted Hf isotopic compositions, which indicate that the mantle materials involved in the formation of granitic rocks. The changing of rock assemblage with time reveals the thermal structure of subducted oceanic crust and mantle wedge at the Tengchong Block, as active continental margin arc related to eastward Neo-Tethys subduction and Indian-Asian continental collision, from cool crust-cool mantle in Late Cretaceous-Early Paleocene to cool crust-warm mantle in Early Eocene. The changing of thermal structure resulted from the initial collision between Indian and Asian continents, and it is further confirmed that the eastward initial Indian-Asian collision at 55Ma.

附录一　分 析 方 法

本书所涉及的室内分析实验均在西北大学大陆动力学国家重点实验室和中国科学院地球化学研究所贵阳分部完成。

1. 主量元素测试方法

首先，主量元素测试需要用电子天平称样 0.7±0.0001g，加入无水四硼酸锂 5.2±0.001g，氟化锂为助溶剂和脱模剂，加入 0.4±0.001g，硝酸铵为氧化剂，加入 0.3±0.001g，将四者混合均匀，放入铂金锅中，再加入 1～2 滴脱模剂溴化锂；其次，在 1200℃下加热 480s，至冷却后将玻璃熔片取出；最后，将玻璃熔片放入荧光光谱仪（XRF）自动进样系统进行分析测试。分析人为王建其，数据精确度为 5%左右。

2. 微量元素测试方法

首先，将样品放在烘箱，取出后在精确度为十万分之一的天平上称取 50±0.5mg 样品于 15mL 的溶液弹中，加入 1.5mL 高纯 HNO_3、1.5mL 高纯 HF 和 0.01mL 高纯 $HClO_4$，将溶样弹在电热板上 140℃开盖加热第一次蒸干，之后，加入 1.5mL 高纯 HNO_3，1.5mL 高纯 HF，并装入钢套中放入烘箱，温度 190℃下 48h，取出溶样弹放于电热板上 140℃开盖蒸干，再加入 2mL 高纯 HNO_3，在电热板上 140℃蒸干。其次，加入 2mL HNO_3，并装入钢套中，再次在烘箱中 190℃下 12h。最后取出溶样弹，进行定容，将样品从溶样弹中转移至之前已被稀释的高纯 HNO_3 和高纯水洗过的聚乙烯瓶中，加入 1g 铑内标，加水稀释至 80.00g。最后，上机测试，采用的仪器为 ICP-MS，是 Agilient 公司最新一代有 Shield Torch 的 Agilient7500a，借用 BHVO-2、AGV-2 为标准参考物，分析流程可见刘烨等（2007）的资料，微量元素测试数据的准确度基本达到 10%。

3. 全岩 Sr-Nd-Pb 同位素测试方法

Sr、Nd 同位素分别采用 AG50W-X8（200～400 目），HDEHP（自制）和 AG1-X8（200～400 目）离子交换树脂进行分离，同位素的测试在多接受电感耦合等离子体质谱仪（MC-ICP-MS，Nu Plasma HR，Nu Instruments，Wrexham, UK）上采用静态模式（static mode）进行。Nd 同位素标样 La Jolla 的测定值为 $^{143}Nd/^{144}Nd$=0.511859±6（2σ，n=20），美国国家标准局 Sr 同位素国际标样 NIST SRM987 测定值为 $^{87}Sr/^{86}Sr$=0.710250±12（2σ，n=15）。Sr 和 Nd 的同位素组成分别用 $^{86}Sr/^{88}Sr$=0.1194 和 $^{146}Nd/^{144}Nd$=0.7219 校正仪器的质量分馏。全岩 Pb 同位素组成用 $^{205}Tl/^{203}Tl$=2.3875 校正仪器的质量分馏，国际 Pb 同位素标样 NBS981 的测试结果为 $^{206}Pb/^{204}Pb$=16.937±1（2σ），$^{207}Pb/^{204}Pb$=15.491±1（2σ），

$^{208}Pb/^{204}Pb$=36.696±1（2σ），BCR-2 标样的测试结果为 $^{206}Pb/^{204}Pb$=18.742±1（2σ），$^{207}Pb/^{204}Pb$=15.620±1（2σ），$^{208}Pb/^{204}Pb$=38.705±1（2σ），Pb 全流程空白值为 0.1～0.3ng。

4. 锆石 U-Pb 和 Lu-Hf 同位素测试方法

首先进行人工重砂分离锆石，然后将分选的锆石用环氧树脂固定并抛光使颗粒露出2/3，超声除去表面污染，制成锆石靶。将处理好的锆石靶进行透射光和反射光照相，在英国 Gatan 公司生产的 MonoCL3+阴极发光仪器系统上进行阴极发光照相。激光剥蚀系统为德国 MicroLas 公司生产的 GeoLas200M，激光剥蚀以 He 作为剥蚀物质的载气，斑束直径为 40μm，频率为 10Hz，激光能量为 90mJ，每个分析点的气体采集背景时间为30s，信号采集时间为40s。锆石的 U-Pb 测试的 ICP-MS 为 Agilient 公司生产的带有 Shield Torch 的 Agilient7500a。锆石 Lu-Hf 同位素测试采用 Nu Plasma HR（Wrexham, UK）多接受电感耦合等离子体质谱仪完成（MC-ICP-MS）。

LA-ICP-MS 激光剥蚀采样方式为单点剥蚀。数据分析前用美国国家标准技术研究院研制的人工合成硅酸盐玻璃标准参考物质 NIST610 进行仪器的最佳化，使仪器达到最大的灵敏度、最小的氧化物产率（ThO^+/Th^+<2%）和最低的背景值。ICP-MS 数据采集选用一个质量峰采集一点的跳峰方式。每测定 5 个样品，测定一个锆石 91500 和一个 NIST610。数据处理采用 GLITTER（4.0）程序，年龄计算以标准锆石 91500 为外标进行同位素比值分馏校正；元素浓度用 NIST610 作外表，Si 作内标。锆石谐和图用 Isoplot 程序（ver3.0）获得（Ludwig, 2003）。样品分析过程中，91500 标样的分析结果为 1062±2.8Ma（2σ，n=28），GJ-1 标样的分析结果为 609.0±7.7Ma（2σ，n=16），与对应的年龄推荐值[1062.4±0.6Ma（2σ），608.53±0.37Ma（2σ）]在误差范围内完全一致（Wiedenbeck *et al.*, 1995; Simon *et al.*, 2004）。

锆石原位 Lu-Hf 同位素测定用 $^{176}Lu/^{175}Lu$=0.02669（Bievre and Taylor，1993）和 $^{176}Yb/^{172}Yb$=0.5886（Chu *et al.*, 2002）；进行同量异位干扰校正计算测定样品的 $^{176}Lu/^{177}Hf$ 和 $^{176}Hf/^{177}Hf$ 值。在样品测定期间，对标准参考物质 91500 和 GJ-1 进行测试，一方面进行仪器状态监控，另一方面是对样品进行校正。分析获得锆石 91500 的 $^{176}Hf/^{177}Hf$=0.282315±0.000016（2σ，n=26），标样 GJ-1 的 $^{176}Hf/^{177}Hf$=0.282039±0.000014（2σ，n=16），标样 MON-1 的 $^{176}Hf/^{177}Hf$=0.282735±0.000002（2σ，n=77），分别与推荐值 0.282307±0.000036（2σ）（Wu *et al.*, 2006）和 0.282015±0.000019（2σ）（Elhlou *et al.*, 2006）吻合得很好。ε_{Hf}的计算采用 ^{176}Lu 衰变常数为 1.865×10^{-11}a（Scherer *et al.*, 2001），球粒陨石现今的 $^{176}Hf/^{177}Hf$=0.282772 和 $^{176}Lu/^{177}Hf$=0.0332（Blichert-Toft and Albarede, 1997）；Hf 亏损地幔模式年龄的计算采用现今的亏损地幔 $^{176}Hf/^{177}Hf$=0.0.28325 和 $^{176}Lu/^{177}Hf$=0.0384（Vervoort and Blichert-Toft, 1999）。

5. 矿物化学测试方法

矿物主量元素含量分析采用日本 JOEL 公司的 JXA-8230 型电子探针（EPMA）进行

分析测试，分析条件为加速电压 15kV，探针束流 10nA，斑束直径通常为 1μm。矿物标样由 SPI 公司提供，不同矿物标样校正不同元素，分别为 Si-石英、Ti-金红石、Al-硬玉、Fe-钛铁矿、Mn-蔷薇辉石、Mg-橄榄石、Ca-透辉石、Na-硬玉、K-透长石、F-磷灰石。分析结果采用 ZAF 法校正。

附录二　分 析 数 据

附表 1　古永和户撒岩体锆石 U-Pb 分析结果

点	含量			比值				年龄/Ma			
	Th /10^{-6}	U/10^{-6}	Th/U	$^{207}Pb/^{235}U$	1σ	$^{206}Pb/^{238}U$	1σ	$^{207}Pb/^{235}U$	1σ	$^{206}Pb/^{238}U$	1σ
GY06											
GY-06-01	109	219	0.50	4.81740	0.11747	0.31977	0.00657	1788	21	1789	32
GY-06-02	371	1072	0.35	0.06770	0.00590	0.01036	0.00027	67	6	66	2
GY-06-03	474	1049	0.45	0.06577	0.01150	0.00996	0.00039	65	11	64	2
GY-06-04	518	1270	0.41	0.06505	0.00317	0.01025	0.00022	64	3	66	1
GY-06-05	169	361	0.47	0.06532	0.01159	0.01013	0.00035	64	11	65	2
GY-06-06	121	333	0.36	0.06169	0.00772	0.00931	0.00028	61	7	60	2
GY-06-07	317	538	0.59	0.06223	0.00733	0.00955	0.00027	61	7	61	2
GY-06-08	979	2021	0.48	0.06819	0.00392	0.01040	0.00024	67	4	67	2
GY-06-09	548	1155	0.47	0.06682	0.00414	0.01001	0.00023	66	4	64	1
GY-06-10	224	917	0.24	0.06285	0.00398	0.00960	0.00022	62	4	62	1
GY-06-11	631	944	0.67	0.06671	0.00390	0.01008	0.00022	66	4	65	1
GY-06-12	381	900	0.42	0.06167	0.00623	0.00940	0.00026	61	6	60	2
GY-06-13	583	1172	0.50	0.06611	0.00607	0.01015	0.00027	65	6	65	2
GY-06-14	233	329	0.71	0.07233	0.01239	0.01097	0.00041	71	12	70	3
GY-06-15	430	1005	0.43	0.06593	0.00873	0.01007	0.00032	65	8	65	2
GY-06-16	457	1125	0.41	0.06530	0.00673	0.00998	0.00028	64	6	64	2
GY-06-17	541	1936	0.28	0.06775	0.00380	0.01055	0.00024	67	4	68	2
GY-06-18	311	349	0.89	0.06725	0.00853	0.01043	0.00029	66	8	67	2
GY-06-19	252	313	0.80	0.06290	0.00835	0.00953	0.00027	62	8	61	2
GY-06-20	831	2285	0.36	0.06818	0.00365	0.01042	0.00023	67	3	67	1
GY-06-21	538	1990	0.27	0.07076	0.00497	0.01089	0.00027	69	5	70	2
GY-06-22	235	814	0.29	0.06448	0.00930	0.00984	0.00032	63	9	63	2
GY-06-23	424	1278	0.33	0.06477	0.00347	0.00983	0.00022	64	3	63	1

续表

点	含量			比值				年龄/Ma			
	Th /10^{-6}	U/10^{-6}	Th/U	$^{207}Pb/^{235}U$	1σ	$^{206}Pb/^{238}U$	1σ	$^{207}Pb/^{235}U$	1σ	$^{206}Pb/^{238}U$	1σ
GY-06-24	38	40	0.96	1.89036	0.19488	0.18232	0.00606	1078	68	1080	33
GY-06-25	528	897	0.59	0.06596	0.00511	0.01003	0.00025	65	5	64	2
GY-06-26	398	1530	0.26	0.06807	0.00352	0.00982	0.00022	67	3	63	1
GY-06-27	987	1675	0.59	0.06807	0.00430	0.01044	0.00024	67	4	67	2
GY-06-28	351	1140	0.31	0.06704	0.00398	0.00985	0.00022	66	4	63	1
GY-06-29	659	1526	0.43	0.06314	0.00343	0.00977	0.00022	62	3	63	1
GY-06-30	1079	3067	0.35	0.06863	0.00394	0.01051	0.00024	67	4	67	2
GY-06-31	232	810	0.29	0.06191	0.00503	0.00940	0.00024	61	5	60	2
GY-06-32	753	1503	0.50	0.06659	0.00649	0.01020	0.00028	65	6	65	2
GY-06-33	495	1042	0.48	0.06366	0.00730	0.00992	0.00026	63	7	64	2
GY17											
GY-17-01	510	1260	0.40	0.06442	0.00350	0.00974	0.00021	63	3	62	1
GY-17-02	102	268	0.38	1.40709	0.07372	0.14970	0.00330	892	31	899	18
GY-17-03	321	942	0.34	0.06916	0.00558	0.01054	0.00026	68	5	68	2
GY-17-04	66	144	0.46	0.06637	0.02098	0.01015	0.00044	65	20	65	3
GY-17-05	1466	11783	0.12	0.08145	0.00332	0.01198	0.00025	80	3	77	2
GY-17-06	1849	3271	0.57	0.06930	0.00382	0.01015	0.00023	68	4	65	1
GY-17-07	2438	6238	0.39	0.07353	0.00583	0.00994	0.00026	72	6	64	2
GY-17-08	616	1346	0.46	0.06531	0.00382	0.01007	0.00023	64	4	65	1
GY-17-09	2370	10645	0.22	0.09174	0.00240	0.01321	0.00026	89	2	85	2
GY-17-10	1636	6396	0.26	0.07141	0.00445	0.01018	0.00024	70	4	65	2
GY-17-11	585	1790	0.33	0.06657	0.00344	0.01022	0.00022	65	3	66	1
GY-17-12	489	1153	0.42	0.07118	0.00781	0.01028	0.00031	70	7	66	2
GY-17-13	225	432	0.52	0.06570	0.00829	0.00980	0.00030	65	8	63	2
GY-17-14	597	1240	0.48	0.06917	0.00525	0.01014	0.00024	68	5	65	2

续表

点	含量			比值				年龄/Ma			
	Th /10^{-6}	U/10^{-6}	Th/U	$^{207}Pb/^{235}U$	1σ	$^{206}Pb/^{238}U$	1σ	$^{207}Pb/^{235}U$	1σ	$^{206}Pb/^{238}U$	1σ
GY-17-15	486	1689	0.29	0.06709	0.00549	0.01026	0.00026	66	5	66	2
GY-17-16	358	991	0.36	0.06414	0.00535	0.00990	0.00025	63	5	64	2
GY-17-17	433	368	1.17	0.06571	0.00769	0.01013	0.00028	65	7	65	2
GY-17-18	76	414	0.18	1.54488	0.04994	0.10341	0.00214	948	20	634	12
GY-17-19	394	436	0.90	0.06754	0.01689	0.01033	0.00046	66	16	66	3
GY-17-20	332	903	0.37	0.06353	0.00591	0.00938	0.00025	63	6	60	2
GY-17-21	351	867	0.40	0.06493	0.00551	0.00989	0.00025	64	5	63	2
GY-17-22	216	440	0.49	0.06333	0.00794	0.00988	0.00028	62	8	63	2
GY-17-23	1074	2665	0.40	0.07283	0.00445	0.01114	0.00025	71	4	71	2
GY-17-24	674	585	1.15	0.06151	0.00599	0.00945	0.00024	61	6	61	2
GY-17-25	3205	2360	1.36	0.06293	0.00536	0.00991	0.00024	62	5	64	2
GY-17-26	757	1683	0.45	0.07105	0.00355	0.01085	0.00023	70	3	70	1
GY-17-27	2311	2270	1.02	0.06762	0.00463	0.01026	0.00024	66	4	66	2
GY-17-28	859	5054	0.17	0.09458	0.00320	0.01385	0.00028	92	3	89	2
GY-17-29	367	889	0.41	0.06577	0.00507	0.01005	0.00024	65	5	64	2
GY46											
GY-46-01	473	851	0.56	0.07247	0.00453	0.01110	0.00026	71	4	71	2
GY-46-02	821	2365	0.35	0.06331	0.00462	0.01028	0.00025	62	4	66	2
GY-46-03	1390	5723	0.24	0.08443	0.00245	0.01290	0.00026	82	2	83	2
GY-46-04	898	2291	0.39	0.06686	0.00616	0.01016	0.00028	66	6	65	2
GY-46-05	617	953	0.65	0.06747	0.00468	0.01042	0.00025	66	4	67	2
GY-46-06	1191	3421	0.35	0.06436	0.00937	0.00994	0.00035	63	9	64	2
GY-46-07	415	421	0.99	0.06580	0.01012	0.00944	0.00035	65	10	61	2
GY-46-08	1494	2631	0.57	0.06787	0.00840	0.01039	0.00030	67	8	67	2
GY-46-09	114	331	0.34	0.06549	0.00745	0.01009	0.00027	64	7	65	2

续表

点	含量			比值				年龄/Ma			
	Th /10^{-6}	U/10^{-6}	Th/U	$^{207}Pb/^{235}U$	1σ	$^{206}Pb/^{238}U$	1σ	$^{207}Pb/^{235}U$	1σ	$^{206}Pb/^{238}U$	1σ
GY-46-10	1705	3899	0.44	0.06317	0.00439	0.00969	0.00023	62	4	62	1
GY-46-11	1584	1205	1.31	0.06683	0.00487	0.00969	0.00024	66	5	62	2
GY-46-12	265	522	0.51	0.06655	0.00752	0.01013	0.00026	65	7	65	2
GY-46-13	742	640	1.16	0.06585	0.00857	0.01001	0.00030	65	8	64	2
GY-46-14	219	759	0.29	0.06787	0.00682	0.00959	0.00026	67	6	62	2
GY-46-15	1429	11804	0.12	0.08187	0.00330	0.01261	0.00025	80	3	81	2
GY-46-16	1829	8636	0.21	0.09988	0.00364	0.01315	0.00026	97	3	84	2
GY-46-17	534	749	0.71	0.06663	0.01520	0.01000	0.00049	65	14	64	3
GY-46-18	1547	4077	0.38	0.08718	0.00270	0.01296	0.00026	85	3	83	2
GY-46-19	144	355	0.41	0.06754	0.00787	0.00990	0.00024	66	7	63	2
GY-46-20	354	1111	0.32	0.06647	0.00488	0.01027	0.00024	65	5	66	2
GY-46-21	619	2099	0.29	0.08613	0.00381	0.01264	0.00027	84	4	81	2
GY-46-22	1539	5646	0.27	0.08955	0.00235	0.01294	0.00025	87	2	83	2
GY-46-23	452	1483	0.30	0.06389	0.00336	0.00975	0.00021	63	3	63	1
GY-46-24	283	552	0.51	0.06749	0.00750	0.01015	0.00028	66	7	65	2
GY-46-25	2310	8549	0.27	0.09516	0.00231	0.01357	0.00026	92	2	87	2
GY-46-26	597	3901	0.15	0.08260	0.00605	0.01174	0.00028	81	6	75	2
GY-46-27	2510	12550	0.20	0.08858	0.00230	0.01266	0.00025	86	2	81	2
GY-46-28	494	654	0.75	0.06365	0.00498	0.00980	0.00023	63	5	63	1
GY-46-29	494	502	0.98	0.06416	0.00662	0.00976	0.00025	63	6	63	2
GY-46-30	562	1098	0.51	0.06934	0.00559	0.01006	0.00024	68	5	65	2
LC28											
LC-28-01	499	791	0.63	0.06452	0.00415	0.00986	0.00022	63	4	63	1
LC-28-02	454	1078	0.42	0.06794	0.00562	0.01033	0.00026	67	5	66	2
LC-28-03	461	747	0.62	0.06774	0.01523	0.01034	0.00040	67	14	66	3
LC-28-04	317	923	0.34	0.06796	0.01100	0.01044	0.00039	67	10	67	2

续表

点	含量			比值				年龄/Ma			
	Th /10^{-6}	U/10^{-6}	Th/U	$^{207}Pb/^{235}U$	1σ	$^{206}Pb/^{238}U$	1σ	$^{207}Pb/^{235}U$	1σ	$^{206}Pb/^{238}U$	1σ
LC-28-05	783	2008	0.39	0.06755	0.00320	0.01035	0.00022	66	3	66	1
LC-28-06	83	129	0.64	0.06733	0.02327	0.01032	0.00050	66	22	66	3
LC-28-07	426	1626	0.26	0.06792	0.00323	0.01031	0.00022	67	3	66	1
LC-28-08	1018	3568	0.29	0.07062	0.00392	0.01083	0.00024	69	4	69	2
LC-28-09	293	948	0.31	0.06653	0.00440	0.00935	0.00022	65	4	60	1
LC-28-10	2382	1775	1.34	0.06754	0.00294	0.01033	0.00022	66	3	66	1
LC-28-11	2246	1492	1.51	0.13250	0.00432	0.01988	0.00040	126	4	127	3
LC-28-12	1348	5056	0.27	0.07766	0.00319	0.01159	0.00024	76	3	74	2
LC-28-13	950	4138	0.23	0.07677	0.00253	0.01185	0.00024	75	2	76	2
LC-28-14	448	1231	0.36	0.06616	0.00590	0.01030	0.00027	65	6	66	2
LC-28-15	664	1004	0.66	0.06230	0.00448	0.00951	0.00023	61	4	61	1
LC-28-16	453	1272	0.36	0.06373	0.00329	0.00975	0.00021	63	3	63	1
LC-28-17	255	310	0.82	0.06773	0.00889	0.00972	0.00030	67	8	62	2
LC-28-18	858	1247	0.69	0.07385	0.00392	0.01136	0.00025	72	4	73	2
LC-28-19	170	534	0.32	0.06496	0.00471	0.00990	0.00023	64	4	64	1
LC-28-20	206	660	0.31	0.06339	0.00540	0.00977	0.00025	62	5	63	2
LC-28-21	242	348	0.70	0.05645	0.00988	0.01038	0.00031	56	9	67	2
LC-28-22	561	1583	0.35	0.06377	0.00386	0.00966	0.00022	63	4	62	1
LC-28-23	356	986	0.36	0.06359	0.00455	0.00977	0.00023	63	4	63	1
LC-28-24	112	266	0.42	10.25868	0.24044	0.46376	0.00958	2458	22	2456	42
LC-28-25	1439	2247	0.64	0.06759	0.01126	0.01036	0.00035	66	11	66	2
LC-28-26	563	1723	0.33	0.06839	0.00512	0.01057	0.00026	67	5	68	2
LC-28-27	311	956	0.33	0.06444	0.00484	0.00994	0.00023	63	5	64	1
LC-28-28	435	1298	0.34	0.06171	0.00337	0.00942	0.00021	61	3	60	1
LC-28-29	702	1234	0.57	0.07346	0.00372	0.01119	0.00025	72	4	72	2
LC-28-30	515	773	0.67	0.06635	0.01226	0.00975	0.00039	65	12	63	2
LC-28-31	239	144	1.66	0.06396	0.01763	0.00969	0.00045	63	17	62	3

附表 2 户撒岩体锆石 Lu-Hf 同位素分析结果

样品	年龄/Ma	$^{176}Hf/^{177}Hf$	2σ	$^{176}Yb/^{177}Hf$	2σ	$^{176}Lu/^{177}Hf$	2σ	$\varepsilon_{Hf}(0)$	$\varepsilon_{Hf}(t)$	$f_{Lu/Hf}$	T_{DM1}/Ma	T_{DM2}/Ma
LC-28-01	63	0.282375	0.000017	0.039297	0.000422	0.001164	0.000011	−14.0	−12.7	−0.96	1245	1936
LC-28-02	66	0.282610	0.000029	0.134119	0.002209	0.003835	0.000058	−5.7	−4.4	−0.88	984	1416
LC-28-03	66	0.282320	0.000013	0.040282	0.000112	0.001162	0.000004	−16.0	−14.6	−0.96	1323	2058
LC-28-04	66	0.282454	0.000019	0.030117	0.000213	0.000857	0.000006	−11.2	−9.8	−0.97	1124	1757
LC-28-05	67	0.282269	0.000017	0.036210	0.000072	0.001289	0.000002	−17.8	−16.4	−0.96	1399	2170
LC-28-06	66	0.282403	0.000013	0.061864	0.000233	0.001760	0.000005	−13.1	−11.7	−0.95	1226	1874
LC-28-07	66	0.282221	0.000018	0.044050	0.000327	0.001384	0.000013	−19.5	−18.1	−0.96	1471	2278
LC-28-08	66	0.282325	0.000012	0.063435	0.000115	0.001908	0.000001	−15.8	−14.4	−0.94	1342	2047
LC-28-09	69	0.282513	0.000013	0.046569	0.000321	0.001318	0.000010	−9.2	−7.7	−0.96	1055	1625
LC-28-10	60	0.282306	0.000013	0.030736	0.000097	0.000927	0.000002	−16.5	−15.2	−0.97	1334	2091
LC-28-11	66	0.282834	0.000022	0.218593	0.002334	0.005925	0.000068	2.2	3.4	−0.82	683	919
LC-28-12	127	0.282660	0.000026	0.050959	0.000180	0.001328	0.000004	−3.9	−1.3	−0.96	846	1261
LC-28-13	74	0.282537	0.000014	0.103410	0.001503	0.003070	0.000045	−8.3	−6.9	−0.91	1072	1575
LC-28-14	76	0.282567	0.000011	0.096239	0.000393	0.002680	0.000007	−7.3	−5.7	−0.92	1016	1505
LC-28-15	66	0.282343	0.000014	0.038448	0.000235	0.001128	0.000007	−15.2	−13.8	−0.97	1289	2005
LC-28-16	61	0.282544	0.000014	0.040772	0.000214	0.001171	0.000004	−8.1	−6.8	−0.96	1007	1560
LC-28-17	63	0.282323	0.000016	0.035429	0.000110	0.001035	0.000003	−15.9	−14.5	−0.97	1314	2051
LC-28-18	62	0.282551	0.000022	0.020776	0.000295	0.000625	0.000008	−7.8	−6.5	−0.98	983	1543
LC-28-19	73	0.282552	0.000024	0.095196	0.001143	0.002593	0.000032	−7.8	−6.3	−0.92	1035	1539
LC-28-20	64	0.282448	0.000020	0.045617	0.000182	0.001447	0.000008	−11.5	−10.1	−0.96	1152	1775
LC-28-21	63	0.282355	0.000018	0.027516	0.000138	0.000812	0.000004	−14.7	−13.4	−0.98	1261	1980
LC-28-22	67	0.282559	0.000017	0.038865	0.000140	0.001078	0.000003	−7.5	−6.1	−0.97	983	1522
LC-28-23	62	0.282483	0.000019	0.060025	0.000410	0.001697	0.000010	−10.2	−8.9	−0.95	1109	1698
LC-28-24	66	0.282466	0.000016	0.036906	0.000570	0.001058	0.000016	−10.8	−9.4	−0.97	1115	1732

附表 3　邦湾花岗闪长岩、暗色微粒包体和黑云母花岗岩锆石 U-Pb 分析结果

点	含量			比值						年龄/Ma					
	$Th/10^{-6}$	$U/10^{-6}$	Th/U	$^{207}Pb/^{206}Pb$	1σ	$^{207}Pb/^{235}U$	1σ	$^{206}Pb/^{238}U$	1σ	$^{207}Pb/^{206}Pb$	1σ	$^{207}Pb/^{235}U$	1σ	$^{206}Pb/^{238}U$	1σ
LL96 黑云母花岗岩															
LL-96-1	332	530	0.63	0.04696	0.00342	0.05437	0.00377	0.00840	0.00014	47	120	54	4	54	1
LL-96-2	490	714	0.69	0.04676	0.00313	0.05379	0.00341	0.00834	0.00013	37	108	53	3	54	1
LL-96-3	133	160	0.83	0.04664	0.00869	0.05256	0.00958	0.00817	0.00030	31	274	52	9	52	2
LL-96-4	291	417	0.70	0.04630	0.00420	0.05341	0.00466	0.00837	0.00017	13	154	53	4	54	1
LL-96-5	493	901	0.55	0.04941	0.00335	0.05247	0.00336	0.00770	0.00013	167	115	52	3	49	1
LL-96-6	370	580	0.64	0.05085	0.00405	0.05724	0.00435	0.00816	0.00015	234	139	57	4	52	1
LL-96-7	654	1150	0.57	0.04956	0.00253	0.05357	0.00251	0.00784	0.00011	174	83	53	2	50	1
LL-96-8	1220	1407	0.87	0.04849	0.00264	0.05248	0.00264	0.00785	0.00011	123	89	52	3	50	1
LL-96-9	336	506	0.66	0.04706	0.00357	0.05414	0.00391	0.00834	0.00014	52	127	54	4	54	1
LL-96-10	946	1187	0.80	0.05138	0.00344	0.05523	0.00348	0.00780	0.00013	258	114	55	3	50	1
LL-96-11	1353	1487	0.91	0.04576	0.00210	0.04872	0.00203	0.00772	0.00010	–15	62	48	2	50	1
LL-96-12	137	132	1.04	0.04605	0.00600	0.05150	0.00660	0.00811	0.00020		243	51	6	52	1
LL-96-13	673	1354	0.50	0.04869	0.00430	0.05124	0.00433	0.00763	0.00016	133	150	51	4	49	1
LL-96-14	704	1430	0.49	0.04685	0.00187	0.05056	0.00177	0.00783	0.00009	42	55	50	2	50	1
LL-96-15	566	2087	0.27	0.05020	0.00274	0.05392	0.00272	0.00779	0.00011	204	91	53	3	50	1
LL-96-16	226	349	0.65	0.04741	0.00329	0.06386	0.00422	0.00977	0.00015	70	116	63	4	63	1
LL-96-17	370	504	0.73	0.04766	0.00437	0.05238	0.00461	0.00797	0.00016	82	157	52	4	51	1
LL-96-18	390	1030	0.38	0.04774	0.00235	0.05140	0.00231	0.00781	0.00010	86	77	51	2	50	1
LL-96-19	276	397	0.69	0.04760	0.00454	0.05239	0.00481	0.00798	0.00016	79	166	52	5	51	1
LL-96-20	416	690	0.60	0.04698	0.00334	0.05227	0.00353	0.00807	0.00013	48	117	52	3	52	1
LL-96-21	1490	1916	0.78	0.04798	0.00881	0.05050	0.00904	0.00763	0.00030	98	278	50	9	49	2
LL-96-22	478	1060	0.45	0.04639	0.00397	0.04912	0.00403	0.00768	0.00015	18	143	49	4	49	1
LL-96-23	353	1605	0.22	0.04669	0.00234	0.05083	0.00234	0.00789	0.00010	33	75	50	2	51	1
LL-96-24	236	311	0.76	0.04750	0.00765	0.05091	0.00799	0.00777	0.00025	74	257	50	8	50	2

续表

点	含量			比值						年龄/Ma					
	$Th/10^{-6}$	$U/10^{-6}$	Th/U	$^{207}Pb/^{206}Pb$	1σ	$^{207}Pb/^{235}U$	1σ	$^{206}Pb/^{238}U$	1σ	$^{207}Pb/^{206}Pb$	1σ	$^{207}Pb/^{235}U$	1σ	$^{206}Pb/^{238}U$	1σ
LL-96-25	736	1400	0.53	0.04890	0.00258	0.05088	0.00247	0.00754	0.00010	143	87	50	2	48	1
LL-96-26	321	431	0.75	0.04846	0.00391	0.05102	0.00394	0.00763	0.00014	122	138	51	4	49	1
LL-96-27	467	1283	0.36	0.04716	0.00244	0.05047	0.00240	0.00776	0.00010	57	80	50	2	50	1
LL-96-28	565	1206	0.47	0.04671	0.00263	0.05221	0.00273	0.00811	0.00011	34	87	52	3	52	1
LC2-17 黑云母花岗岩															
LC2-17-1	1550	1390	1.12	0.04737	0.00312	0.05109	0.00326	0.00782	0.00011	68	114	51	3	50	1
LC2-17-2	433	513	0.84	0.05110	0.00603	0.05647	0.00649	0.00801	0.00021	245	210	56	6	51	1
LC2-17-3	598	932	0.64	0.04750	0.00360	0.05119	0.00377	0.00781	0.00013	74	131	51	4	50	1
LC2-17-4	822	1159	0.71	0.04932	0.00607	0.05107	0.00613	0.00751	0.00020	163	220	51	6	48	1
LC2-17-5	366	886	0.41	0.04842	0.00277	0.05212	0.00288	0.00780	0.00010	120	100	52	3	50	1
LC2-17-6	623	969	0.64	0.05124	0.00476	0.05379	0.00486	0.00761	0.00016	252	165	53	5	49	1
LC2-17-7	523	876	0.60	0.05057	0.00423	0.05144	0.00423	0.00738	0.00011	221	191	51	4	47	1
LC2-17-8	1590	2425	0.66	0.04716	0.00350	0.05063	0.00365	0.00779	0.00013	57	127	50	4	50	1
LC2-17-9	692	994	0.70	0.04817	0.00500	0.05084	0.00515	0.00766	0.00017	108	184	50	5	49	1
LC2-17-10	3077	4358	0.71	0.05083	0.00352	0.05370	0.00369	0.00766	0.00007	233	159	53	4	49	1
LC2-17-11	458	537	0.85	0.04754	0.00383	0.05127	0.00402	0.00782	0.00013	76	142	51	4	50	1
LC2-17-12	685	499	1.37	0.05532	0.00682	0.05845	0.00711	0.00766	0.00015	425	281	58	7	49	1
LC2-17-13	775	994	0.78	0.04676	0.00495	0.04889	0.00505	0.00758	0.00017	37	184	48	5	49	1
LC2-17-14	400	470	0.85	0.05228	0.00665	0.05572	0.00691	0.00773	0.00021	298	230	55	7	50	1
LC2-17-15	564	700	0.81	0.04667	0.00627	0.05138	0.00675	0.00799	0.00022	32	221	51	7	51	1
LC2-17-16	781	770	1.01	0.04759	0.00322	0.05031	0.00331	0.00767	0.00011	79	118	50	3	49	1
LC2-17-17	651	533	1.22	0.04712	0.00799	0.05029	0.00834	0.00774	0.00027	55	259	50	8	50	2
LC2-17-18	408	860	0.47	0.04725	0.00345	0.04869	0.00346	0.00748	0.00012	62	126	48	3	48	1
LC2-17-19	579	1009	0.57	0.04605	0.00262	0.04858	0.00272	0.00765	0.00008		124	48	3	49	1
LC2-17-20	922	1243	0.74	0.05111	0.00433	0.05390	0.00444	0.00765	0.00014	246	153	53	4	49	1

续表

点	含量			比值						年龄/Ma					
	$Th/10^{-6}$	$U/10^{-6}$	Th/U	$^{207}Pb/^{206}Pb$	1σ	$^{207}Pb/^{235}U$	1σ	$^{206}Pb/^{238}U$	1σ	$^{207}Pb/^{206}Pb$	1σ	$^{207}Pb/^{235}U$	1σ	$^{206}Pb/^{238}U$	1σ
LC2-17-21	887	1133	0.78	0.05288	0.00385	0.05804	0.00410	0.00796	0.00013	324	131	57	4	51	1
LC2-17-22	1071	1293	0.83	0.04807	0.00261	0.04883	0.00256	0.00737	0.00009	103	95	48	2	47	1
LC2-17-23	765	925	0.83	0.05277	0.00356	0.05583	0.00365	0.00768	0.00012	319	121	55	4	49	1
LC2-17-24	1779	1684	1.06	0.05093	0.00363	0.05286	0.00372	0.00753	0.00008	238	163	52	4	48	1
LC2-17-25	1443	1687	0.86	0.04605	0.00141	0.04710	0.00139	0.00742	0.00006		63	47	1	48	1
LC2-17-26	1410	1478	0.95	0.04862	0.00332	0.04857	0.00326	0.00724	0.00009	130	154	48	3	47	1
LC2-17-27	1671	1886	0.89	0.05075	0.00207	0.05148	0.00200	0.00736	0.00007	229	72	51	2	47	1
LC2-17-28	1192	1473	0.81	0.05295	0.00502	0.05798	0.00535	0.00794	0.00017	327	170	57	5	51	1
LC2-17-29	942	1378	0.68	0.05512	0.00377	0.05766	0.00382	0.00759	0.00012	417	120	57	4	49	1
LC2-17-30	1259	2159	0.58	0.04719	0.00253	0.05122	0.00266	0.00787	0.00009	59	92	51	3	51	1
LC2-17-31	950	1169	0.81	0.05571	0.00606	0.06019	0.00637	0.00784	0.00019	441	194	59	6	50	1
LC2-17-32	937	875	1.07	0.04792	0.00239	0.05100	0.00246	0.00772	0.00008	95	89	51	2	50	1
LC2-09 花岗闪长岩															
LC2-09-1	761	1848	0.41	0.04753	0.00277	0.05012	0.00270	0.00765	0.00011	76	92	50	3	49	1
LC2-09-2	893	690	1.29	0.04907	0.00461	0.05061	0.00471	0.00748	0.00010	151	213	50	5	48	1
LC2-09-3	719	1396	0.51	0.05064	0.00281	0.05445	0.00279	0.00780	0.00011	224	92	54	3	50	1
LC2-09-4	219	239	0.91	0.05270	0.01208	0.05651	0.01283	0.00778	0.00025	316	432	56	12	50	2
LC2-09-5	345	578	0.60	0.04687	0.00403	0.05070	0.00417	0.00785	0.00015	43	145	50	4	50	1
LC2-09-6	847	1712	0.49	0.05097	0.00274	0.05491	0.00270	0.00781	0.00011	239	87	54	3	50	1
LC2-09-7	102	103	1.00	0.04605	0.01173	0.04818	0.01212	0.00759	0.00031		417	48	12	49	2
LC2-09-8	515	2019	0.25	0.05155	0.00202	0.05644	0.00191	0.00794	0.00009	266	57	56	2	51	1
LC2-09-9	830	2211	0.38	0.04605	0.00207	0.04979	0.00218	0.00784	0.00008		96	49	2	50	1
LC2-09-10	511	1851	0.28	0.06104	0.00135	0.61807	0.01247	0.07344	0.00065	640	49	489	8	457	4
LC2-09-11	123	135	0.91	0.04605	0.00767	0.04991	0.00817	0.00786	0.00024		292	49	8	50	2
LC2-09-12	2334	6477	0.36	0.04624	0.00341	0.04982	0.00350	0.00781	0.00012	10	124	49	3	50	1

续表

点	含量			比值						年龄/Ma					
	Th/10^{-6}	U/10^{-6}	Th/U	$^{207}Pb/^{206}Pb$	1σ	$^{207}Pb/^{235}U$	1σ	$^{206}Pb/^{238}U$	1σ	$^{207}Pb/^{206}Pb$	1σ	$^{207}Pb/^{235}U$	1σ	$^{206}Pb/^{238}U$	1σ
LC2-09-13	384	419	0.92	0.04758	0.00873	0.05187	0.00929	0.00791	0.00030	78	274	51	9	51	2
LC2-09-14	848	1856	0.46	0.04666	0.00226	0.05062	0.00221	0.00787	0.00010	32	70	50	2	51	1
LC2-09-15	958	949	1.01	0.05288	0.00525	0.05763	0.00563	0.00790	0.00014	324	227	57	5	51	1
LC2-09-16	210	222	0.95	0.05954	0.01266	0.06477	0.01355	0.00789	0.00030	587	443	64	13	51	2
LC2-09-17	202	426	0.47	0.04771	0.00426	0.05230	0.00448	0.00795	0.00015	85	154	52	4	51	1
LC2-09-18	10738	16451	0.65	0.05563	0.00249	0.05957	0.00259	0.00777	0.00008	438	102	59	2	50	1
LC2-09-19	501	344	1.46	0.04605	0.00191	0.05022	0.00187	0.00791	0.00015		88	50	2	51	1
LC2-09-20	378	782	0.48	0.05052	0.00277	0.05508	0.00278	0.00791	0.00011	219	91	54	3	51	1
LC2-09-21	373	503	0.74	0.04695	0.00363	0.05062	0.00372	0.00782	0.00014	47	127	50	4	50	1
LC2-09-22	468	351	1.33	0.04605	0.00438	0.05003	0.00465	0.00788	0.00015		201	50	4	51	1
LC2-09-23	494	419	1.18	0.05056	0.00512	0.05430	0.00529	0.00779	0.00017	221	179	54	5	50	1
LC2-09-24	276	360	0.77	0.04605	0.00182	0.05068	0.00189	0.00798	0.00011		84	50	2	51	1
LC2-09-25	538	339	1.59	0.04653	0.00483	0.04951	0.00496	0.00772	0.00017	25	181	49	5	50	1
LC2-09-26	204	226	0.90	0.04852	0.01122	0.05173	0.01170	0.00773	0.00036	125	341	51	11	50	2
LC2-09-27	93	104	0.89	0.04792	0.00829	0.05201	0.00877	0.00787	0.00028	95	275	51	8	51	2
LC2-09-28	2333	1512	1.54	0.05732	0.00529	0.06057	0.00534	0.00766	0.00017	504	156	60	5	49	1
LC2-09-29	308	217	1.42	0.04746	0.00606	0.05127	0.00637	0.00783	0.00020	72	224	51	6	50	1
LC2-09-30	239	310	0.77	0.05392	0.00939	0.06008	0.01015	0.00808	0.00032	368	304	59	10	52	2
LC2-09-31	638	701	0.91	0.09044	0.00214	2.21946	0.03239	0.17796	0.00168	1435	14	1187	10	1056	9
LC2-09-32	430	965	0.45	0.04863	0.00330	0.04984	0.00333	0.00743	0.00009	130	153	49	3	48	1
LC2-09-33	293	318	0.92	0.04698	0.00423	0.05135	0.00445	0.00793	0.00014	48	158	51	4	51	1
LC2-09-34	490	554	0.89	0.04605	0.00446	0.04764	0.00456	0.00750	0.00011		203	47	4	48	1
LC2-09-35	469	444	1.06	0.04673	0.00434	0.04969	0.00444	0.00771	0.00015	35	161	49	4	50	1

续表

点	含量			比值						年龄/Ma					
	$Th/10^{-6}$	$U/10^{-6}$	Th/U	$^{207}Pb/^{206}Pb$	1σ	$^{207}Pb/^{235}U$	1σ	$^{206}Pb/^{238}U$	1σ	$^{207}Pb/^{206}Pb$	1σ	$^{207}Pb/^{235}U$	1σ	$^{206}Pb/^{238}U$	1σ
LC2-30 暗色微粒包体															
LC2-30-1	4306	2610	1.65	0.05220	0.00250	0.05564	0.00255	0.00773	0.00009	294	84	55	2	50	1
LC2-30-2	221	428	0.52	0.04780	0.00345	0.05144	0.00361	0.00780	0.00012	89	126	51	3	50	1
LC2-30-3	249	344	0.72	0.05518	0.00515	0.05980	0.00542	0.00786	0.00017	420	165	59	5	50	1
LC2-30-4	1063	1349	0.79	0.05262	0.00341	0.05554	0.00348	0.00766	0.00011	312	117	55	3	49	1
LC2-30-5	453	338	1.34	0.04663	0.00387	0.05056	0.00409	0.00786	0.00013	30	147	50	4	51	1
LC2-30-6	2390	1678	1.42	0.04668	0.00305	0.05090	0.00322	0.00791	0.00011	33	111	50	3	51	1
LC2-30-7	728	504	1.44	0.04689	0.00798	0.05037	0.00846	0.00779	0.00021	43	303	50	8	50	1
LC2-30-8	659	1949	0.34	0.05333	0.00352	0.05675	0.00362	0.00772	0.00012	343	117	56	3	50	1
LC2-30-9	388	634	0.61	0.04693	0.00454	0.05004	0.00472	0.00773	0.00015	46	172	50	5	50	1
LC2-30-10	419	515	0.81	0.04605	0.00450	0.04757	0.00459	0.00749	0.00012		205	47	4	48	1
LC2-30-11	5052	3106	1.63	0.04714	0.00132	0.05065	0.00130	0.00779	0.00005	56	46	50	1	50	1
LC2-30-12	175	153	1.15	0.04988	0.00571	0.05406	0.00607	0.00786	0.00016	189	215	53	6	50	1
LC2-30-13	1867	8636	0.22	0.04693	0.00124	0.05015	0.00121	0.00775	0.00005	46	42	50	1	50	1
LC2-30-14	215	384	0.56	0.05177	0.00328	0.05557	0.00341	0.00779	0.00011	275	115	55	3	50	1
LC2-30-15	374	439	0.85	0.04729	0.00372	0.05039	0.00387	0.00773	0.00012	64	140	50	4	50	1
LC2-30-16	239	182	1.32	0.04732	0.00771	0.04990	0.00799	0.00765	0.00023	65	267	49	8	49	1
LC2-30-17	234	328	0.71	0.04697	0.00505	0.05137	0.00539	0.00793	0.00017	48	190	51	5	51	1
LC2-30-18	284	264	1.08	0.05797	0.00945	0.06380	0.01024	0.00798	0.00022	529	365	63	10	51	1
LC2-30-19	126	150	0.84	0.04737	0.00865	0.05032	0.00903	0.00771	0.00026	68	279	50	9	50	2
LC2-30-20	430	1120	0.38	0.04683	0.00359	0.04951	0.00369	0.00767	0.00012	41	134	49	4	49	1
LC2-30-21	658	1294	0.51	0.05019	0.00302	0.05412	0.00321	0.00782	0.00008	204	138	54	3	50	1
LC2-30-22	333	465	0.72	0.04747	0.00550	0.05003	0.00567	0.00765	0.00018	73	206	50	5	49	1

续表

点	含量			比值						年龄/Ma					
	$Th/10^{-6}$	$U/10^{-6}$	Th/U	$^{207}Pb/^{206}Pb$	1σ	$^{207}Pb/^{235}U$	1σ	$^{206}Pb/^{238}U$	1σ	$^{207}Pb/^{206}Pb$	1σ	$^{207}Pb/^{235}U$	1σ	$^{206}Pb/^{238}U$	1σ
LC2-30-23	578	494	1.17	0.05004	0.00594	0.05388	0.00625	0.00781	0.00019	197	216	53	6	50	1
LC2-30-24	368	267	1.38	0.04691	0.00744	0.04955	0.00770	0.00766	0.00024	45	255	49	7	49	2
LC2-30-25	188	218	0.86	0.05272	0.00431	0.05668	0.00450	0.00780	0.00014	317	148	56	4	50	1
LC2-30-26	846	1432	0.59	0.04956	0.00893	0.05220	0.00919	0.00764	0.00029	174	290	52	9	49	2
LC2-30-27	442	653	0.68	0.05023	0.00382	0.05355	0.00396	0.00773	0.00013	206	137	53	4	50	1
LC2-30-28	364	339	1.07	0.04490	0.00600	0.04697	0.00615	0.00759	0.00020	-24	211	47	6	49	1
LC2-30-29	278	414	0.67	0.04929	0.00481	0.05198	0.00496	0.00765	0.00015	162	178	51	5	49	1
LC2-30-30	817	576	1.42	0.04939	0.00652	0.05041	0.00650	0.00740	0.00021	166	234	50	6	48	1
LC2-30-31	5260	4282	1.23	0.04688	0.00200	0.04956	0.00202	0.00767	0.00007	43	71	49	2	49	1
LC2-30-32	194	343	0.57	0.04890	0.00610	0.05044	0.00615	0.00748	0.00019	143	223	50	6	48	1
LC2-30-33	334	415	0.81	0.04844	0.00589	0.05175	0.00615	0.00775	0.00019	121	217	51	6	50	1
LC2-30-34	659	548	1.20	0.04760	0.00316	0.05130	0.00331	0.00781	0.00011	79	116	51	3	50	1
LC2-30-35	513	395	1.30	0.04868	0.00544	0.05263	0.00574	0.00784	0.00018	132	201	52	6	50	1

附表 4　邦湾花岗闪长岩、暗色微粒包体和黑云母花岗岩锆石 **Lu-Hf** 同位素分析结果

样品	年龄/Ma	$^{176}Hf/^{177}Hf$	2σ	$^{176}Yb/^{177}Hf$	2σ	$^{176}Lu/^{177}Hf$	2σ	$\varepsilon_{Hf}(0)$	$\varepsilon_{Hf}(t)$	T_{DM1}/Ma	$f_{Lu/Hf}$	T_{DM2}/Ma
花岗闪长岩												
LC2-09-01	49	0.282525	0.000017	0.038589	0.000089	0.001079	0.000003	−8.8	−7.7	1032	−0.97	1611
LC2-09-02	53	0.282542	0.000015	0.042537	0.000057	0.001210	0.000002	−8.1	−7.0	1011	−0.96	1568
LC2-09-03	50	0.282521	0.000015	0.026350	0.000107	0.000722	0.000003	−8.9	−7.8	1027	−0.98	1617
LC2-09-04	50	0.282470	0.000016	0.025444	0.000132	0.000762	0.000010	−10.7	−9.6	1100	−0.98	1731
LC2-09-05	50	0.282605	0.000017	0.069963	0.000382	0.001932	0.000011	−5.9	−4.9	941	−0.94	1432
LC2-09-06	51	0.282626	0.000013	0.045689	0.000129	0.001225	0.000003	−5.2	−4.1	892	−0.96	1381
LC2-09-07	50	0.282492	0.000025	0.015308	0.000056	0.000431	0.000002	−9.9	−8.8	1060	−0.99	1681
LC2-09-08	50	0.282505	0.000017	0.025773	0.000177	0.000726	0.000004	−9.5	−8.4	1050	−0.98	1654
LC2-09-09	50	0.282483	0.000016	0.040323	0.000422	0.001117	0.000012	−10.2	−9.2	1092	−0.97	1702
LC2-09-10	51	0.282558	0.000031	0.039760	0.000181	0.001189	0.000001	−7.6	−6.5	989	−0.96	1536
LC2-09-11	52	0.282460	0.000016	0.031334	0.000148	0.000900	0.000010	−11.0	−9.9	1117	−0.97	1752
LC2-09-12	49	0.282617	0.000018	0.041740	0.000183	0.001074	0.000006	−5.5	−4.4	902	−0.97	1403
LC2-09-13	51	0.282453	0.000019	0.019745	0.000217	0.000543	0.000006	−11.3	−10.2	1117	−0.98	1768
LC2-09-14	51	0.282555	0.000024	0.021376	0.000085	0.000576	0.000002	−7.7	−6.6	977	−0.98	1541
LC2-09-15	51	0.282715	0.000020	0.129747	0.000680	0.003611	0.000016	−2.0	−1.0	818	−0.89	1186
LC2-09-16	49	0.282587	0.000015	0.041449	0.000139	0.001111	0.000004	−6.5	−5.5	945	−0.97	1470
LC2-09-17	50	0.282556	0.000017	0.032135	0.000134	0.000895	0.000003	−7.6	−6.6	983	−0.97	1539
LC2-09-18	51	0.282552	0.000016	0.028052	0.000132	0.000757	0.000003	−7.8	−6.7	985	−0.98	1547
LC2-09-19	50	0.282538	0.000016	0.029587	0.000200	0.000796	0.000006	−8.3	−7.2	1006	−0.98	1579
LC2-09-20	50	0.282522	0.000018	0.020473	0.000372	0.000565	0.000009	−8.9	−7.8	1023	−0.98	1616
LC2-09-21	52	0.282554	0.000015	0.019879	0.000120	0.000586	0.000003	−7.7	−6.6	978	−0.98	1541
LC2-09-22	51	0.282508	0.000013	0.022936	0.000057	0.000649	0.000001	−9.3	−8.3	1044	−0.98	1646
LC2-09-23	47	0.282581	0.000025	0.070054	0.000224	0.002101	0.000006	−6.7	−5.8	979	−0.94	1486
LC2-09-24	51	0.282435	0.000018	0.017549	0.000119	0.000478	0.000003	−11.9	−10.8	1141	−0.99	1809

续表

样品	年龄/Ma	$^{176}Hf/^{177}Hf$	2σ	$^{176}Yb/^{177}Hf$	2σ	$^{176}Lu/^{177}Hf$	2σ	$\varepsilon_{Hf}(0)$	$\varepsilon_{Hf}(t)$	T_{DM1}/Ma	$f_{Lu/Hf}$	T_{DM2}/Ma
暗色微粒包体												
LC2-30-01	50	0.282761	0.000020	0.128311	0.000572	0.003240	0.000012	−0.4	0.6	741	−0.90	1084
LC2-30-02	52	0.282474	0.000014	0.028415	0.000153	0.000737	0.000004	−10.5	−9.4	1093	−0.98	1721
LC2-30-03	52	0.282569	0.000020	0.043281	0.000209	0.001120	0.000005	−7.2	−6.1	970	−0.97	1508
LC2-30-04	51	0.282544	0.000020	0.053268	0.000241	0.001318	0.000009	−8.1	−7.0	1012	−0.96	1567
LC2-30-05	52	0.282546	0.000021	0.038140	0.000236	0.001246	0.000005	−8.0	−6.9	1007	−0.96	1561
LC2-30-06	49	0.282697	0.000020	0.066418	0.000398	0.001724	0.000009	−2.7	−1.6	803	−0.95	1225
LC2-30-07	47	0.282551	0.000018	0.032375	0.000119	0.000845	0.000003	−7.8	−6.8	989	−0.97	1553
LC2-30-08	50	0.282684	0.000021	0.118846	0.001090	0.003082	0.000027	−3.1	−2.1	852	−0.91	1255
LC2-30-09	53	0.282551	0.000017	0.032151	0.000050	0.000858	0.000001	−7.8	−6.7	989	−0.97	1548
LC2-30-10	49	0.282766	0.000013	0.102649	0.000289	0.002824	0.000023	−0.2	0.8	725	−0.91	1073
LC2-30-11	50	0.282524	0.000020	0.021086	0.000117	0.000554	0.000004	−8.8	−7.7	1019	−0.98	1611
LC2-30-12	49	0.282573	0.000014	0.023933	0.000077	0.000640	0.000002	−7.0	−6.0	952	−0.98	1500
LC2-30-13	47	0.282628	0.000019	0.042067	0.000140	0.001100	0.000006	−5.1	−4.1	887	−0.97	1380
LC2-30-14	51	0.282506	0.000019	0.030910	0.000226	0.000808	0.000002	−9.4	−8.3	1051	−0.98	1651
LC2-30-15	49	0.282577	0.000020	0.025052	0.000031	0.000664	0.000001	−6.9	−5.8	947	−0.98	1491
LC2-30-16	49	0.282475	0.000016	0.033914	0.000330	0.000985	0.000012	−10.5	−9.5	1100	−0.97	1722
LC2-30-17	49	0.282469	0.000018	0.021190	0.000114	0.000559	0.000002	−10.7	−9.7	1095	−0.98	1734
LC2-30-18	47	0.282429	0.000023	0.035485	0.000090	0.000910	0.000003	−12.1	−11.1	1162	−0.97	1825
LC2-30-19	55	0.282606	0.000020	0.035185	0.000397	0.000875	0.000009	−5.9	−4.7	913	−0.97	1425
LC2-30-20	46	0.282566	0.000019	0.040797	0.000147	0.001044	0.000003	−7.3	−6.3	972	−0.97	1518
LC2-30-21	47	0.282605	0.000017	0.049378	0.000646	0.001255	0.000016	−5.9	−4.9	923	−0.96	1432
LC2-30-22	49	0.282561	0.000017	0.020794	0.000113	0.000544	0.000002	−7.5	−6.4	967	−0.98	1528
LC2-30-23	47	0.282711	0.000038	0.088786	0.000625	0.002574	0.000022	−2.2	−1.2	801	−0.92	1197
LC2-30-24	49	0.282839	0.000026	0.182986	0.000318	0.004418	0.000009	2.4	3.3	645	−0.87	911

续表

样品	年龄/Ma	$^{176}Hf/^{177}Hf$	2σ	$^{176}Yb/^{177}Hf$	2σ	$^{176}Lu/^{177}Hf$	2σ	$\varepsilon_{Hf}(0)$	$\varepsilon_{Hf}(t)$	T_{DM1}/Ma	$f_{Lu/Hf}$	T_{DM2}/Ma
黑云母花岗岩												
LC2-17-1	51	0.282566	0.000017	0.038845	0.000095	0.001004	0.000001	−7.3	−6.2	972	−0.97	1516
LC2-17-2	49	0.282670	0.000018	0.056498	0.000350	0.001420	0.000008	−3.6	−2.6	834	−0.96	1284
LC2-17-3	51	0.282583	0.000015	0.050041	0.000185	0.001248	0.000008	−6.7	−5.6	954	−0.96	1478
LC2-17-4	48	0.282568	0.000014	0.044305	0.000330	0.001125	0.000008	−7.2	−6.2	972	−0.97	1514
LC2-17-5	46	0.282552	0.000017	0.050363	0.000135	0.001243	0.000003	−7.8	−6.8	998	−0.96	1551
LC2-17-6	47	0.282639	0.000018	0.058895	0.000132	0.001444	0.000002	−4.7	−3.7	879	−0.96	1356
LC2-17-7	49	0.282586	0.000020	0.058794	0.000085	0.001459	0.000003	−6.6	−5.6	956	−0.96	1474
LC2-17-8	47	0.282517	0.000016	0.049355	0.000046	0.001206	0.000002	−9.0	−8.0	1047	−0.96	1630
LC2-17-9	50	0.282669	0.000026	0.046395	0.000281	0.001193	0.000007	−3.6	−2.6	831	−0.96	1286
LC2-17-10	47	0.282547	0.000015	0.059425	0.000044	0.001475	0.000002	−8.0	−7.0	1011	−0.96	1562
LC2-17-11	49	0.282607	0.000019	0.042840	0.000075	0.001141	0.000002	−5.8	−4.8	918	−0.97	1427
LC2-17-12	47	0.282492	0.000017	0.045998	0.000035	0.001122	0.000001	−9.9	−8.9	1080	−0.97	1686
LC2-17-13	49	0.282559	0.000018	0.046335	0.000203	0.001165	0.000004	−7.5	−6.5	986	−0.96	1533
LC2-17-14	48	0.282608	0.000020	0.055462	0.000113	0.001362	0.000002	−5.8	−4.8	922	−0.96	1425
LC2-17-15	53	0.282577	0.000016	0.038604	0.000129	0.000965	0.000003	−6.9	−5.8	956	−0.97	1491
LC2-17-16	50	0.282468	0.000018	0.026649	0.000028	0.000673	0.000001	−10.7	−9.7	1100	−0.98	1735
LC2-17-17	46	0.282524	0.000023	0.048513	0.000133	0.001214	0.000003	−8.8	−7.8	1037	−0.96	1613
LC2-17-18	50	0.282562	0.000020	0.032480	0.000032	0.000822	0.000001	−7.4	−6.3	972	−0.98	1524
LC2-17-19	47	0.282586	0.000019	0.062155	0.000186	0.001548	0.000006	−6.6	−5.6	957	−0.95	1474
LC2-17-20	49	0.282715	0.000020	0.069576	0.000058	0.001745	0.000002	−2.0	−1.0	777	−0.95	1184
LC2-17-21	49	0.282724	0.000024	0.099908	0.000250	0.002475	0.000012	−1.7	−0.7	780	−0.93	1166
LC2-17-22	48	0.282605	0.000019	0.060805	0.000249	0.001509	0.000007	−5.9	−4.9	929	−0.95	1431
LC2-17-23	52	0.282576	0.000019	0.029199	0.000046	0.000753	0.000001	−6.9	−5.8	951	−0.98	1492
LC2-17-24	46	0.282615	0.000019	0.061711	0.000099	0.001569	0.000002	−5.5	−4.6	916	−0.95	1410

附表 5 邦湾花岗岩体中花岗闪长岩和暗色微粒包体角闪石和黑云母电子探针分析结果

点	矿物	SiO_2	Al_2O_3	FeO	TiO_2	Cr_2O_3	MnO	NiO	MgO	CaO	Na_2O	K_2O	Σ
LC2-23-02	包体中黑云母	34.81	14.31	23.43	1.90	0.12	0.43	0.00	7.77	0.02	0.05	9.83	92.66
LC2-23-2-05		35.60	13.68	24.89	3.12	0.16	0.45	0.00	6.98	0.00	0.08	9.70	94.64
LC2-23-2-07		35.52	13.44	25.11	2.37	0.07	0.42	0.00	7.57	0.00	0.05	10.08	94.64
LC2-23-2-08		35.87	13.65	23.45	2.49	0.06	0.35	0.00	8.30	0.01	0.06	10.00	94.23
LC2-33-201		35.85	13.48	23.75	3.43	0.00	0.29	0.00	8.01	0.00	0.04	9.88	94.72
LC2-33-202		36.07	13.58	23.03	3.16	0.04	0.32	0.00	7.89	0.00	0.03	10.10	94.22
LC2-33-501		35.91	14.51	21.56	2.27	0.05	0.27	0.00	8.91	0.00	0.09	10.19	93.76
LC2-31-201		36.52	13.84	23.11	3.69	0.00	0.36	0.00	8.38	0.00	0.02	10.13	96.04
LC2-31-301		35.70	13.68	23.21	3.74	0.16	0.34	0.00	8.06	0.01	0.07	9.65	94.62
LC2-23-01	包体中角闪石	42.29	8.12	23.88	1.34	0.04	0.71	0.00	6.18	10.91	0.80	1.19	95.46
LC2-23-02		42.50	7.98	23.64	1.45	0.03	0.69	0.00	5.95	11.03	0.86	1.34	95.46
LC2-23-4-01		42.25	8.08	24.27	0.95	0.02	0.75	0.00	5.90	11.10	1.22	1.31	95.83
LC2-23-4-02		40.85	9.29	24.39	0.95	0.02	0.63	0.00	5.48	11.30	1.20	1.43	95.53
LC2-23-4-03		41.57	8.93	24.59	1.46	0.01	0.65	0.00	5.68	11.24	1.34	1.40	96.86
LC2-33-1-01		43.25	8.15	19.84	1.19	0.02	0.49	0.00	7.59	11.72	0.77	0.87	93.89
LC2-33-1-01		42.95	8.26	20.79	1.91	0.01	0.64	0.00	7.74	11.23	1.33	1.35	96.20
LC2-33-1-02		43.11	8.36	20.79	1.64	0.01	0.53	0.00	7.68	11.03	1.33	1.32	95.80
LC2-33-2-03		43.78	8.05	19.74	1.67	0.06	0.57	0.00	8.04	11.34	1.31	1.26	95.80
LC2-33-2-04		42.95	8.32	20.02	1.74	0.04	0.60	0.00	8.05	11.43	1.01	1.31	95.45
LC2-33-2-05		43.56	8.01	20.64	1.70	0.07	0.67	0.00	7.71	11.26	1.24	1.31	96.16
LC2-33-6-01		43.10	8.04	20.78	1.67	0.07	0.59	0.00	7.69	11.29	1.23	1.29	95.75
LC2-31-1-01		45.15	7.27	21.53	1.02	0.06	0.61	0.00	8.10	11.44	0.74	1.21	97.15
LC2-31-4-01		43.50	8.23	21.91	1.55	0.07	0.67	0.00	7.34	10.88	1.04	1.27	96.46
LC2-31-5-01		41.13	9.53	23.20	0.81	0.08	0.65	0.00	5.76	12.31	0.68	1.24	95.38

续表

点	矿物	SiO_2	Al_2O_3	FeO	TiO_2	Cr_2O_3	MnO	NiO	MgO	CaO	Na_2O	K_2O	Σ
LC2-29-1-01	花岗闪长岩角闪石	38.00	11.72	26.94	0.23	0.16	0.59	0.00	3.66	11.55	0.89	1.85	95.58
LC2-29-1-03		41.59	8.66	23.94	1.87	0.00	0.66	0.00	5.78	10.95	1.17	1.44	96.06
LC2-29-1-04		41.40	8.80	23.62	1.87	0.00	0.73	0.00	5.82	10.37	1.41	1.44	95.46
LC2-29-3-01		42.06	8.52	23.10	1.95	0.06	0.77	0.00	6.18	10.63	1.43	1.44	96.12
LC2-29-3-02		41.82	8.69	22.96	1.96	0.00	0.71	0.00	6.10	10.79	1.38	1.41	95.82
LC2-14-3-01		41.81	8.61	23.68	2.04	0.04	0.72	0.00	6.25	10.62	1.32	1.44	96.53
LC2-14-4-01		43.01	7.69	24.84	1.17	0.08	0.86	0.00	6.07	10.87	1.15	1.45	97.18
LC2-14-4-02		41.75	8.66	24.48	1.33	0.05	0.85	0.00	5.66	11.48	1.19	1.43	96.88
LC2-29-1-02	花岗闪长岩黑云母	34.99	14.30	25.35	1.16	0.05	0.39	0.00	7.10	0.01	0.12	9.81	93.29
LC2-29-2-01		35.94	13.78	25.17	3.72	0.05	0.38	0.00	6.66	0.01	0.04	10.17	95.93
LC2-29-4-01		36.00	14.42	22.85	4.37	0.12	0.30	0.00	6.99	0.01	0.06	10.04	95.17
LC2-14-1-01		36.04	14.05	24.93	3.90	0.10	0.47	0.00	6.32	0.04	0.13	10.14	96.12
LC2-14-2-01		36.05	13.77	24.93	3.32	0.03	0.45	0.00	6.65	0.00	0.01	10.08	95.29
LC2-14-3-02		35.84	14.44	24.48	1.73	0.07	0.56	0.00	8.11	0.07	0.06	10.02	95.38

点	矿物	Si^{4+}	Al^{IV}	Al^{VI}	Ti^{4+}	Cr^{3+}	Fe^{3+}	Fe^{2+}	Mn^{2+}	Ni^{2+}	Mg^{2+}	Ca^{2+}	Na^{+}	K^{+}	Mg#
LC2-23-02	包体中黑云母	2.79	1.21	0.15	0.11	0.00	0.04	1.55	0.03	0.00	0.93	0.00	0.01	1.01	37
LC2-23-2-05		2.80	1.20	0.07	0.18	0.00	0.05	1.60	0.03	0.00	0.82	0.00	0.01	0.97	34
LC2-23-2-07		2.81	1.19	0.07	0.14	0.00	0.03	1.64	0.03	0.00	0.89	0.00	0.01	1.02	35
LC2-23-2-08		2.82	1.18	0.09	0.15	0.00	0.04	1.52	0.02	0.00	0.97	0.00	0.01	1.00	39
LC2-33-201		2.80	1.20	0.04	0.20	0.00	0.05	1.52	0.02	0.00	0.93	0.00	0.01	0.98	38
LC2-33-202		2.82	1.18	0.08	0.19	0.00	0.05	1.47	0.02	0.00	0.92	0.00	0.01	1.01	38
LC2-33-501		2.81	1.19	0.15	0.13	0.00	0.04	1.38	0.02	0.00	1.04	0.00	0.01	1.02	43
LC2-31-201		2.80	1.20	0.05	0.21	0.00	0.05	1.45	0.02	0.00	0.96	0.00	0.00	0.99	40
LC2-31-301		2.78	1.22	0.04	0.22	0.00	0.05	1.48	0.02	0.00	0.94	0.00	0.01	0.96	39

续表

点	矿物	Si^{4+}	Al^{IV}	Al^{VI}	Ti^{4+}	Cr^{3+}	Fe^{3+}	Fe^{2+}	Mn^{2+}	Ni^{2+}	Mg^{2+}	Ca^{2+}	Na^{+}	K^{+}	Mg#
LC2-23-01	包体中角闪石	6.61	1.39	0.11	0.16	0.01	0.96	2.17	0.09	0.00	1.44	1.83	0.24	0.24	40
LC2-23-02		6.66	1.34	0.13	0.17	0.00	0.86	2.24	0.09	0.00	1.39	1.85	0.26	0.27	38
LC2-23-4-01		6.58	1.42	0.07	0.11	0.00	1.16	2.01	0.10	0.00	1.37	1.85	0.37	0.26	41
LC2-23-4-02		6.39	1.61	0.10	0.11	0.00	1.31	1.88	0.08	0.00	1.28	1.89	0.36	0.29	40
LC2-23-4-03		6.42	1.58	0.04	0.17	0.00	1.24	1.94	0.08	0.00	1.31	1.86	0.40	0.28	40
LC2-33-1-01		6.76	1.24	0.26	0.14	0.00	0.72	1.87	0.07	0.00	1.77	1.96	0.23	0.17	49
LC2-33-1-01		6.58	1.42	0.07	0.22	0.00	0.95	1.71	0.08	0.00	1.77	1.84	0.39	0.26	51
LC2-33-1-02		6.63	1.37	0.14	0.19	0.00	0.90	1.77	0.07	0.00	1.76	1.82	0.40	0.26	50
LC2-33-2-03		6.71	1.29	0.16	0.19	0.01	0.79	1.74	0.07	0.00	1.84	1.86	0.39	0.25	51
LC2-33-2-04		6.61	1.39	0.12	0.20	0.01	0.88	1.70	0.08	0.00	1.85	1.88	0.30	0.26	52
LC2-33-2-05		6.68	1.32	0.12	0.20	0.01	0.84	1.81	0.09	0.00	1.76	1.85	0.37	0.26	49
LC2-33-6-01		6.63	1.37	0.09	0.19	0.01	0.92	1.76	0.08	0.00	1.76	1.86	0.37	0.25	50
LC2-31-1-01		6.85	1.15	0.15	0.12	0.01	0.75	1.98	0.08	0.00	1.83	1.86	0.22	0.23	48
LC2-31-4-01		6.67	1.33	0.16	0.18	0.01	0.82	1.99	0.09	0.00	1.68	1.79	0.31	0.25	46
LC2-31-5-01		6.42	1.58	0.17	0.09	0.01	1.20	1.82	0.09	0.00	1.34	2.06	0.21	0.25	42
LC2-29-1-01	花岗闪长岩角闪石	6.01	1.99	0.19	0.03	0.02	1.70	1.86	0.08	0.00	0.86	1.96	0.27	0.37	32
LC2-29-1-03		6.48	1.52	0.07	0.22	0.00	1.03	2.09	0.09	0.00	1.34	1.83	0.35	0.29	39
LC2-29-1-04		6.48	1.52	0.11	0.22	0.00	1.01	2.08	0.10	0.00	1.36	1.74	0.43	0.29	40
LC2-29-3-01		6.53	1.47	0.09	0.23	0.01	0.97	2.03	0.10	0.00	1.43	1.77	0.43	0.28	41
LC2-29-3-02		6.51	1.49	0.10	0.23	0.00	0.97	2.01	0.09	0.00	1.41	1.80	0.42	0.28	41
LC2-14-3-01		6.47	1.53	0.04	0.24	0.01	1.05	2.01	0.09	0.00	1.44	1.76	0.40	0.28	42
LC2-14-4-01		6.63	1.37	0.03	0.14	0.01	1.08	2.12	0.11	0.00	1.39	1.80	0.34	0.28	40
LC2-14-4-02		6.45	1.55	0.03	0.15	0.01	1.23	1.93	0.11	0.00	1.30	1.90	0.36	0.28	40
LC2-29-1-02	花岗闪长岩黑云母	2.82	1.18	0.17	0.07	0.00	0.03	1.69	0.03	0.00	0.85	0.00	0.02	1.01	34
LC2-29-2-01		2.79	1.21	0.05	0.22	0.00	0.05	1.60	0.03	0.00	0.77	0.00	0.01	1.01	32
LC2-29-4-01		2.78	1.22	0.09	0.25	0.00	0.06	1.43	0.02	0.00	0.80	0.00	0.01	0.99	36
LC2-14-1-01		2.79	1.21	0.07	0.23	0.00	0.06	1.58	0.03	0.00	0.73	0.00	0.02	1.00	32
LC2-14-2-01		2.81	1.19	0.08	0.19	0.00	0.05	1.59	0.03	0.00	0.77	0.00	0.00	1.00	33
LC2-14-3-02		2.80	1.20	0.13	0.10	0.00	0.03	1.58	0.04	0.00	0.95	0.01	0.01	1.00	37

附表 6　昔马-铜壁关变质辉长岩、细粒石英闪长岩、花岗岩类和暗色微粒包体锆石 U-Pb 同位素分析结果

点	含量			比值						年龄/Ma					
	$Th/10^{-6}$	$U/10^{-6}$	Th/U	$^{207}Pb/^{206}Pb$	1σ	$^{207}Pb/^{235}U$	1σ	$^{206}Pb/^{238}U$	1σ	$^{207}Pb/^{206}Pb$	1σ	$^{207}Pb/^{235}U$	1σ	$^{206}Pb/^{238}U$	1σ
寄主花岗岩类															
NB13-1	184	543	0.34	0.04605	0.00194	0.05213	0.00207	0.00821	0.00011		89	52	2	53	1
NB13-2	701	1500	0.47	0.04722	0.00188	0.05162	0.00197	0.00793	0.00009	60	88	51	2	51	1
NB13-3	278	866	0.32	0.04957	0.00214	0.05549	0.00232	0.00812	0.00009	175	101	55	2	52	1
NB13-4	143	170	0.84	0.04605	0.00742	0.05068	0.00806	0.00798	0.00020		284	50	8	51	1
NB13-5	241	472	0.51	0.04676	0.00338	0.05518	0.00378	0.00854	0.00014	37	118	55	4	55	1
NB13-6	200	502	0.40	0.04605	0.00140	0.05441	0.00151	0.00857	0.00011		63	54	1	55	1
NB13-7	395	613	0.64	0.04919	0.00261	0.05706	0.00278	0.00840	0.00011	157	88	56	3	54	1
NB13-8	336	556	0.60	0.05033	0.00640	0.05905	0.00741	0.00851	0.00017	210	274	58	7	55	1
NB13-9	246	503	0.49	0.05503	0.00770	0.06010	0.00834	0.00792	0.00015	414	316	59	8	51	1
NB13-10	372	631	0.59	0.04656	0.00220	0.05511	0.00236	0.00857	0.00011	27	67	54	2	55	1
NB13-11	231	489	0.47	0.04765	0.00432	0.05667	0.00493	0.00861	0.00018	82	153	56	5	55	1
NB13-12	221	472	0.47	0.05442	0.00505	0.06432	0.00586	0.00857	0.00015	389	212	63	6	55	1
NB13-13	207	585	0.35	0.04994	0.00307	0.05922	0.00342	0.00858	0.00013	192	104	58	3	55	1
NB13-14	251	428	0.59	0.04818	0.00423	0.05821	0.00491	0.00874	0.00017	108	151	57	5	56	1
NB13-15	316	449	0.70	0.05150	0.00551	0.06058	0.00624	0.00851	0.00021	263	187	60	6	55	1
NB13-16	992	1496	0.66	0.04679	0.00164	0.05580	0.00166	0.00863	0.00009	39	46	55	2	55	1
NB13-17	396	422	0.94	0.04708	0.00401	0.05460	0.00446	0.00840	0.00016	53	144	54	4	54	1
NB13-18	232	444	0.52	0.04719	0.00277	0.05646	0.00310	0.00866	0.00013	59	92	56	3	56	1
NB13-19	202	395	0.51	0.05201	0.00583	0.05962	0.00645	0.00830	0.00022	286	195	59	6	53	1
NB13-20	577	1488	0.39	0.05165	0.00238	0.05778	0.00241	0.00810	0.00011	270	71	57	2	52	1
NB13-21	251	495	0.51	0.04782	0.00391	0.05680	0.00444	0.00860	0.00016	90	138	56	4	55	1
NB13-22	1025	999	1.03	0.04837	0.00289	0.05645	0.00316	0.00846	0.00013	117	97	56	3	54	1
NB13-23	366	396	0.92	0.04741	0.00371	0.05823	0.00437	0.00890	0.00016	70	132	57	4	57	1
NB13-24	256	376	0.68	0.04775	0.00491	0.05453	0.00541	0.00828	0.00019	87	177	54	5	53	1

续表

点	含量			比值						年龄/Ma					
	Th/10^{-6}	U/10^{-6}	Th/U	$^{207}Pb/^{206}Pb$	1σ	$^{207}Pb/^{235}U$	1σ	$^{206}Pb/^{238}U$	1σ	$^{207}Pb/^{206}Pb$	1σ	$^{207}Pb/^{235}U$	1σ	$^{206}Pb/^{238}U$	1σ
NB13-25	289	490	0.59	0.04698	0.00426	0.05722	0.00500	0.00883	0.00018	48	154	56	5	57	1
NB13-26	212	280	0.76	0.04656	0.00421	0.05600	0.00487	0.00872	0.00018	27	153	55	5	56	1
NB13-27	20018	6433	3.11	0.04519	0.00130	0.05433	0.00125	0.00872	0.00009	−10	27	54	1	56	1
NB13-28	470	1056	0.45	0.04743	0.00270	0.05624	0.00300	0.00861	0.00013	71	89	56	3	55	1
NB13-29	893	1720	0.52	0.04835	0.00172	0.05670	0.00175	0.00852	0.00010	116	51	56	2	55	1
NB13-30	231	343	0.67	0.04707	0.00439	0.05422	0.00486	0.00837	0.00018	53	157	54	5	54	1
NB13-31	336	536	0.63	0.04750	0.00377	0.05509	0.00419	0.00843	0.00016	74	132	54	4	54	1
YJ53-01	229	548	0.42	0.04867	0.00622	0.05453	0.00687	0.00813	0.00024	132	224	54	7	52	2
YJ53-02	411	446	0.92	0.04633	0.00703	0.05052	0.00754	0.00791	0.00027	15	237	50	7	51	2
YJ53-03	71	253	0.28	0.04674	0.00974	0.05285	0.01092	0.00821	0.00027	36	313	52	11	53	2
YJ53-04	562	1097	0.51	0.04642	0.00287	0.05279	0.00320	0.00825	0.00019	19	88	52	3	53	1
YJ53-05	227	500	0.45	0.04936	0.00591	0.05733	0.00678	0.00843	0.00023	165	214	57	7	54	1
YJ53-06	252	280	0.90	0.04692	0.00620	0.05184	0.00675	0.00802	0.00024	45	219	51	7	51	2
YJ53-07	207	375	0.55	0.04543	0.00735	0.04874	0.00779	0.00779	0.00026	−32	241	48	8	50	2
YJ53-08	108	318	0.34	0.04719	0.00688	0.05129	0.00740	0.00789	0.00023	59	240	51	7	51	1
YJ53-09	249	385	0.65	0.04520	0.01564	0.04960	0.01700	0.00796	0.00041	−9	466	49	16	51	3
YJ53-10	200	287	0.70	0.04718	0.00797	0.05170	0.00864	0.00795	0.00025	58	266	51	8	51	2
YJ53-11	336	414	0.81	0.04654	0.00595	0.05084	0.00643	0.00793	0.00021	26	217	50	6	51	1
YJ53-12	302	442	0.68	0.04715	0.00525	0.04976	0.00547	0.00766	0.00020	57	193	49	5	49	1
YJ53-13	466	889	0.52	0.04687	0.00416	0.05604	0.00489	0.00868	0.00022	43	144	55	5	56	1
YJ53-14	1480	1660	0.89	0.04696	0.00329	0.06718	0.00462	0.01038	0.00025	47	105	66	4	67	2
YJ53-15	399	731	0.55	0.04716	0.00400	0.05248	0.00439	0.00808	0.00020	57	138	52	4	52	1
YJ53-16	159	492	0.32	0.04708	0.00606	0.05251	0.00668	0.00809	0.00023	53	220	52	6	52	1
YJ53-17	305	418	0.73	0.04727	0.00574	0.04973	0.00597	0.00763	0.00021	63	213	49	6	49	1
YJ53-18	496	794	0.62	0.04772	0.00374	0.05142	0.00396	0.00782	0.00019	85	125	51	4	50	1

续表

点	含量			比值						年龄/Ma					
	$Th/10^{-6}$	$U/10^{-6}$	Th/U	$^{207}Pb/^{206}Pb$	1σ	$^{207}Pb/^{235}U$	1σ	$^{206}Pb/^{238}U$	1σ	$^{207}Pb/^{206}Pb$	1σ	$^{207}Pb/^{235}U$	1σ	$^{206}Pb/^{238}U$	1σ
YJ53-19	459	735	0.62	0.04699	0.00371	0.05230	0.00406	0.00808	0.00020	49	124	52	4	52	1
YJ53-20	273	405	0.67	0.04653	0.00580	0.04856	0.00599	0.00757	0.00020	25	210	48	6	49	1
YJ53-21	182	665	0.27	0.04714	0.00832	0.05144	0.00896	0.00792	0.00028	56	268	51	9	51	2
YJ53-22	475	959	0.50	0.04704	0.00318	0.05171	0.00344	0.00798	0.00018	51	103	51	3	51	1
YJ53-23	346	439	0.79	0.04701	0.00527	0.05020	0.00556	0.00775	0.00020	50	195	50	5	50	1
YJ53-24	127	282	0.45	0.04754	0.01770	0.05415	0.02004	0.00827	0.00038	76	545	54	19	53	2
YJ53-25	154	1331	0.12	0.04652	0.00241	0.05070	0.00257	0.00791	0.00017	25	69	50	2	51	1
YJ53-26	339	433	0.78	0.04656	0.00794	0.05069	0.00853	0.00790	0.00027	27	259	50	8	51	2
YJ53-27	383	856	0.45	0.04682	0.00592	0.05106	0.00635	0.00792	0.00024	40	213	51	6	51	2
YJ53-28	764	1012	0.75	0.04727	0.00302	0.05517	0.00345	0.00847	0.00020	63	94	55	3	54	1
YJ53-29	420	1009	0.42	0.04691	0.00354	0.04850	0.00359	0.00750	0.00019	45	114	48	3	48	1
YJ53-30	621	1353	0.46	0.04764	0.00383	0.05018	0.00396	0.00765	0.00019	81	128	50	4	49	1
YJ53-31	82	387	0.21	0.07451	0.00209	1.83092	0.05030	0.17836	0.00372	1055	26	1057	18	1058	20
YJ53-32	213	452	0.47	0.04746	0.00613	0.05319	0.00678	0.00813	0.00024	72	224	53	7	52	2
YJ53-33	419	578	0.73	0.04655	0.00376	0.04966	0.00394	0.00774	0.00019	26	127	49	4	50	1
YJ53-34	480	684	0.70	0.04682	0.00430	0.05385	0.00486	0.00835	0.00022	40	149	53	5	54	1
YJ53-35	241	584	0.41	0.04680	0.00517	0.05307	0.00579	0.00823	0.00022	39	190	53	6	53	1
YJ53-36	253	478	0.53	0.04735	0.00537	0.05092	0.00570	0.00781	0.00021	67	196	50	6	50	1
YJ53-37	536	802	0.67	0.04726	0.00503	0.04944	0.00518	0.00759	0.00021	62	181	49	5	49	1
YJ53-38	285	497	0.57	0.05953	0.00296	0.93320	0.04541	0.11379	0.00264	587	66	669	24	695	15
YJ53-39	247	513	0.48	0.04624	0.00662	0.05255	0.00736	0.00824	0.00024	10	262	52	7	53	2
YJ53-40	132	264	0.50	0.04716	0.02147	0.05326	0.02399	0.00820	0.00057	57	645	53	23	53	4
Ⅰ型 MMEs															
NB70-1	2744	1566	1.75	0.04617	0.00381	0.05050	0.00411	0.00793	0.00011	7	181	50	4	51	1
NB70-2	2979	1656	1.80	0.05274	0.00454	0.05529	0.00471	0.00760	0.00010	317	198	55	5	49	1

续表

点	含量			比值						年龄/Ma					
	Th/10^{-6}	U/10^{-6}	Th/U	$^{207}Pb/^{206}Pb$	1σ	$^{207}Pb/^{235}U$	1σ	$^{206}Pb/^{238}U$	1σ	$^{207}Pb/^{206}Pb$	1σ	$^{207}Pb/^{235}U$	1σ	$^{206}Pb/^{238}U$	1σ
NB70-3	2007	1267	1.58	0.05018	0.00277	0.05358	0.00272	0.00774	0.00011	203	91	53	3	50	1
NB70-4	2487	1501	1.66	0.04605	0.00126	0.04987	0.00125	0.00785	0.00009		55	49	1	50	1
NB70-5	1841	1320	1.40	0.04605	0.00160	0.05042	0.00164	0.00794	0.00010		72	50	2	51	1
NB70-6	920	776	1.19	0.04606	0.00504	0.04771	0.00516	0.00751	0.00013	1	221	47	5	48	1
NB70-7	4456	2446	1.82	0.05044	0.00230	0.05746	0.00234	0.00826	0.00010	215	72	57	2	53	1
NB70-8	1255	990	1.27	0.05209	0.00397	0.06011	0.00434	0.00837	0.00015	289	132	59	4	54	1
NB70-9	420	563	0.75	0.05217	0.00697	0.05701	0.00752	0.00793	0.00017	293	299	56	7	51	1
NB70-10	3685	1925	1.91	0.04714	0.00292	0.05122	0.00311	0.00788	0.00009	56	136	51	3	51	1
NB70-11	1193	825	1.45	0.04606	0.00366	0.04739	0.00372	0.00746	0.00010	1	175	47	4	48	1
NB70-12	87	287	0.30	0.06562	0.00169	1.19316	0.02845	0.13188	0.00127	794	55	797	13	799	7
NB70-13	369	514	0.72	0.04811	0.00470	0.05513	0.00531	0.00831	0.00014	105	217	54	5	53	1
NB70-14	459	717	0.64	0.04911	0.00363	0.05513	0.00386	0.00814	0.00014	153	126	54	4	52	1
NB70-15	149	284	0.52	0.04862	0.00586	0.05670	0.00673	0.00846	0.00018	129	255	56	6	54	1
NB70-16	2016	1315	1.53	0.04771	0.00431	0.05013	0.00448	0.00762	0.00011	85	200	50	4	49	1
NB70-17	278	626	0.44	0.04795	0.00340	0.05222	0.00350	0.00790	0.00013	97	118	52	3	51	1
NB70-18	1138	1091	1.04	0.05317	0.00508	0.05853	0.00536	0.00798	0.00018	336	166	58	5	51	1
NB70-19	389	685	0.57	0.05082	0.00656	0.05627	0.00703	0.00803	0.00023	233	228	56	7	52	1
NB70-20	2840	1569	1.81	0.05259	0.00348	0.05737	0.00356	0.00791	0.00013	311	112	57	3	51	1
NB70-21	1655	935	1.77	0.05702	0.00651	0.05931	0.00670	0.00754	0.00012	492	260	59	6	48	1
NB70-22	1971	1276	1.54	0.05377	0.00770	0.05595	0.00792	0.00755	0.00016	362	321	55	8	48	1
NB70-23	806	672	1.20	0.04605	0.00278	0.04975	0.00295	0.00783	0.00009		132	49	3	50	1
NB70-24	4204	2283	1.84	0.04823	0.00399	0.05243	0.00427	0.00788	0.00011	111	186	52	4	51	1
NB70-25	1075	819	1.31	0.05241	0.00286	0.05897	0.00296	0.00816	0.00011	303	90	58	3	52	1
NB70-26	295	348	0.85	0.04730	0.00335	0.05553	0.00373	0.00852	0.00013	64	119	55	4	55	1
NB70-27	1881	1098	1.71	0.04605	0.00286	0.04888	0.00296	0.00770	0.00011		136	48	3	49	1

续表

点	含量			比值						年龄/Ma					
	$Th/10^{-6}$	$U/10^{-6}$	Th/U	$^{207}Pb/^{206}Pb$	1σ	$^{207}Pb/^{235}U$	1σ	$^{206}Pb/^{238}U$	1σ	$^{207}Pb/^{206}Pb$	1σ	$^{207}Pb/^{235}U$	1σ	$^{206}Pb/^{238}U$	1σ
NB70-28	836	741	1.13	0.05228	0.00533	0.05724	0.00576	0.00794	0.00014	298	234	57	6	51	1
NB70-29	1286	1150	1.12	0.04605	0.00119	0.04757	0.00109	0.00749	0.00009		52	47	1	48	1
NB70-30	339	685	0.50	0.04813	0.00428	0.05222	0.00445	0.00787	0.00016	106	151	52	4	51	1
NB70-31	524	928	0.56	0.05780	0.00513	0.06331	0.00551	0.00794	0.00014	522	202	62	5	51	1
NB70-32	496	956	0.52	0.05410	0.00267	0.06061	0.00271	0.00813	0.00011	375	76	60	3	52	1
Ⅱ型 MMEs															
NB90-1	697	851	0.82	0.04760	0.00248	0.05335	0.00255	0.00813	0.00010	79	83	53	2	52	1
NB90-2	106	247	0.43	0.04605	0.00167	0.05041	0.00172	0.00794	0.00010		76	50	2	51	1
NB90-3	98	224	0.44	0.04605	0.00176	0.04985	0.00159	0.00785	0.00017		81	49	2	50	1
NB90-4	1257	935	1.34	0.05154	0.00603	0.05981	0.00686	0.00842	0.00014	265	229	59	7	54	1
NB90-5	208	302	0.69	0.05184	0.00486	0.05799	0.00522	0.00811	0.00017	278	165	57	5	52	1
NB90-6	154	312	0.49	0.04605	0.00268	0.05152	0.00288	0.00811	0.00013		127	51	3	52	1
NB90-7	466	469	0.99	0.05089	0.00771	0.05732	0.00844	0.00817	0.00027	236	267	57	8	52	2
NB90-8	564	627	0.90	0.04605	0.00206	0.05206	0.00215	0.00820	0.00014		96	52	2	53	1
NB90-9	936	820	1.14	0.05010	0.00401	0.05524	0.00421	0.00800	0.00015	200	138	55	4	51	1
NB90-10	1964	1248	1.57	0.05702	0.00763	0.06444	0.00851	0.00820	0.00018	492	305	63	8	53	1
NB90-11	81	298	0.27	0.05234	0.00856	0.05743	0.00912	0.00796	0.00029	300	287	57	9	51	2
NB90-12	102	342	0.30	0.05327	0.00551	0.05696	0.00580	0.00776	0.00014	340	236	56	6	50	1
NB90-13	129	281	0.46	0.04605	0.00189	0.04965	0.00184	0.00782	0.00014		87	49	2	50	1
NB90-14	54	317	0.17	0.04823	0.00645	0.05188	0.00673	0.00780	0.00022	111	232	51	6	50	1
NB90-15	368	488	0.75	0.04943	0.00592	0.05493	0.00636	0.00806	0.00021	168	211	54	6	52	1
NB90-16	84	356	0.23	0.05139	0.00630	0.05597	0.00664	0.00790	0.00021	258	218	55	6	51	1
NB90-17	4253	2420	1.76	0.04821	0.00266	0.05456	0.00277	0.00821	0.00011	110	89	54	3	53	1
NB90-18	522	644	0.81	0.05373	0.00588	0.05954	0.00627	0.00804	0.00020	360	192	59	6	52	1
NB90-19	143	406	0.35	0.04713	0.00587	0.05111	0.00617	0.00787	0.00021	56	214	51	6	51	1

续表

点	含量			比值						年龄/Ma					
	$Th/10^{-6}$	$U/10^{-6}$	Th/U	$^{207}Pb/^{206}Pb$	1σ	$^{207}Pb/^{235}U$	1σ	$^{206}Pb/^{238}U$	1σ	$^{207}Pb/^{206}Pb$	1σ	$^{207}Pb/^{235}U$	1σ	$^{206}Pb/^{238}U$	1σ
NB90-20	68	310	0.22	0.05032	0.00469	0.05758	0.00515	0.00830	0.00017	210	164	57	5	53	1
NB90-21	99	357	0.28	0.04605	0.00227	0.04981	0.00224	0.00784	0.00016		106	49	2	50	1
NB90-22	87	255	0.34	0.04605	0.00360	0.05216	0.00389	0.00822	0.00019		171	52	4	53	1
NB90-23	225	287	0.78	0.04655	0.00655	0.05513	0.00763	0.00859	0.00021	26	261	54	7	55	1
NB90-24	122	286	0.43	0.05095	0.00540	0.05929	0.00605	0.00844	0.00019	239	188	58	6	54	1
NB90-25	102	234	0.44	0.05169	0.00825	0.05708	0.00886	0.00801	0.00027	272	281	56	9	51	2
NB90-26	185	328	0.56	0.04701	0.00375	0.05241	0.00400	0.00809	0.00013	50	137	52	4	52	1
NB90-27	370	534	0.69	0.04734	0.00462	0.05707	0.00546	0.00874	0.00017	67	214	56	5	56	1
NB90-28	102	305	0.34	0.04605	0.00232	0.05518	0.00264	0.00869	0.00014		109	55	3	56	1
NB90-29	277	418	0.66	0.04605	0.00571	0.05522	0.00673	0.00870	0.00020		237	55	6	56	1
NB90-30	41	288	0.14	0.05024	0.00443	0.05507	0.00466	0.00795	0.00015	206	156	54	4	51	1
NB90-31	1242	1105	1.12	0.05343	0.00431	0.05802	0.00460	0.00788	0.00012	347	185	57	4	51	1
NB90-32	323	727	0.44	0.04605	0.00118	0.05131	0.00114	0.00808	0.00010		52	51	1	52	1
细粒石英闪长岩															
NB09-01	425	445	0.95	0.04713	0.00265	0.05249	0.00275	0.00808	0.00011	56	89	52	3	52	1
NB09-02	65	133	0.49	0.05086	0.00560	0.05674	0.00608	0.00809	0.00017	234	202	56	6	52	1
NB09-03	193	857	0.23	0.04716	0.00424	0.05307	0.00460	0.00816	0.00016	57	154	53	4	52	1
NB09-04	114	191	0.60	0.04605	0.00219	0.05085	0.00221	0.00801	0.00016		102	50	2	51	1
NB09-05	802	722	1.11	0.04954	0.00225	0.05525	0.00226	0.00809	0.00010	173	72	55	2	52	1
NB09-06	123	193	0.64	0.04641	0.00531	0.05265	0.00586	0.00823	0.00018	19	201	52	6	53	1
NB09-07	872	742	1.17	0.04651	0.00214	0.04847	0.00202	0.00756	0.00009	24	66	48	2	49	1
NB09-08	296	364	0.81	0.05141	0.00501	0.05430	0.00520	0.00766	0.00013	259	223	54	5	49	1
NB09-09	926	738	1.25	0.05032	0.00214	0.05413	0.00204	0.00780	0.00009	210	66	54	2	50	1
NB09-10	395	395	1.00	0.04778	0.00323	0.05337	0.00342	0.00810	0.00012	88	114	53	3	52	1
NB09-11	197	321	0.61	0.04708	0.00337	0.05239	0.00357	0.00807	0.00013	53	119	52	3	52	1

续表

点	含量			比值						年龄/Ma					
	$Th/10^{-6}$	$U/10^{-6}$	Th/U	$^{207}Pb/^{206}Pb$	1σ	$^{207}Pb/^{235}U$	1σ	$^{206}Pb/^{238}U$	1σ	$^{207}Pb/^{206}Pb$	1σ	$^{207}Pb/^{235}U$	1σ	$^{206}Pb/^{238}U$	1σ
NB09-12	498	517	0.96	0.04274	0.00237	0.04807	0.00249	0.00816	0.00010	–137	92	48	2	52	1
NB09-13	716	648	1.10	0.04908	0.00287	0.05330	0.00291	0.00788	0.00012	152	96	53	3	51	1
NB09-14	320	357	0.90	0.04844	0.00292	0.05311	0.00300	0.00795	0.00012	121	99	53	3	51	1
NB09-15	92	173	0.53	0.04746	0.00727	0.05282	0.00788	0.00807	0.00025	72	248	52	8	52	2
NB09-16	661	585	1.13	0.04751	0.00305	0.05242	0.00317	0.00800	0.00012	75	105	52	3	51	1
NB09-17	188	236	0.80	0.05425	0.00457	0.06073	0.00491	0.00812	0.00015	381	149	60	5	52	1
NB09-18	804	666	1.21	0.04700	0.00487	0.04884	0.00489	0.00754	0.00017	49	180	48	5	48	1
NB09-19	860	761	1.13	0.04862	0.00325	0.05200	0.00328	0.00776	0.00013	130	110	51	3	50	1
NB09-20	141	256	0.55	0.04694	0.00685	0.04937	0.00703	0.00763	0.00022	46	237	49	7	49	1
NB09-21	281	297	0.95	0.04764	0.00317	0.05317	0.00336	0.00809	0.00012	81	112	53	3	52	1
NB09-22	1101	828	1.33	0.04830	0.00256	0.05128	0.00251	0.00770	0.00010	114	86	51	2	49	1
NB09-23	608	606	1.00	0.04689	0.00248	0.05364	0.00262	0.00830	0.00011	44	81	53	3	53	1
NB09-24	254	330	0.77	0.04687	0.00314	0.05160	0.00328	0.00798	0.00012	43	110	51	3	51	1
NB09-25	710	695	1.02	0.04786	0.00215	0.05145	0.00208	0.00780	0.00010	92	68	51	2	50	1
NB09-26	430	401	1.07	0.04606	0.00446	0.04864	0.00463	0.00766	0.00013	1	202	48	4	49	1
NB09-27	1137	865	1.31	0.04721	0.00353	0.04937	0.00362	0.00758	0.00011	60	167	49	4	49	1
NB09-28	96	191	0.50	0.04605	0.00385	0.05121	0.00412	0.00807	0.00018		184	51	4	52	1
NB09-29	177	251	0.71	0.04695	0.00424	0.05170	0.00450	0.00799	0.00015	47	157	51	4	51	1
NB09-30	696	655	1.06	0.04836	0.00281	0.05212	0.00282	0.00782	0.00011	117	95	52	3	50	1
NB09-31	270	311	0.87	0.04692	0.00349	0.05256	0.00383	0.00812	0.00013	45	166	52	4	52	1
NB09-32	500	574	0.87	0.04539	0.00280	0.05055	0.00293	0.00808	0.00012	–34	96	50	3	52	1
NB09-33	384	427	0.90	0.05083	0.00285	0.05766	0.00300	0.00823	0.00012	233	93	57	3	53	1

续表

点	含量			比值						年龄/Ma					
	$Th/10^{-6}$	$U/10^{-6}$	Th/U	$^{207}Pb/^{206}Pb$	1σ	$^{207}Pb/^{235}U$	1σ	$^{206}Pb/^{238}U$	1σ	$^{207}Pb/^{206}Pb$	1σ	$^{207}Pb/^{235}U$	1σ	$^{206}Pb/^{238}U$	1σ
变质辉长岩															
XM05-01	102	262	0.39	0.04937	0.00377	0.05530	0.00401	0.00813	0.00014	165	131	55	4	52	1
XM05-02	119	198	0.60	0.05474	0.00583	0.05952	0.00613	0.00789	0.00017	402	193	59	6	51	1
XM05-03	426	494	0.86	0.05043	0.00310	0.05698	0.00325	0.00820	0.00012	215	105	56	3	53	1
XM05-04	133	3983	0.03	0.04906	0.00159	0.05681	0.00146	0.00840	0.00008	151	42	56	1	54	1
XM05-05	53	134	0.40	0.04660	0.01088	0.05484	0.01256	0.00854	0.00037	29	329	54	12	55	2
XM05-06	218	299	0.73	0.04969	0.00500	0.05580	0.00541	0.00815	0.00018	181	177	55	5	52	1
XM05-07	119	206	0.58	0.05314	0.00440	0.05893	0.00465	0.00805	0.00015	335	146	58	4	52	1
XM05-08	78	177	0.44	0.05187	0.00584	0.05955	0.00647	0.00833	0.00021	280	198	59	6	53	1
XM05-09	216	6818	0.03	0.04856	0.00132	0.05489	0.00106	0.00820	0.00008	127	27	54	1	53	1
XM05-10	747	4567	0.16	0.04734	0.00124	0.05452	0.00098	0.00836	0.00008	66	25	54	1	54	1
XM05-11	127	254	0.50	0.05549	0.00408	0.06635	0.00460	0.00868	0.00015	432	124	65	4	56	1
XM05-12	258	378	0.68	0.04701	0.00355	0.05398	0.00388	0.00833	0.00014	50	126	53	4	54	1
XM05-13	221	295	0.75	0.04764	0.00512	0.05131	0.00533	0.00782	0.00018	81	188	51	5	50	1
XM05-14	147	210	0.70	0.04815	0.00375	0.05457	0.00407	0.00823	0.00013	107	136	54	4	53	1
XM05-15	971	13277	0.07	0.04755	0.00106	0.05528	0.00070	0.00844	0.00007	77	15	55	1	54	1
XM05-16	236	339	0.69	0.04670	0.00359	0.05193	0.00380	0.00807	0.00014	34	127	51	4	52	1
XM05-17	707	690	1.02	0.05104	0.00289	0.05867	0.00307	0.00834	0.00012	243	94	58	3	54	1
XM05-18	590	580	1.02	0.04760	0.00227	0.05232	0.00226	0.00797	0.00010	79	73	52	2	51	1
XM05-19	300	371	0.81	0.05031	0.00345	0.05518	0.00357	0.00796	0.00013	209	118	55	3	51	1
XM05-20	86	178	0.48	0.04766	0.00450	0.05538	0.00504	0.00843	0.00017	82	164	55	5	54	1

续表

点	含量			比值						年龄/Ma					
	$Th/10^{-6}$	$U/10^{-6}$	Th/U	$^{207}Pb/^{206}Pb$	1σ	$^{207}Pb/^{235}U$	1σ	$^{206}Pb/^{238}U$	1σ	$^{207}Pb/^{206}Pb$	1σ	$^{207}Pb/^{235}U$	1σ	$^{206}Pb/^{238}U$	1σ
XM05-21	71	674	0.11	0.04695	0.00236	0.05338	0.00245	0.00825	0.00011	47	75	53	2	53	1
XM05-22	264	323	0.82	0.04855	0.00458	0.05238	0.00475	0.00783	0.00016	126	164	52	5	50	1
XM05-23	307	454	0.68	0.04747	0.00295	0.05317	0.00310	0.00813	0.00012	73	101	53	3	52	1
XM05-24	157	265	0.59	0.05591	0.00445	0.06330	0.00479	0.00821	0.00016	449	134	62	5	53	1
XM05-25	362	418	0.86	0.04971	0.00400	0.05495	0.00422	0.00802	0.00015	181	138	54	4	52	1
XM05-26	161	266	0.61	0.04705	0.00608	0.05502	0.00690	0.00848	0.00023	52	218	54	7	54	1
XM05-27	389	1313	0.30	0.04704	0.00177	0.05230	0.00170	0.00806	0.00009	51	51	52	2	52	1
XM05-28	410	497	0.82	0.04660	0.00302	0.05302	0.00323	0.00825	0.00013	29	102	52	3	53	1
XM05-29	139	4522	0.03	0.04663	0.00125	0.05297	0.00106	0.00824	0.00008	30	29	52	1	53	1
XM05-30	594	9961	0.06	0.04562	0.00108	0.05181	0.00081	0.00823	0.00007	−22	17	51	1	53	1
XM05-31	508	803	0.63	0.04705	0.00324	0.05321	0.00346	0.00820	0.00013	52	112	53	3	53	1
XM05-32	274	331	0.83	0.04762	0.00441	0.05129	0.00467	0.00781	0.00013	80	206	51	5	50	1
XM05-33	347	454	0.76	0.04709	0.00267	0.05312	0.00281	0.00818	0.00012	54	88	53	3	53	1
XM05-34	506	486	1.04	0.04675	0.00283	0.05151	0.00293	0.00799	0.00012	36	95	51	3	51	1
XM05-35	947	3160	0.30	0.04410	0.00117	0.05271	0.00105	0.00866	0.00008	−65	28	52	1	56	1

附表 7 昔马-铜壁关变质辉长岩、细粒石英闪长岩、花岗岩类和暗色微粒包体锆石 Lu-Hf 同位素分析结果

点	年龄/Ma	$^{176}Hf/^{177}Hf$	2σ	$^{176}Yb/^{177}Hf$	2σ	$^{176}Lu/^{177}Hf$	2σ	$\varepsilon_{Hf}(0)$	$\varepsilon_{Hf}(t)$	2σ	T_{DM1}/Ma	$f_{Lu/Hf}$	T_{DM2}/Ma
寄主花岗岩类													
NB13-1	51	0.282767	0.000021	0.043319	0.000235	0.043319	0.000235	–0.2	0.9	0.7	691	–0.96	1065
NB13-2	52	0.282661	0.000018	0.034670	0.000210	0.034670	0.000210	–3.9	–2.8	0.6	838	–0.97	1303
NB13-3	51	0.282620	0.000021	0.040633	0.000313	0.040633	0.000313	–5.4	–4.3	0.7	897	–0.97	1394
NB13-4	55	0.282527	0.000019	0.032843	0.000210	0.032843	0.000210	–8.7	–7.5	0.7	1028	–0.97	1601
NB13-5	55	0.282666	0.000023	0.044040	0.000292	0.044040	0.000292	–3.8	–2.6	0.8	841	–0.96	1291
NB13-6	54	0.282771	0.000018	0.060524	0.000165	0.060524	0.000165	0.0	1.1	0.6	693	–0.95	1056
NB13-7	51	0.282580	0.000020	0.033238	0.000074	0.033238	0.000074	–6.8	–5.7	0.7	951	–0.97	1484
NB13-8	55	0.282541	0.000022	0.033344	0.000273	0.033344	0.000273	–8.2	–7.0	0.8	1008	–0.97	1571
NB13-9	55	0.282642	0.000021	0.043351	0.000398	0.043351	0.000398	–4.6	–3.4	0.7	870	–0.96	1344
NB13-10	55	0.282711	0.000017	0.023569	0.000052	0.023569	0.000052	–2.1	–1.0	0.6	761	–0.98	1187
NB13-11	55	0.282638	0.000019	0.037927	0.000136	0.037927	0.000136	–4.8	–3.6	0.7	873	–0.97	1354
NB13-12	56	0.282665	0.000022	0.027423	0.000122	0.027423	0.000122	–3.8	–2.6	0.8	830	–0.97	1290
NB13-13	55	0.282657	0.000019	0.035016	0.000093	0.035016	0.000093	–4.1	–2.9	0.7	843	–0.97	1310
NB13-14	55	0.282730	0.000019	0.076602	0.001320	0.076602	0.001320	–1.5	–0.3	0.7	761	–0.94	1147
NB13-15	54	0.282726	0.000017	0.049176	0.000669	0.049176	0.000669	–1.6	–0.5	0.6	752	–0.96	1155
NB13-16	56	0.282677	0.000024	0.039797	0.000325	0.039797	0.000325	–3.4	–2.2	0.8	819	–0.96	1265
NB13-17	53	0.282658	0.000016	0.030991	0.000108	0.030991	0.000108	–4.0	–2.9	0.5	839	–0.97	1308
NB13-18	52	0.282543	0.000027	0.060952	0.000677	0.060952	0.000677	–8.1	–7.0	0.9	1031	–0.94	1569
NB13-19	55	0.282572	0.000025	0.051781	0.000756	0.051781	0.000756	–7.1	–5.9	0.9	979	–0.95	1501
NB13-20	57	0.282750	0.000018	0.076517	0.000342	0.076517	0.000342	–0.8	0.4	0.6	731	–0.94	1101
NB13-21	53	0.282664	0.000020	0.033816	0.000183	0.033816	0.000183	–3.8	–2.7	0.7	833	–0.97	1296
NB13-22	57	0.282626	0.000016	0.037115	0.000015	0.037115	0.000015	–5.1	–3.9	0.6	887	–0.97	1377
YJ53-01	52	0.282684	0.000013	0.041920	0.000358	0.001187	0.000010	–3.1	–2.0	0.4	809	–0.96	1250
YJ53-02	51	0.282728	0.000021	0.047543	0.000338	0.001359	0.000010	–1.6	–0.5	0.7	751	–0.96	1154
YJ53-03	53	0.282627	0.000016	0.024712	0.000135	0.000741	0.000004	–5.1	–4.0	0.6	880	–0.98	1378

续表

点	年龄/Ma	$^{176}Hf/^{177}Hf$	2σ	$^{176}Yb/^{177}Hf$	2σ	$^{176}Lu/^{177}Hf$	2σ	$\varepsilon_{Hf}(0)$	$\varepsilon_{Hf}(t)$	2σ	T_{DM1}/Ma	$f_{Lu/Hf}$	T_{DM2}/Ma
YJ53-04	53	0.282591	0.000015	0.036165	0.000678	0.001007	0.000017	–6.4	–5.3	0.5	936	–0.97	1458
YJ53-05	54	0.282715	0.000018	0.041879	0.000220	0.001189	0.000006	–2.0	–0.9	0.6	765	–0.96	1180
YJ53-06	51	0.282660	0.000019	0.056862	0.000087	0.001549	0.000003	–3.9	–2.9	0.7	851	–0.95	1306
YJ53-07	50	0.282603	0.000014	0.031684	0.000181	0.000919	0.000006	–6.0	–4.9	0.5	918	–0.97	1435
YJ53-08	51	0.282691	0.000014	0.028981	0.000422	0.000866	0.000012	–2.9	–1.8	0.5	793	–0.97	1236
YJ53-09	51	0.282795	0.000019	0.056949	0.000537	0.001635	0.000016	0.8	1.9	0.7	659	–0.95	1003
YJ53-10	51	0.282628	0.000015	0.038585	0.000089	0.001135	0.000002	–5.1	–4.0	0.5	887	–0.97	1377
YJ53-11	51	0.282630	0.000016	0.055720	0.000258	0.001619	0.000006	–5.0	–4.0	0.5	897	–0.95	1375
YJ53-12	49	0.282647	0.000017	0.040406	0.000578	0.001166	0.000014	–4.4	–3.4	0.6	861	–0.96	1336
YJ53-13	56	0.282550	0.000013	0.040738	0.000625	0.001135	0.000016	–7.9	–6.7	0.5	998	–0.97	1550
YJ53-14	52	0.282728	0.000016	0.056864	0.000337	0.001634	0.000010	–1.5	–0.5	0.6	756	–0.95	1153
YJ53-15	49	0.282583	0.000016	0.014800	0.000242	0.000434	0.000007	–6.7	–5.6	0.6	933	–0.99	1477
YJ53-16	52	0.282599	0.000021	0.035967	0.000175	0.001015	0.000004	–6.1	–5.0	0.7	925	–0.97	1441
YJ53-17	50	0.282698	0.000018	0.051770	0.000405	0.001456	0.000012	–2.6	–1.6	0.6	795	–0.96	1221
YJ53-18	52	0.282680	0.000017	0.054645	0.000505	0.001557	0.000012	–3.3	–2.2	0.6	824	–0.95	1262
YJ53-19	49	0.282715	0.000014	0.036744	0.000279	0.001122	0.000006	–2.0	–1.0	0.5	763	–0.97	1182
YJ53-20	51	0.282675	0.000015	0.031618	0.000431	0.000906	0.000011	–3.4	–2.3	0.5	816	–0.97	1271
YJ53-21	51	0.282626	0.000020	0.031168	0.000188	0.000890	0.000005	–5.2	–4.1	0.7	885	–0.97	1382
YJ53-22	50	0.282602	0.000018	0.044532	0.000179	0.001237	0.000005	–6.0	–5.0	0.6	927	–0.96	1437
Ⅰ型包体													
NB70-01	51	0.282705	0.000021	0.061828	0.001488	0.001630	0.000037	–2.4	–1.3	0.7	789	–0.95	1206
NB70-02	49	0.282774	0.000033	0.114720	0.002381	0.002880	0.000048	0.1	1.0	1.2	714	–0.91	1054
NB70-03	50	0.282625	0.000020	0.027155	0.000155	0.000739	0.000004	–5.2	–4.1	0.7	882	–0.98	1383
NB70-04	50	0.282692	0.000020	0.062350	0.000510	0.001616	0.000010	–2.8	–1.8	0.7	807	–0.95	1235
NB70-05	51	0.282932	0.000033	0.170814	0.001665	0.004452	0.000036	5.7	6.6	1.2	500	–0.87	700
NB70-06	48	0.283000	0.000030	0.134068	0.001402	0.003371	0.000030	8.1	9.0	1.0	381	–0.90	545

续表

点	年龄/Ma	$^{176}Hf/^{177}Hf$	2σ	$^{176}Yb/^{177}Hf$	2σ	$^{176}Lu/^{177}Hf$	2σ	$\varepsilon_{Hf}(0)$	$\varepsilon_{Hf}(t)$	2σ	T_{DM1}/Ma	$f_{Lu/Hf}$	T_{DM2}/Ma
NB70-07	53	0.282832	0.000038	0.155567	0.001293	0.004153	0.000067	2.1	3.1	1.3	651	–0.87	924
NB70-08	54	0.282953	0.000026	0.139129	0.001255	0.003809	0.000016	6.4	7.4	0.9	459	–0.89	650
NB70-09	51	0.282708	0.000020	0.045337	0.000271	0.001238	0.000006	–2.3	–1.2	0.7	777	–0.96	1199
NB70-10	51	0.283000	0.000037	0.160962	0.000694	0.004339	0.000058	8.1	9.0	1.3	392	–0.87	546
NB70-11	48	0.282526	0.000019	0.018532	0.000058	0.000646	0.000002	–8.7	–7.7	0.7	1018	–0.98	1607
NB70-12	53	0.282630	0.000019	0.037727	0.000508	0.001198	0.000015	–5.0	–3.9	0.7	887	–0.96	1372
NB70-13	52	0.282737	0.000027	0.089048	0.001529	0.002449	0.000028	–1.2	–0.2	1.0	760	–0.93	1135
NB70-14	54	0.282537	0.000021	0.023126	0.000520	0.000726	0.000017	–8.3	–7.1	0.7	1005	–0.98	1579
NB70-15	49	0.282685	0.000027	0.086854	0.001332	0.002680	0.000044	–3.1	–2.1	1.0	842	–0.92	1255
NB70-16	51	0.282590	0.000020	0.031036	0.000744	0.000893	0.000017	–6.4	–5.4	0.7	936	–0.97	1463
NB70-17	51	0.282717	0.000019	0.091979	0.000569	0.002411	0.000013	–1.9	–0.9	0.7	788	–0.93	1180
NB70-18	52	0.282712	0.000019	0.044110	0.000193	0.001185	0.000004	–2.1	–1.0	0.7	770	–0.96	1188
NB70-19	48	0.282752	0.000027	0.073535	0.001306	0.002238	0.000039	–0.7	0.3	0.9	733	–0.93	1102
NB70-20	51	0.282989	0.000031	0.178158	0.000577	0.005426	0.000024	7.7	8.6	1.1	423	–0.84	573
NB70-21	48	0.282556	0.000043	0.021901	0.000442	0.000718	0.000013	–7.6	–6.6	1.5	978	–0.98	1539
NB70-22	52	0.282540	0.000023	0.018553	0.000464	0.000575	0.000018	–8.2	–7.1	0.8	997	–0.98	1573
NB70-23	55	0.282707	0.000038	0.086179	0.000773	0.002668	0.000031	–2.3	–1.2	1.3	808	–0.92	1201
Ⅱ型包体													
NB90-01	52	0.282575	0.000048	0.055149	0.001218	0.001812	0.000037	–7.0	–5.9	1.7	980	–0.95	1497
NB90-02	50	0.282545	0.000042	0.015585	0.000072	0.000540	0.000003	–8.0	–6.9	1.5	989	–0.98	1563
NB90-03	54	0.282759	0.000054	0.080725	0.001321	0.002715	0.000043	–0.5	0.6	1.9	733	–0.92	1085
NB90-04	52	0.282593	0.000030	0.025542	0.000270	0.000869	0.000007	–6.3	–5.2	1.1	930	–0.97	1454
NB90-05	52	0.282522	0.000045	0.022599	0.000264	0.000857	0.000009	–8.9	–7.7	1.6	1030	–0.97	1615
NB90-06	52	0.282757	0.000016	0.052401	0.000960	0.001569	0.000023	–0.5	0.6	0.6	713	–0.95	1088
NB90-07	53	0.282484	0.000035	0.036589	0.001267	0.001214	0.000040	–10.2	–9.1	1.2	1094	–0.96	1700
NB90-08	51	0.282690	0.000020	0.084854	0.001494	0.002899	0.000054	–2.9	–1.9	0.7	839	–0.91	1241

续表

点	年龄/Ma	$^{176}Hf/^{177}Hf$	2σ	$^{176}Yb/^{177}Hf$	2σ	$^{176}Lu/^{177}Hf$	2σ	$\varepsilon_{Hf}(0)$	$\varepsilon_{Hf}(t)$	2σ	T_{DM1}/Ma	$f_{Lu/Hf}$	T_{DM2}/Ma
NB90-09	53	0.282718	0.000039	0.103042	0.002189	0.003199	0.000064	−1.9	−0.9	1.4	804	−0.90	1178
NB90-10	51	0.282573	0.000017	0.009201	0.000165	0.000363	0.000007	−7.0	−5.9	0.6	946	−0.99	1499
NB90-11	50	0.282651	0.000019	0.016310	0.000123	0.000540	0.000004	−4.3	−3.2	0.7	842	−0.98	1325
NB90-12	50	0.282531	0.000031	0.012040	0.000290	0.000505	0.000008	−8.5	−7.4	1.1	1008	−0.98	1594
NB90-13	50	0.282635	0.000017	0.005926	0.000053	0.000240	0.000003	−4.9	−3.8	0.6	857	−0.99	1361
NB90-14	52	0.282620	0.000027	0.033577	0.000200	0.001199	0.000007	−5.4	−4.3	0.9	901	−0.96	1396
NB90-15	51	0.282487	0.000024	0.023820	0.000326	0.000871	0.000013	−10.1	−9.0	0.9	1079	−0.97	1692
NB90-16	53	0.282731	0.000024	0.050905	0.000587	0.001680	0.000020	−1.4	−0.4	0.9	752	−0.95	1146
NB90-17	52	0.282678	0.000045	0.061464	0.000273	0.002117	0.000009	−3.3	−2.2	1.6	838	−0.94	1266
NB90-18	51	0.282628	0.000022	0.030013	0.000157	0.001062	0.000004	−5.1	−4.0	0.8	886	−0.97	1377
NB90-19	53	0.282535	0.000028	0.012012	0.000168	0.000538	0.000006	−8.4	−7.2	1.0	1003	−0.98	1583
NB90-20	50	0.282600	0.000032	0.023239	0.000439	0.000848	0.000015	−6.1	−5.0	1.1	921	−0.97	1441
NB90-21	53	0.282550	0.000028	0.010118	0.000061	0.000442	0.000004	−7.9	−6.7	1.0	980	−0.99	1550
NB90-22	55	0.282598	0.000026	0.036078	0.000679	0.001163	0.000023	−6.2	−5.0	0.9	931	−0.96	1444
NB90-23	54	0.282566	0.000021	0.021220	0.000392	0.000732	0.000016	−7.3	−6.1	0.7	965	−0.98	1514
NB90-24	52	0.282453	0.000030	0.029061	0.000492	0.001024	0.000017	−11.3	−10.2	1.0	1132	−0.97	1769
细粒石英闪长岩													
NB09-1	53	0.282647	0.000032	0.044135	0.000176	0.001626	0.000006	−4.4	−3.3	1.1	873	−0.95	1336
NB09-2	52	0.282729	0.000031	0.051086	0.000618	0.001895	0.000026	−1.5	−0.4	1.1	760	−0.94	1152
NB09-3	50	0.282761	0.000035	0.068451	0.001177	0.002738	0.000044	−0.4	0.6	1.2	730	−0.92	1082
NB09-4	51	0.282604	0.000023	0.016393	0.000674	0.000630	0.000027	−6.0	−4.9	0.8	910	−0.98	1431
NB09-5	50	0.282818	0.000032	0.063700	0.000199	0.002358	0.000011	1.6	2.6	1.1	639	−0.93	953
NB09-6	53	0.282731	0.000033	0.070887	0.000753	0.002462	0.000011	−1.4	−0.4	1.2	768	−0.93	1147
NB09-7	51	0.282635	0.000023	0.026096	0.001046	0.000994	0.000042	−4.8	−3.8	0.8	874	−0.97	1362
NB09-8	49	0.282840	0.000031	0.087767	0.001130	0.003085	0.000054	2.4	3.4	1.1	619	−0.91	906
NB09-9	52	0.282825	0.000029	0.064723	0.002216	0.002311	0.000065	1.9	2.9	1.0	628	−0.93	936

续表

点	年龄/Ma	$^{176}Hf/^{177}Hf$	2σ	$^{176}Yb/^{177}Hf$	2σ	$^{176}Lu/^{177}Hf$	2σ	$\varepsilon_{Hf}(0)$	$\varepsilon_{Hf}(t)$	2σ	T_{DM1}/Ma	$f_{Lu/Hf}$	T_{DM2}/Ma
NB09-10	50	0.282787	0.000027	0.077324	0.000477	0.002726	0.000004	0.5	1.5	1.0	691	–0.92	1024
NB09-11	49	0.282646	0.000024	0.024250	0.000211	0.000917	0.000014	–4.5	–3.4	0.8	857	–0.97	1338
NB09-12	48	0.282790	0.000028	0.078260	0.000723	0.002747	0.000042	0.6	1.6	1.0	687	–0.92	1018
NB09-13	50	0.282851	0.000056	0.072748	0.001989	0.002581	0.000042	2.8	3.8	2.0	594	–0.92	879
NB09-14	52	0.282694	0.000029	0.040166	0.001021	0.001412	0.000025	–2.8	–1.7	1.0	800	–0.96	1230
NB09-15	51	0.282818	0.000034	0.069887	0.000620	0.002424	0.000016	1.6	2.7	1.2	640	–0.93	953
NB09-16	52	0.282649	0.000026	0.019153	0.000196	0.000765	0.000002	–4.4	–3.2	0.9	850	–0.98	1330
NB09-17	51	0.282704	0.000031	0.038513	0.000165	0.001414	0.000010	–2.4	–1.4	1.1	786	–0.96	1208
NB09-18	51	0.282719	0.000034	0.070726	0.000811	0.002466	0.000005	–1.9	–0.9	1.2	787	–0.93	1177
NB09-19	52	0.282781	0.000036	0.058984	0.004250	0.002052	0.000121	0.3	1.4	1.3	687	–0.94	1034
NB09-20	52	0.282614	0.000022	0.019092	0.000992	0.000731	0.000034	–5.6	–4.5	0.8	898	–0.98	1408
NB09-21	50	0.282937	0.000035	0.105361	0.001069	0.003721	0.000005	5.8	6.8	1.2	482	–0.89	687
NB09-22	52	0.282755	0.000029	0.074803	0.001594	0.002704	0.000043	–0.6	0.5	1.0	738	–0.92	1094
变质辉长岩													
XM05-01	52	0.282964	0.000024	0.055234	0.000952	0.002061	0.000033	6.8	7.9	0.8	420	–0.94	621
XM05-02	51	0.282976	0.000019	0.015122	0.000091	0.000557	0.000002	7.2	8.3	0.7	387	–0.98	592
XM05-03	53	0.282970	0.000024	0.040110	0.000342	0.001347	0.000009	7.0	8.1	0.9	404	–0.96	607
XM05-04	54	0.282914	0.000011	0.047276	0.000268	0.001537	0.000006	5.0	6.1	0.4	486	–0.95	732
XM05-05	55	0.283040	0.000026	0.014279	0.000298	0.000565	0.000010	9.5	10.7	0.9	296	–0.98	444
XM05-06	52	0.282946	0.000022	0.015658	0.000099	0.000591	0.000003	6.2	7.3	0.8	429	–0.98	658
XM05-07	52	0.282990	0.000017	0.013439	0.000051	0.000495	0.000002	7.7	8.8	0.6	367	–0.99	561
XM05-08	53	0.282890	0.000025	0.009865	0.000077	0.000367	0.000002	4.2	5.3	0.9	505	–0.99	785
XM05-09	53	0.282840	0.000011	0.039007	0.000121	0.001374	0.000005	2.4	3.5	0.4	590	–0.96	900
XM05-10	54	0.282952	0.000015	0.059854	0.000227	0.002067	0.000006	6.4	7.5	0.5	438	–0.94	648
XM05-11	56	0.283047	0.000036	0.019039	0.000157	0.000827	0.000008	9.7	10.9	1.3	288	–0.98	428

续表

点	年龄/Ma	$^{176}Hf/^{177}Hf$	2σ	$^{176}Yb/^{177}Hf$	2σ	$^{176}Lu/^{177}Hf$	2σ	$\varepsilon_{Hf}(0)$	$\varepsilon_{Hf}(t)$	2σ	T_{DM1}/Ma	$f_{Lu/Hf}$	T_{DM2}/Ma
XM05-12	54	0.282995	0.000016	0.023182	0.000165	0.000840	0.000005	7.9	9.0	0.6	363	–0.97	549
XM05-13	50	0.282795	0.000021	0.013254	0.000125	0.000467	0.000005	0.8	1.9	0.7	639	–0.99	1001
XM05-14	53	0.282854	0.000018	0.012693	0.000105	0.000462	0.000004	2.9	4.0	0.7	557	–0.99	866
XM05-15	54	0.282917	0.000011	0.058892	0.000802	0.001983	0.000024	5.1	6.2	0.4	488	–0.94	726
XM05-16	52	0.282792	0.000025	0.015748	0.000044	0.000629	0.000004	0.7	1.8	0.9	646	–0.98	1008
XM05-17	54	0.282861	0.000019	0.018247	0.000086	0.000652	0.000005	3.1	4.3	0.7	550	–0.98	850
XM05-18	51	0.282827	0.000022	0.018222	0.000393	0.000649	0.000014	1.9	3.0	0.8	598	–0.98	929
XM05-19	54	0.282895	0.000025	0.020522	0.000218	0.000767	0.000009	4.3	5.5	0.9	504	–0.98	774
XM05-20	51	0.282940	0.000017	0.027170	0.000211	0.000976	0.000006	6.0	7.0	0.6	442	–0.97	673
XM05-21	53	0.282808	0.000015	0.022128	0.000217	0.000746	0.000006	1.3	2.4	0.5	625	–0.98	970
XM05-22	50	0.282968	0.000019	0.020173	0.000271	0.000744	0.000009	6.9	8.0	0.7	400	–0.98	611
XM05-23	52	0.282876	0.000048	0.015943	0.000195	0.000621	0.000009	3.7	4.8	1.7	528	–0.98	817
XM05-24	53	0.283031	0.000018	0.031184	0.000150	0.001077	0.000004	9.2	10.3	0.6	314	–0.97	468

附表 8　昔马-铜壁关变质辉长岩、细粒石英闪长岩、花岗闪长岩和暗色微粒包体斜长石、角闪石和黑云母电子探针分析数据

斜长石

	细粒石英闪长岩									寄主花岗岩类			
	NB07-1	NB07-2	NB07-3	NB07-4	NB07-5	NB07-6	NB07-7	NB07-8	NB07-9	NB01-1	NB01-2	NB01-3	NB01-4
SiO_2	56.61	55.41	46.98	48.43	47.13	48.76	48.16	47.10	55.73	56.59	56.17	58.28	57.74
TiO_2	0.00	0.00	0.00	0.01	0.00	0.00	0.00	0.00	0.02	0.03	0.04	0.00	0.01
Al_2O_3	27.40	28.29	33.12	33.02	33.25	32.39	32.31	33.16	27.58	27.28	26.76	27.63	26.87
Cr_2O_3	0.13	0.18	0.02	0.00	0.10	0.02	0.06	0.10	—	0.01	0.08	0.02	0.06
FeO	0.00	0.11	0.11	0.11	0.07	0.23	0.12	0.14	0.28	0.13	0.05	0.12	0.03
MnO	0.05	0.00	0.01	0.00	0.00	0.12	—	0.07	0.03	0.00	0.04	0.00	0.00
NiO	0.00	0.04	0.00	0.03	0.06	0.05	0.04	0.00	0.01	0.05	0.05	0.00	0.00
MgO	0.02	0.00	0.01	0.00	0.00	0.00	0.00	0.00	0.02	0.00	0.01	0.00	0.00
CaO	9.50	10.47	16.15	16.06	16.79	15.90	15.86	16.72	9.80	9.37	8.48	9.28	8.98
Na_2O	5.91	5.80	2.30	2.43	2.11	2.59	2.53	2.19	6.09	6.81	6.97	6.80	6.88
K_2O	0.08	0.10	0.01	0.04	0.05	0.02	0.03	0.03	0.14	0.08	0.05	0.05	0.05
Total	99.71	100.42	98.72	100.12	99.59	100.11	99.11	99.51	99.70	100.35	98.70	102.19	100.61
Si^{4+}	10.19	9.96	8.73	8.86	8.93	8.93	8.90	8.70	10.07	10.16	10.22	10.24	10.30
Al^{IV}	5.81	5.99	7.25	7.12	6.99	6.99	7.04	7.22	5.88	5.77	5.74	5.72	5.65
Al^{VI}													
Ti^{4+}	0.00	0.00	0.00	0.00	0.00	0.00	0.00	0.00	0.00	0.00	0.01	0.00	0.00
Cr^{3+}	0.02	0.03	0.00	0.00	0.00	0.00	0.01	0.01	0.00	0.00	0.01	0.00	0.01
Fe^{3+}	0.00	0.02	0.02	0.02	0.04	0.04	0.02	0.02	0.04	0.02	0.01	0.02	0.00
Fe^{2+}	0.00	0.00	0.00	0.00	0.00	0.00	0.00	0.00	0.00	0.00	0.00	0.00	0.00
Ni^{2+}	0.00	0.01	0.00	0.00	0.01	0.01	0.01	0.00	0.00	0.01	0.01	0.00	0.00
Mn^{2+}	0.01	0.00	0.00	0.00	0.02	0.02	0.00	0.01	0.00	0.00	0.01	0.00	0.00
Mg^{2+}	0.00	0.00	0.00	0.00	0.00	0.00	0.00	0.00	0.01	0.00	0.00	0.00	0.00
Ca^{2+}	1.83	2.02	3.21	3.15	3.12	3.12	3.14	3.31	1.90	1.80	1.65	1.75	1.72

续表

斜长石													
	细粒石英闪长岩									寄主花岗岩类			
	NB07-1	NB07-2	NB07-3	NB07-4	NB07-5	NB07-6	NB07-7	NB07-8	NB07-9	NB01-1	NB01-2	NB01-3	NB01-4
Na^{+}	2.06	2.02	0.83	0.86	0.92	0.92	0.91	0.78	2.14	2.37	2.46	2.32	2.38
K^{+}	0.02	0.02	0.00	0.01	0.00	0.00	0.01	0.01	0.03	0.02	0.01	0.01	0.01
An	47	50	79	78	77	77	77	81	47	43	40	43	42
Ab	53	50	21	21	23	23	22	19	53	57	60	57	58
Or	0	1	0	0	0	0	0	0	1	0	0	0	0

斜长石													
	寄主花岗岩类												
	NB01-5	NB01-6	NB01-7	NB01-8	NB01-9	NB95-1	NB95-2	NB95-3	NB95-4	NB95-5	NB95-6	NB95-7	NB95-8
SiO_2	54.20	62.99	58.28	58.04	61.12	59.79	57.92	52.23	54.55	58.15	57.68	57.62	58.98
TiO_2	0.00	0.00	0.02	0.00	0.05	0.00	0.00	0.02	0.03	0.02	0.02	0.00	0.00
Al_2O_3	26.70	24.18	26.45	25.44	25.27	25.81	26.83	30.25	28.83	26.20	26.36	26.28	26.65
Cr_2O_3	0.02	0.03	0.02	0.07	0.00	0.00	0.01	0.04	0.01	0.12	0.10	0.07	0.13
FeO	0.06	0.18	0.11	0.06	0.17	0.17	0.20	0.14	0.03	0.03	0.00	0.10	0.07
MnO	0.03	0.13	0.00	0.04	0.00	0.00	0.00	0.00	0.13	0.06	0.16	0.00	0.03
NiO	0.00	0.00	0.00	0.03	0.02	0.01	0.00	0.00	0.00	0.00	0.00	0.03	0.00
MgO	0.04	0.00	0.02	0.00	0.02	0.00	0.00	0.00	0.00	0.00	0.01	0.02	0.00
CaO	8.96	5.21	8.27	6.93	6.15	7.42	8.70	12.81	10.86	7.96	8.30	7.97	8.16
Na_2O	7.06	9.28	7.37	8.01	8.42	7.76	6.92	4.61	5.70	7.26	7.18	7.57	7.24
K_2O	0.05	0.06	0.04	0.12	0.06	0.16	0.13	0.07	0.06	0.15	0.11	0.12	0.12
Total	97.15	102.06	100.62	98.73	101.27	101.14	100.75	100.18	100.19	99.96	99.95	99.80	101.40
Si^{4+}	10.07	10.98	10.39	10.52	10.75	10.57	10.32	9.48	9.84	10.42	10.36	10.37	10.42
Al^{IV}	5.85	4.97	5.56	5.44	5.24	5.38	5.64	6.47	6.13	5.54	5.58	5.57	5.55
Al^{VI}													
Ti^{4+}	0.00	0.00	0.00	0.00	0.01	0.00	0.00	0.00	0.00	0.00	0.00	0.00	0.00
Cr^{3+}	0.00	0.00	0.00	0.01	0.00	0.00	0.00	0.01	0.00	0.02	0.01	0.01	0.02

续表

Fe^{3+}	0.01	0.03	0.02	0.01	0.02	0.03	0.03	0.02	0.00	0.00	0.00	0.01	0.01
Fe^{2+}	0.00	0.00	0.00	0.00	0.00	0.00	0.00	0.00	0.00	0.00	0.00	0.00	0.00
Ni^{2+}	0.00	0.00	0.00	0.00	0.00	0.00	0.00	0.00	0.00	0.00	0.00	0.00	0.00
Mn^{2+}	0.00	0.02	0.00	0.01	0.00	0.00	0.00	0.00	0.02	0.01	0.02	0.00	0.00
Mg^{2+}	0.01	0.00	0.01	0.00	0.01	0.00	0.00	0.00	0.00	0.00	0.00	0.01	0.00
Ca^{2+}	1.78	0.97	1.58	1.35	1.16	1.41	1.66	2.49	2.10	1.53	1.60	1.54	1.54
Na^{+}	2.54	3.13	2.55	2.82	2.87	2.66	2.39	1.62	1.99	2.52	2.50	2.64	2.48
K^{+}	0.01	0.01	0.01	0.03	0.01	0.04	0.03	0.02	0.01	0.03	0.03	0.03	0.03
An	41	24	38	32	29	34	41	60	51	37	39	37	38
Ab	59	76	62	67	71	65	59	39	49	62	61	63	61
Or	0	0	0	1	0	1	1	0	0	1	1	1	1

斜长石

寄主花岗岩类

	NB95-9	NB95-10	NB95-11	NB95-12	NB95-13	NB95-14	NB95-15	NB95-16	NB95-17	NB95-18	NB95-19	NB95-20	NB95-21
SiO_2	55.07	55.23	53.89	54.93	56.58	55.15	52.00	57.30	49.13	53.25	51.07	50.96	58.07
TiO_2	0.00	0.00	0.01	0.04	0.00	0.00	0.02	0.01	0.00	0.02	0.00	0.00	0.03
Al_2O_3	27.49	28.07	28.86	28.67	27.11	28.11	30.41	26.42	32.11	29.10	30.93	30.82	27.11
Cr_2O_3	0.08	0.08	0.06	0.01	0.00	0.00	0.02	0.15	0.00	0.04	0.00	0.05	0.06
FeO	0.12	0.00	0.11	0.00	0.21	0.05	0.01	0.08	0.09	0.05	0.09	0.00	0.18
MnO	0.01	0.00	0.09	0.00	0.13	0.00	0.04	0.08	0.00	0.00	0.08	0.01	0.03
NiO	0.01	0.00	0.04	0.00	0.00	0.00	0.00	0.03	0.06	0.00	0.03	0.02	0.02
MgO	0.00	0.00	0.01	0.00	0.01	0.01	0.04	0.02	0.03	0.01	0.02	0.02	0.00
CaO	9.62	10.50	10.75	10.83	9.19	10.29	13.01	8.43	15.06	11.93	13.80	13.63	8.73
Na_2O	6.34	6.12	5.86	5.41	6.82	6.02	4.57	6.92	3.26	5.21	4.19	4.19	6.81
K_2O	0.07	0.08	0.19	0.09	0.10	0.10	0.04	0.14	0.03	0.09	0.05	0.06	0.12
Total	98.81	100.08	99.89	99.98	100.16	99.73	100.15	99.60	99.76	99.69	100.26	99.79	101.18
Si^{4+}	10.04	9.96	9.77	9.90	10.18	9.97	9.44	10.33	9.01	9.68	9.29	9.31	10.30

续表

斜长石													
	寄主花岗岩类												
	NB95-9	NB95-10	NB95-11	NB95-12	NB95-13	NB95-14	NB95-15	NB95-16	NB95-17	NB95-18	NB95-19	NB95-20	NB95-21
Al^{IV}	5.91	5.97	6.17	6.09	5.75	5.99	6.51	5.61	6.94	6.24	6.63	6.63	5.67
Al^{VI}													
Ti^{4+}	0.00	0.00	0.00	0.00	0.00	0.00	0.00	0.00	0.00	0.00	0.00	0.00	0.00
Cr^{3+}	0.01	0.01	0.01	0.00	0.00	0.00	0.00	0.02	0.00	0.01	0.00	0.01	0.01
Fe^{3+}	0.02	0.00	0.02	0.00	0.03	0.01	0.00	0.01	0.01	0.01	0.01	0.00	0.03
Fe^{2+}	0.00	0.00	0.00	0.00	0.00	0.00	0.00	0.00	0.00	0.00	0.00	0.00	0.00
Ni^{2+}	0.00	0.00	0.01	0.00	0.00	0.00	0.00	0.00	0.01	0.00	0.00	0.00	0.00
Mn^{2+}	0.00	0.00	0.01	0.00	0.02	0.00	0.01	0.01	0.00	0.00	0.01	0.00	0.00
Mg^{2+}	0.00	0.00	0.00	0.00	0.00	0.00	0.01	0.01	0.01	0.00	0.01	0.00	0.00
Ca^{2+}	1.88	2.03	2.09	2.09	1.77	1.99	2.53	1.63	2.96	2.33	2.69	2.67	1.66
Na^{+}	2.24	2.14	2.06	1.89	2.38	2.11	1.61	2.42	1.16	1.84	1.48	1.48	2.34
K^{+}	0.02	0.02	0.04	0.02	0.02	0.02	0.01	0.03	0.01	0.02	0.01	0.01	0.03
An	45	48	50	52	42	48	61	40	72	56	64	64	41
Ab	54	51	49	47	57	51	39	59	28	44	35	36	58
Or	0	0	1	1	1	1	0	1	0	0	0	0	1

斜长石													
	寄主花岗岩类												
	NB95-22	NB98-1	NB98-2	NB98-3	NB98-4	NB98-5	NB98-6	NB98-7	NB98-8	NB98-9	NB98-10	NB107-1	NB107-2
SiO_2	57.79	58.38	60.08	58.90	58.14	55.54	58.69	59.17	60.70	60.11	58.20	57.49	57.67
TiO_2	0.00	0.00	0.01	0.04	0.02	0.00	0.00	0.00	0.01	0.01	0.00	0.04	0.00
Al_2O_3	26.33	25.72	25.40	25.41	26.33	27.92	26.55	25.51	24.34	25.20	26.66	26.90	26.12
Cr_2O_3	0.00	0.00	0.00	0.05	0.07	0.00	0.07	0.00	0.02	0.15	0.03	0.08	0.07
FeO	0.13	0.12	0.12	0.18	0.05	0.15	0.15	0.11	0.00	0.25	0.01	0.15	0.07
MnO	0.00	0.03	0.01	0.00	0.00	0.10	0.00	0.00	0.06	0.00	0.17	0.00	0.00
NiO	0.02	0.00	0.03	0.00	0.00	0.00	0.12	0.01	0.00	0.01	0.00	0.03	0.00

续表

MgO	0.00	0.00	0.00	0.03	0.00	0.00	0.00	0.00	0.00	0.00	0.00	0.00	0.00
CaO	8.63	7.64	6.92	7.29	8.14	10.05	7.78	7.22	5.88	6.60	8.28	8.41	7.58
Na_2O	6.90	7.66	8.07	7.78	7.03	6.15	7.54	7.90	5.97	7.71	6.94	7.20	7.66
K_2O	0.09	0.11	0.18	0.15	0.10	0.10	0.12	0.13	3.85	0.23	0.10	0.11	0.14
Total	99.92	99.65	100.82	99.83	99.89	100.04	101.05	100.07	100.86	100.28	100.41	100.43	99.31
Si^{4+}	10.37	10.49	10.65	10.56	10.42	10.02	10.41	10.58	10.85	10.69	10.38	10.28	10.41
Al^{IV}	5.57	5.45	5.30	5.37	5.56	5.93	5.55	5.37	5.13	5.28	5.61	5.67	5.56
Al^{VI}													
Ti^{4+}	0.00	0.00	0.00	0.01	0.00	0.00	0.00	0.00	0.00	0.00	0.00	0.01	0.00
Cr^{3+}	0.00	0.00	0.00	0.01	0.01	0.00	0.01	0.00	0.00	0.02	0.00	0.01	0.01
Fe^{3+}	0.02	0.02	0.02	0.03	0.01	0.02	0.02	0.02	0.00	0.04	0.00	0.02	0.01
Fe^{2+}	0.00	0.00	0.00	0.00	0.00	0.00	0.00	0.00	0.00	0.00	0.00	0.00	0.00
Ni^{2+}	0.00	0.00	0.00	0.00	0.00	0.00	0.02	0.00	0.00	0.00	0.00	0.00	0.00
Mn^{2+}	0.00	0.00	0.00	0.00	0.00	0.02	0.00	0.00	0.01	0.00	0.02	0.00	0.00
Mg^{2+}	0.00	0.00	0.00	0.01	0.00	0.00	0.00	0.00	0.00	0.00	0.00	0.00	0.00
Ca^{2+}	1.66	1.47	1.31	1.40	1.56	1.94	1.48	1.38	1.13	1.26	1.58	1.61	1.47
Na^{+}	2.40	2.67	2.77	2.70	2.44	2.15	2.60	2.74	2.07	2.66	2.40	2.50	2.68
K^{+}	0.02	0.02	0.04	0.03	0.02	0.02	0.03	0.03	0.88	0.05	0.02	0.03	0.03
An	41	35	32	34	39	47	36	33	28	32	39	39	35
Ab	59	64	67	65	61	52	63	66	51	67	60	60	64
Or	1	1	1	1	1	1	1	1	22	1	1	1	1

斜长石

	寄主花岗岩类					暗色微粒包体							
	NB107-3	NB107-4	NB107-5	NB107-6	NB107-7	NB68-1-1	NB68-1-2	NB68-1-3	NB68-1-4	NB68-1-5	NB68-1-6	NB68-1-7	NB68-2-1
SiO_2	60.15	58.89	58.25	55.68	55.49	54.58	51.32	57.87	56.99	55.87	56.03	60.09	59.92
TiO_2	0.04	0.02	0.01	0.00	0.01	0.00	0.00	0.00	0.01	0.02	0.00	0.03	0.03
Al_2O_3	26.59	26.29	26.53	27.35	28.03	29.05	29.70	26.68	26.42	27.35	27.28	25.59	25.91

续表

斜长石	寄主花岗岩类					暗色微粒包体							
	NB107-3	NB107-4	NB107-5	NB107-6	NB107-7	NB68-1-1	NB68-1-2	NB68-1-3	NB68-1-4	NB68-1-5	NB68-1-6	NB68-1-7	NB68-2-1
Cr_2O_3	0.22	0.00	0.02	0.05	0.02	0.00	0.04	0.03	0.01	0.00	0.13	0.07	0.08
FeO	0.18	0.08	0.12	0.10	0.12	0.06	0.03	0.14	0.25	0.03	0.12	0.16	0.11
MnO	0.06	0.16	0.10	0.08	0.00	0.00	0.00	0.00	0.03	0.00	0.00	0.00	0.03
NiO	0.06	0.00	0.00	0.04	0.03	0.07	0.00	0.03	0.00	0.00	0.00	0.00	0.06
MgO	0.04	0.00	0.00	0.00	0.00	0.00	0.00	0.02	0.01	0.00	0.01	0.00	0.00
CaO	7.79	7.70	8.31	9.32	10.35	11.34	12.36	8.69	8.13	9.66	9.11	6.84	7.46
Na_2O	6.49	7.58	7.20	6.44	6.19	5.36	4.84	6.50	7.25	6.38	6.86	7.78	7.73
K_2O	0.19	0.13	0.08	0.09	0.09	0.06	0.04	0.07	0.09	0.13	0.08	0.10	0.09
Total	101.80	100.86	100.62	99.16	100.36	100.53	98.34	100.05	99.19	99.44	99.62	100.65	101.42
Si^{4+}	10.54	10.46	10.38	10.11	9.98	9.81	9.48	10.36	10.32	10.11	10.13	10.65	10.56
Al^{IV}	5.49	5.50	5.57	5.85	5.94	6.16	6.47	5.63	5.64	5.84	5.81	5.34	5.38
Al^{VI}													
Ti^{4+}	0.00	0.00	0.00	0.00	0.00	0.00	0.00	0.00	0.00	0.00	0.00	0.00	0.00
Cr^{3+}	0.03	0.00	0.00	0.01	0.00	0.00	0.01	0.00	0.00	0.00	0.02	0.01	0.01
Fe^{3+}	0.03	0.01	0.02	0.02	0.02	0.01	0.01	0.02	0.04	0.00	0.02	0.02	0.02
Fe^{2+}	0.00	0.00	0.00	0.00	0.00	0.00	0.00	0.00	0.00	0.00	0.00	0.00	0.00
Ni^{2+}	0.01	0.00	0.00	0.01	0.00	0.01	0.00	0.00	0.00	0.00	0.00	0.00	0.01
Mn^{2+}	0.01	0.02	0.01	0.01	0.00	0.00	0.00	0.00	0.00	0.00	0.00	0.00	0.00
Mg^{2+}	0.01	0.00	0.00	0.00	0.00	0.00	0.00	0.01	0.00	0.00	0.00	0.00	0.00
Ca^{2+}	1.46	1.47	1.59	1.81	2.00	2.18	2.45	1.67	1.58	1.87	1.76	1.30	1.41
Na^{+}	2.20	2.61	2.49	2.27	2.16	1.87	1.73	2.26	2.54	2.24	2.40	2.67	2.64
K^{+}	0.04	0.03	0.02	0.02	0.02	0.01	0.01	0.02	0.02	0.03	0.02	0.02	0.02
An	39	36	39	44	48	54	58	42	38	45	42	33	35
Ab	59	64	61	55	52	46	41	57	61	54	57	67	65
Or	1	1	0	0	0	0	0	0	0	1	0	1	0

续表

斜长石													
	暗色微粒包体												
	NB68-2-2	NB68-2-3	NB68-2-4	NB68-2-5	NB68-2-6	NB68-3-1	NB68-3-2	NB68-3-3	NB68-3-4	NB68-3-5	NB68-3-6	NB68-3-7	NB68-3-8
SiO_2	60.50	55.58	54.43	57.57	61.61	59.15	56.21	54.88	48.26	55.61	56.67	60.41	60.31
TiO_2	0.05	0.01	0.03	0.00	0.01	0.00	0.01	—	0.00	0.02	0.01	—	0.02
Al_2O_3	25.42	28.20	29.22	27.32	24.75	26.13	27.10	28.22	33.03	28.13	27.40	26.48	26.22
Cr_2O_3	0.03	0.00	0.00	0.04	0.11	0.05	0.07	—	0.02	—	0.05	0.09	—
FeO	0.06	0.11	0.15	0.05	0.11	0.06	0.11	0.07	0.05	—	0.03	0.02	0.09
MnO	0.05	0.00	0.05	0.10	0.00	0.00	0.09	0.10	—	0.09	0.10	—	—
NiO	0.00	0.00	0.00	0.05	0.00	0.04	0.00	0.04	0.04	0.02	—	—	0.01
MgO	0.01	0.00	0.00	0.02	0.01	0.00	0.01	—	0.02	—	0.02	—	—
CaO	6.83	10.19	11.67	9.02	6.08	7.78	9.39	10.48	16.08	10.10	9.14	7.55	7.72
Na_2O	8.24	5.99	5.23	6.61	8.39	7.38	6.52	6.08	2.79	5.76	6.77	7.48	7.63
K_2O	0.10	0.08	0.06	0.08	0.08	0.10	0.04	0.03	0.01	0.04	0.05	0.07	0.06
Total	101.28	100.16	100.86	100.87	101.17	100.69	99.55	99.91	100.30	99.77	100.24	102.11	102.08
Si^{4+}	10.67	10.00	9.77	10.25	10.84	10.50	10.16	9.92	8.83	10.02	10.17	10.56	10.56
Al^{IV}	5.28	5.98	6.18	5.73	5.13	5.47	5.77	6.02	7.12	5.98	5.79	5.45	5.41
Al^{VI}													
Ti^{4+}	0.01	0.00	0.00	0.00	0.00	0.00	0.00	0.00	0.00	0.00	0.00	0.00	0.00
Cr^{3+}	0.00	0.00	0.00	0.01	0.02	0.01	0.01	0.00	0.00	0.00	0.01	0.01	0.00
Fe^{3+}	0.01	0.02	0.02	0.01	0.02	0.01	0.02	0.01	0.01	0.00	0.00	0.00	0.01
Fe^{2+}	0.00	0.00	0.00	0.00	0.00	0.00	0.00	0.00	0.00	0.00	0.00	0.00	0.00
Ni^{2+}	0.00	0.00	0.00	0.01	0.00	0.01	0.00	0.01	0.01	0.00	0.00	0.00	0.00
Mn^{2+}	0.01	0.00	0.01	0.02	0.00	0.00	0.01	0.02	0.00	0.01	0.02	0.00	0.00
Mg^{2+}	0.00	0.00	0.00	0.00	0.00	0.00	0.00	0.00	0.00	0.00	0.00	0.00	0.00
Ca^{2+}	1.29	1.96	2.24	1.72	1.15	1.48	1.82	2.03	3.15	1.95	1.76	1.41	1.45

续表

斜长石													
	暗色微粒包体												
	NB68-2-2	NB68-2-3	NB68-2-4	NB68-2-5	NB68-2-6	NB68-3-1	NB68-3-2	NB68-3-3	NB68-3-4	NB68-3-5	NB68-3-6	NB68-3-7	NB68-3-8
Na^+	2.81	2.09	1.82	2.28	2.86	2.54	2.29	2.13	0.99	2.01	2.35	2.53	2.59
K^+	0.02	0.02	0.01	0.02	0.02	0.02	0.01	0.01	0.00	0.01	0.01	0.01	0.01
An	31	48	55	43	28	37	44	49	76	49	43	36	36
Ab	68	51	45	57	71	63	56	51	24	51	57	64	64
Or	1	0	0	0	0	1	0	0	0	0	0	0	0

斜长石													
	暗色微粒包体												
	NB68-3-9	NB68-3-10	NB68-3-11	NB68-3-12	NB68-3-13	NB68-3-14	NB68-3-15	NB68-3-16	NB68-3-17	NB68-3-18	NB68-3-19	NB68-4-1	NB68-4-2
SiO_2	59.63	58.71	56.36	54.73	47.89	44.73	47.62	50.25	57.47	58.27	60.27	59.74	57.62
TiO_2	0.01	—	0.01	0.03	0.03	0.01	—	0.02	—	0.02	0.01	0.02	0.03
Al_2O_3	26.17	26.55	27.78	29.36	32.99	34.06	33.36	32.00	26.72	25.51	25.71	25.31	26.75
Cr_2O_3	0.03	0.01	0.05	0.02	—	0.09	—	0.01	—	0.02	0.13	0.03	0.07
FeO	0.01	0.12	0.07	0.04	0.15	0.10	—	0.22	0.09	—	—	0.09	0.19
MnO	—	—	0.04	—	0.13	0.04	—	—	—	—	0.12	0.06	0.00
NiO	—	—	—	—	—	—	—	—	—	—	—	0.00	0.01
MgO	0.00	—	—	0.02	—	—	0.02	0.02	0.01	—	—	0.01	0.00
CaO	7.62	7.95	9.89	11.18	16.08	16.59	15.92	14.61	8.40	7.07	7.25	6.78	8.12
Na_2O	7.60	7.31	6.16	5.70	2.76	2.33	2.54	3.33	7.33	7.80	7.94	8.23	7.66
K_2O	0.10	0.09	0.08	0.06	0.04	0.04	0.03	0.04	0.06	0.07	0.07	0.06	0.10
Total	101.21	100.76	100.44	101.13	100.07	97.97	99.48	100.49	100.08	98.77	101.52	100.33	100.54
Si^{4+}	10.53	10.43	10.10	9.78	8.79	8.42	8.77	9.13	10.31	10.54	10.61	10.64	10.30
Al^{IV}	5.45	5.56	5.87	6.19	7.14	7.56	7.24	6.85	5.65	5.44	5.33	5.31	5.64
Al^{VI}													
Ti^{4+}	0.00	0.00	0.00	0.00	0.00	0.00	0.00	0.00	0.00	0.00	0.00	0.00	0.00
Cr^{3+}	0.00	0.00	0.01	0.00	0.00	0.01	0.00	0.00	0.00	0.00	0.02	0.00	0.01
Fe^{3+}	0.00	0.02	0.01	0.01	0.02	0.01	0.00	0.03	0.01	0.00	0.00	0.01	0.03

续表

Fe^{2+}	0.00	0.00	0.00	0.00	0.00	0.00	0.00	0.00	0.00	0.00	0.00	0.00	0.00
Ni^{2+}	0.00	0.00	0.00	0.00	0.00	0.00	0.00	0.00	0.00	0.00	0.00	0.00	0.00
Mn^{2+}	0.00	0.00	0.01	0.00	0.02	0.01	0.00	0.00	0.00	0.00	0.02	0.01	0.00
Mg^{2+}	0.00	0.00	0.00	0.00	0.00	0.00	0.00	0.00	0.00	0.00	0.00	0.00	0.00
Ca^{2+}	1.44	1.51	1.90	2.14	3.16	3.35	3.14	2.84	1.61	1.37	1.37	1.29	1.55
Na^{+}	2.60	2.52	2.14	1.97	0.98	0.85	0.91	1.17	2.55	2.74	2.71	2.84	2.66
K^{+}	0.02	0.02	0.02	0.01	0.01	0.01	0.01	0.01	0.01	0.02	0.02	0.01	0.02
An	35	37	47	52	76	80	77	71	39	33	33	31	37
Ab	64	62	53	48	24	20	22	29	61	66	66	68	63
Or	1	0	0	0	0	0	0	0	0	0	0	0	1

斜长石

	暗色微粒包体							变质辉长岩			
	NB68-4-3	NB68-4-4	NB68-4-5	NB68-4-6	NB68-4-7	NB68-4-8	NB68-4-9	XM12-01	XM12-02	XM12-03	XM12-04
SiO_2	47.47	48.34	46.10	58.08	57.04	57.61	56.92	47.53	46.55	55.01	54.08
TiO_2	0.00	0.01	0.00	0.02	0.00	0.02	0.01	0.00	0.10	0.14	0.00
Al_2O_3	33.01	31.62	32.68	26.01	27.69	26.65	27.63	33.62	34.14	26.16	29.63
Cr_2O_3	0.00	0.06	0.09	0.11	0.04	0.00	0.00	0.02	0.00	0.00	0.00
FeO	0.16	0.14	0.01	0.12	0.04	0.07	0.10	0.13	0.13	0.04	0.03
MnO	0.06	0.01	0.01	0.00	0.00	0.13	0.03	0.00	0.00	0.00	0.00
NiO	0.00	0.00	0.00	0.00	0.00	0.00	0.05	0.00	0.00	0.00	0.00
MgO	0.00	0.00	0.00	0.00	0.00	0.00	0.03	0.00	0.02	0.03	0.00
CaO	15.91	14.74	15.41	8.10	9.62	8.42	9.14	17.10	17.40	10.08	12.18
Na_2O	2.45	3.44	2.53	7.45	6.66	7.35	6.92	1.28	1.02	5.37	4.47
K_2O	0.04	0.03	0.03	0.07	0.08	0.07	0.12	0.02	0.04	0.20	0.15
Total	99.13	98.41	96.86	99.95	101.17	100.31	100.94	99.92	99.63	97.26	100.75
Si^{4+}	8.78	9.00	8.72	10.42	10.14	10.32	10.15	8.73	8.59	10.19	9.72

续表

斜长石											
	暗色微粒包体							变质辉长岩			
	NB68-4-3	NB68-4-4	NB68-4-5	NB68-4-6	NB68-4-7	NB68-4-8	NB68-4-9	XM12-01	XM12-02	XM12-03	XM12-04
Al^{IV}	7.20	6.94	7.29	5.50	5.80	5.62	5.81	7.28	7.43	5.71	6.28
Al^{VI}											
Ti^{4+}	0.00	0.00	0.00	0.00	0.00	0.00	0.00	0.00	0.01	0.02	0.00
Cr^{3+}	0.00	0.01	0.01	0.02	0.01	0.00	0.00	0.00	0.00	0.00	0.00
Fe^{3+}	0.02	0.02	0.00	0.02	0.01	0.01	0.02	0.02	0.02	0.01	0.00
Fe^{2+}	0.00	0.00	0.00	0.00	0.00	0.00	0.00	0.00	0.00	0.00	0.00
Ni^{2+}	0.00	0.00	0.00	0.00	0.00	0.00	0.01	0.00	0.00	0.00	0.00
Mn^{2+}	0.01	0.00	0.00	0.00	0.00	0.02	0.00	0.00	0.00	0.00	0.00
Mg^{2+}	0.00	0.00	0.00	0.00	0.00	0.00	0.01	0.00	0.01	0.01	0.00
Ca^{2+}	3.15	2.94	3.12	1.56	1.83	1.61	1.75	3.36	3.44	2.00	2.35
Na^{+}	0.88	1.24	0.93	2.59	2.30	2.55	2.39	0.45	0.36	1.93	1.56
K^{+}	0.01	0.01	0.01	0.02	0.02	0.02	0.03	0.00	0.01	0.05	0.04
An	78	70	77	37	44	39	42	88	90	50	60
Ab	22	30	23	62	55	61	57	12	10	48	40
Or	0	0	0	0	0	0	1	0	0	1	1

角闪石													
	细粒石英闪长岩					寄主花岗岩类							
	NB09-2-1	NB09-2-2	NB09-2-4	NB09-2-5	NB09-2-6	NB93-1	NB93-2	NB93-3	NB93-4	NB93-5	NB93-6	NB93-7	NB110-1
SiO_2	43.99	43.36	46.81	43.13	44.24	43.41	43.56	42.38	41.79	42.04	42.71	41.98	40.68
Al_2O_3	9.12	10.04	7.52	10.19	8.97	9.49	9.36	10.52	10.34	10.28	10.01	10.04	12.04
FeO	17.60	18.88	17.09	18.88	18.49	18.65	18.94	20.21	20.05	19.75	19.46	19.77	21.90
TiO_2	1.36	1.84	1.09	1.76	1.23	1.36	1.30	1.40	2.01	2.02	1.60	1.95	0.54
Cr_2O_3	0.04	0.01	0.04	0.04	0.13	0.04	0.00	0.00	0.00	0.09	0.06	0.00	0.04
MnO	0.86	0.62	0.69	0.76	0.56	0.80	0.77	0.88	0.84	0.88	0.88	0.96	0.74

续表

NiO	0.00	0.01	0.04	0.08	0.06	0.00	0.00	0.00	0.00	0.05	0.00	0.00	0.00
MgO	9.27	9.03	10.83	8.67	9.59	8.91	8.94	8.10	7.98	8.16	8.42	8.14	6.87
CaO	12.12	12.09	12.10	11.81	11.97	11.79	11.73	11.26	11.57	11.53	11.64	11.64	11.79
Na_2O	0.93	1.07	1.02	1.33	1.11	1.24	1.12	1.32	1.43	1.38	1.24	1.34	1.23
K_2O	0.98	1.05	0.66	1.04	0.86	0.91	1.04	1.11	1.25	1.20	1.15	1.05	1.18
Total	96.26	98.05	97.95	97.69	97.21	96.65	96.77	97.16	97.30	97.37	97.20	96.87	97.03
Si^{4+}	6.62	6.43	6.87	6.42	6.59	6.52	6.54	6.37	6.29	6.32	6.41	6.34	6.15
Al^{IV}	1.38	1.57	1.13	1.58	1.41	1.48	1.46	1.63	1.71	1.68	1.59	1.66	1.85
Al^{VI}	0.24	0.19	0.18	0.21	0.16	0.20	0.20	0.23	0.13	0.14	0.18	0.12	0.30
Ti^{4+}	0.15	0.21	0.12	0.20	0.14	0.15	0.15	0.16	0.23	0.23	0.18	0.22	0.06
Cr^{3+}	0.00	0.00	0.00	0.00	0.02	0.00	0.00	0.00	0.00	0.01	0.01	0.00	0.00
Fe^{3+}	0.85	1.01	0.76	1.03	1.01	1.02	1.00	1.14	1.19	1.14	1.08	1.17	1.47
Fe^{2+}	1.36	1.33	1.34	1.32	1.29	1.32	1.38	1.40	1.34	1.34	1.36	1.33	1.30
Mn^{2+}	0.11	0.08	0.09	0.10	0.07	0.10	0.10	0.11	0.11	0.11	0.11	0.12	0.10
Ni^{2+}	0.00	0.00	0.00	0.01	0.01	0.00	0.00	0.00	0.00	0.01	0.00	0.00	0.00
Mg^{2+}	2.08	2.00	2.37	1.92	2.13	1.99	2.00	1.82	1.79	1.83	1.88	1.83	1.55
Ca^{2+}	1.95	1.92	1.90	1.88	1.91	1.90	1.89	1.81	1.87	1.86	1.87	1.88	1.91
Na^{+}	0.27	0.31	0.29	0.38	0.32	0.36	0.33	0.38	0.42	0.40	0.36	0.39	0.36
K^{+}	0.19	0.20	0.12	0.20	0.16	0.17	0.20	0.21	0.24	0.23	0.22	0.20	0.23
Mg#	60	60	64	59	62	60	59	56	57	58	58	58	54

角闪石

	寄主花岗岩类		变质辉长岩				I 型 MMEs						
	NB110-2	NB110-3	XM12-1	XM12A-2	XM12A-3	XM12-4	NB68(1)-1	NB68(1)-2	NB68(1)-3	NB68-1-1	NB68-1-2	NB68-1-3	NB68-1-4
SiO_2	42.18	42.15	46.43	48.20	49.29	47.14	43.33	42.97	43.10	42.34	42.56	42.26	42.87
Al_2O_3	10.03	9.99	9.00	7.35	7.58	8.85	9.92	10.47	9.65	10.22	10.34	9.98	9.10
FeO	19.24	19.75	13.08	13.23	12.90	13.35	17.73	20.16	18.72	20.86	21.06	19.91	20.75
TiO_2	0.84	2.10	0.19	0.08	0.28	0.31	1.13	1.15	1.06	1.32	1.43	1.42	1.34

续表

角闪石													
	寄主花岗岩类		变质辉长岩				I 型 MMEs						
	NB110-2	NB110-3	XM12-1	XM12A-2	XM12A-3	XM12-4	NB68(1)-1	NB68(1)-2	NB68(1)-3	NB68-1-1	NB68-1-2	NB68-1-3	NB68-1-4
Cr_2O_3	0.00	0.02	0.05	0.06	0.01	0.00	0.04	0.00	0.09	0.06	0.03	0.02	0.03
MnO	0.78	0.83	0.44	0.20	0.50	0.31	1.03	1.35	0.91	1.29	1.38	1.51	1.39
NiO	0.00	0.00	0.00	0.00	0.00	0.00	0.04	0.00	0.00	0.00	0.06	0.06	0.00
MgO	8.30	8.14	12.89	13.88	14.03	13.06	8.48	8.22	8.93	7.43	7.41	7.29	7.81
CaO	11.71	11.76	12.18	11.99	12.20	12.08	11.97	11.89	11.60	11.29	11.40	11.19	11.30
Na_2O	1.26	1.42	0.48	0.50	0.43	0.48	1.21	1.14	1.39	1.49	1.51	1.67	1.50
K_2O	1.06	1.01	0.62	0.43	0.44	0.60	1.02	1.09	0.99	1.20	1.21	1.17	1.09
Total	95.47	97.18	95.51	96.04	97.71	96.27	95.90	98.43	96.45	97.50	98.38	96.48	97.25
Si^{4+}	6.43	6.34	6.85	7.05	7.08	6.90	6.56	6.38	6.48	6.38	6.36	6.43	6.47
Al^{IV}	1.57	1.66	1.15	0.95	0.92	1.10	1.44	1.62	1.52	1.62	1.64	1.57	1.53
Al^{VI}	0.23	0.11	0.41	0.32	0.37	0.42	0.33	0.21	0.19	0.19	0.18	0.22	0.10
Ti^{4+}	0.10	0.24	0.02	0.01	0.03	0.03	0.13	0.13	0.12	0.15	0.16	0.16	0.15
Cr^{3+}	0.00	0.00	0.01	0.01	0.00	0.00	0.00	0.00	0.01	0.01	0.00	0.00	0.00
Fe^{3+}	1.20	1.15	0.70	0.63	0.50	0.62	0.90	1.20	1.14	1.19	1.20	1.11	1.20
Fe^{2+}	1.25	1.34	0.92	0.99	1.05	1.02	1.34	1.30	1.21	1.44	1.43	1.42	1.42
Mn^{2+}	0.10	0.11	0.06	0.02	0.06	0.04	0.13	0.17	0.12	0.16	0.17	0.19	0.18
Ni^{2+}	0.00	0.00	0.00	0.00	0.00	0.00	0.01	0.00	0.00	0.00	0.01	0.01	0.00
Mg^{2+}	1.89	1.82	2.84	3.03	3.00	2.85	1.91	1.82	2.00	1.67	1.65	1.65	1.76
Ca^{2+}	1.91	1.89	1.93	1.88	1.88	1.89	1.94	1.89	1.87	1.82	1.82	1.82	1.83
Na^{+}	0.37	0.41	0.14	0.14	0.12	0.14	0.35	0.33	0.41	0.43	0.44	0.49	0.44
K^{+}	0.21	0.19	0.12	0.08	0.08	0.11	0.20	0.21	0.19	0.23	0.23	0.23	0.21
Mg#	60	58	76	75	74	74	59	58	62	54	54	54	55

续表

角闪石													
	Ⅰ型 MMEs												Ⅱ型 MMEs
	NB68-1-5	NB68-3-1	NB68-3-2	NB68-3-3	NB68-3-4	NB68-3-5	NB68-3-6	NB68-3-7	NB68-3-8	NB68-3-9	NB68-3-1	NB68-3-1	NB86-1-1
SiO_2	42.70	43.39	42.39	43.64	44.16	42.46	42.70	42.69	43.51	43.09	42.47	42.66	42.06
Al_2O_3	10.23	9.34	9.89	8.90	8.78	9.88	9.26	10.24	9.40	9.38	9.83	10.10	9.75
FeO	21.07	21.06	20.81	20.43	20.68	21.47	19.77	21.36	20.50	21.15	22.29	20.79	17.92
TiO_2	1.44	1.28	1.20	0.99	1.09	1.04	1.26	0.94	1.30	1.23	1.08	1.33	1.25
Cr_2O_3	0.05	0.01	0.00	0.09	0.04	0.15	0.00	0.00	0.00	0.06	0.00	0.08	0.02
MnO	1.09	1.23	1.11	1.15	0.99	1.04	1.11	1.38	1.48	1.24	1.43	1.30	0.93
NiO	0.00	0.02	0.05	0.00	0.03	0.00	0.01	0.00	0.00	0.00	0.00	0.00	0.00
MgO	7.52	7.92	7.24	7.74	8.15	7.32	7.66	7.58	7.74	7.82	7.19	7.68	9.87
CaO	11.50	11.72	11.67	11.50	11.70	11.53	11.57	11.87	11.53	11.29	11.63	11.61	11.64
Na_2O	1.56	1.37	1.43	1.45	1.19	1.38	1.31	1.20	1.31	1.34	1.23	1.14	1.52
K_2O	1.11	0.98	1.11	1.05	0.87	1.05	1.01	1.05	1.02	1.04	1.04	1.07	1.25
Total	98.30	98.32	96.90	96.95	97.69	97.33	95.69	98.31	97.80	97.63	98.17	97.76	96.23
Si^{4+}	6.38	6.47	6.43	6.60	6.62	6.41	6.54	6.37	6.53	6.48	6.38	6.40	6.31
Al^{IV}	1.62	1.53	1.57	1.40	1.38	1.59	1.46	1.63	1.47	1.52	1.62	1.60	1.69
Al^{VI}	0.18	0.11	0.19	0.19	0.17	0.17	0.21	0.17	0.19	0.14	0.11	0.19	0.03
Ti^{4+}	0.16	0.14	0.14	0.11	0.12	0.12	0.15	0.11	0.15	0.14	0.12	0.15	0.14
Cr^{3+}	0.01	0.00	0.00	0.01	0.00	0.02	0.00	0.00	0.00	0.01	0.00	0.01	0.00
Fe^{3+}	1.20	1.20	1.18	1.05	1.03	1.23	1.03	1.29	1.05	1.16	1.32	1.14	1.44
Fe^{2+}	1.44	1.43	1.46	1.53	1.57	1.48	1.50	1.37	1.52	1.50	1.48	1.47	0.81
Mn^{2+}	0.14	0.16	0.14	0.15	0.13	0.13	0.14	0.17	0.19	0.16	0.18	0.17	0.12
Ni^{2+}	0.00	0.00	0.01	0.00	0.00	0.00	0.00	0.00	0.00	0.00	0.00	0.00	0.00
Mg^{2+}	1.67	1.76	1.64	1.75	1.82	1.65	1.75	1.69	1.73	1.75	1.61	1.72	2.21
Ca^{2+}	1.84	1.87	1.90	1.86	1.88	1.87	1.90	1.90	1.85	1.82	1.87	1.87	1.87

续表

角闪石													
	I 型 MMEs												II 型 MMEs
	NB68-1-5	NB68-3-1	NB68-3-2	NB68-3-3	NB68-3-4	NB68-3-5	NB68-3-6	NB68-3-7	NB68-3-8	NB68-3-9	NB68-3-1	NB68-3-1	NB86-1-1
Na^+	0.45	0.40	0.42	0.43	0.35	0.40	0.39	0.35	0.38	0.39	0.36	0.33	0.44
K^+	0.21	0.19	0.21	0.20	0.17	0.20	0.20	0.20	0.19	0.20	0.20	0.21	0.24
Mg#	54	55	53	53	54	53	54	55	53	54	52	54	73

角闪石												
	II 型 MMEs											
	NB86-1-2	NB86-1-3	NB86-1-4	NB86-1-5	NB86-1-6	NB88-2-1	NB88-2-2	NB88-2-4	NB88-2-5	NB88-2-6	NB88-2-7	NB88-2-8
SiO_2	43.17	43.73	43.12	43.19	43.09	42.69	43.67	43.33	43.45	43.79	43.56	43.14
Al_2O_3	9.41	9.31	9.56	8.93	10.84	9.65	9.34	9.52	10.14	9.62	9.78	9.25
FeO	17.77	17.56	18.08	17.18	19.65	16.99	17.78	16.19	17.52	18.13	17.20	18.03
TiO_2	1.23	1.43	1.52	1.37	0.85	1.37	1.36	1.21	1.17	1.31	1.15	1.36
Cr_2O_3	0.01	0.04	0.15	0.00	0.04	0.02	0.04	0.09	0.08	0.00	0.06	0.02
MnO	0.78	0.93	0.92	1.10	1.17	0.52	0.99	1.02	0.88	0.75	1.03	0.82
NiO	0.00	0.00	0.04	0.01	0.00	0.00	0.00	0.00	0.00	0.00	0.02	0.00
MgO	10.28	10.23	9.74	9.60	8.76	9.52	10.24	9.91	9.70	9.35	9.73	10.06
CaO	11.75	11.73	11.79	11.72	11.93	11.67	11.83	11.67	11.80	11.85	11.86	11.64
Na_2O	1.48	1.44	1.57	1.49	1.55	1.44	1.45	1.39	1.43	1.38	1.37	1.52
K_2O	1.14	1.19	1.15	1.16	1.17	1.17	1.14	1.08	1.12	1.16	1.11	1.19
Total	97.02	97.58	97.64	95.74	99.06	95.04	97.87	95.40	97.28	97.34	96.87	97.02
Si^{4+}	6.41	6.47	6.39	6.52	6.32	6.48	6.44	6.54	6.44	6.52	6.49	6.42
Al^{IV}	1.59	1.53	1.61	1.48	1.68	1.52	1.56	1.46	1.56	1.48	1.51	1.58
Al^{VI}	0.06	0.09	0.06	0.11	0.19	0.21	0.06	0.23	0.21	0.20	0.20	0.04
Ti^{4+}	0.14	0.16	0.17	0.16	0.09	0.16	0.15	0.14	0.13	0.15	0.13	0.15
Cr^{3+}	0.00	0.00	0.02	0.00	0.00	0.00	0.00	0.01	0.01	0.00	0.01	0.00
Fe^{3+}	1.33	1.19	1.28	1.13	1.37	1.06	1.26	1.02	1.14	1.05	1.11	1.30
Fe^{2+}	0.88	0.98	0.96	1.04	1.04	1.09	0.93	1.02	1.03	1.21	1.03	0.94

续表

Mn^{2+}	0.10	0.12	0.12	0.14	0.15	0.07	0.12	0.13	0.11	0.09	0.13	0.10	
Ni^{2+}	0.00	0.00	0.00	0.00	0.00	0.00	0.00	0.00	0.00	0.00	0.00	0.00	
Mg^{2+}	2.28	2.25	2.15	2.16	1.91	2.15	2.25	2.23	2.14	2.07	2.16	2.23	
Ca^{2+}	1.87	1.86	1.87	1.90	1.87	1.90	1.87	1.89	1.88	1.89	1.89	1.86	
Na^{+}	0.43	0.41	0.45	0.44	0.44	0.42	0.41	0.41	0.41	0.40	0.40	0.44	
K^{+}	0.22	0.22	0.22	0.22	0.22	0.23	0.21	0.21	0.21	0.22	0.21	0.23	
Mg#	72	70	69	67	65	66	71	69	68	63	68	70	
黑云母													
	寄主花岗岩类												
	NB49-1-2	NB49-1-1	NB02-1-2	NB100-1	NB100-2	NB100-3	NB93-3-1	NB93-3-2	NB93-3-3	NB93-3-4	NB93-3-5	NB93-3-6	NB93-3-7
SiO_2	37.36	37.41	36.62	36.22	35.92	35.85	37.83	36.99	35.62	35.63	32.69	35.76	35.71
TiO_2	2.04	1.34	1.58	1.25	1.88	2.07	2.28	2.18	1.52	1.67	2.04	2.32	2.40
Al_2O_3	17.28	17.33	15.91	15.68	15.51	15.61	16.40	15.61	15.97	15.41	15.46	15.78	15.71
Cr_2O_3	0.28	—	—	0.07	0.04	0.11	0.27	0.23	0.54	0.48	0.43	0.10	—
FeO	21.10	21.21	20.55	21.76	21.55	22.09	21.31	21.12	21.21	20.84	20.18	21.57	20.61
MnO	0.66	0.68	0.93	0.88	0.57	0.52	0.62	0.33	0.49	0.73	0.34	0.57	0.54
NiO	—	—	—	0.02	—	0.01	—	0.00	—	—	—	0.01	—
MgO	8.50	9.02	9.64	9.85	9.64	9.63	10.31	10.24	9.50	9.80	9.48	9.89	9.68
CaO	0.15	0.04	0.05	0.01	0.02	0.02	0.07	0.06	0.04	0.06	0.05	0.02	0.03
Na_2O	0.11	0.08	0.09	0.13	0.08	0.19	0.34	0.24	0.17	0.20	0.17	0.11	0.18
K_2O	8.12	8.47	8.58	8.69	8.74	8.53	7.98	8.33	8.42	8.29	8.46	8.65	8.73
Total	95.61	95.59	93.97	94.56	93.93	94.62	97.41	95.34	93.48	93.13	89.32	94.79	93.58
Si^{4+}	2.79	2.80	2.80	2.78	2.77	2.75	2.78	2.79	2.76	2.77	2.68	2.73	2.75
Al^{IV}	1.21	1.20	1.20	1.22	1.23	1.25	1.22	1.21	1.24	1.23	1.32	1.27	1.25
Al^{VI}	0.31	0.32	0.24	0.20	0.18	0.16	0.20	0.17	0.22	0.18	0.17	0.16	0.18
Ti^{4+}	0.11	0.08	0.09	0.07	0.11	0.12	0.13	0.12	0.09	0.10	0.13	0.13	0.14

续表

黑云母													
	寄主花岗岩类												
	NB49-1-2	NB49-1-1	NB02-1-2	NB100-1	NB100-2	NB100-3	NB93-3-1	NB93-3-2	NB93-3-3	NB93-3-4	NB93-3-5	NB93-3-6	NB93-3-7
Cr^{3+}	0.01	0.00	0.00	0.00	0.00	0.00	0.01	0.01	0.02	0.01	0.01	0.00	0.00
Fe^{3+}	0.07	0.07	0.06	0.05	0.05	0.05	0.06	0.06	0.05	0.05	0.04	0.05	0.05
Fe^{2+}	1.26	1.28	1.27	1.36	1.35	1.38	1.26	1.29	1.34	1.32	1.35	1.34	1.29
Mn^{2+}	0.04	0.04	0.06	0.06	0.04	0.03	0.04	0.02	0.03	0.05	0.02	0.04	0.04
Ni^{2+}	0.00	0.00	0.00	0.00	0.00	0.00	0.00	0.00	0.00	0.00	0.00	0.00	0.00
Mg^{2+}	0.95	1.01	1.10	1.13	1.11	1.10	1.13	1.15	1.10	1.14	1.16	1.13	1.11
Ca^{2+}	0.01	0.00	0.00	0.00	0.00	0.00	0.01	0.00	0.00	0.01	0.00	0.00	0.00
Na^{+}	0.02	0.01	0.01	0.02	0.01	0.03	0.05	0.04	0.03	0.03	0.03	0.02	0.03
K^{+}	0.77	0.81	0.84	0.85	0.86	0.84	0.75	0.80	0.83	0.82	0.88	0.84	0.86
Mg#	43	44	46	45	45	44	47	47	45	46	46	46	46

黑云母													
	Ⅰ型 MMEs											Ⅱ型 MMEs	
	NB68(1)-1	NB68(1)-2	NB68(1)-3	NB68(1)-4	NB68(1)-5	NB68(1)-6	NB68(1)-7	NB68(1)-8	NB68(1)-9	NB68(1)-10	NB88-2-3	NB89-1-1	NB89-1-2
SiO_2	35.93	36.26	37.07	36.81	34.64	35.91	32.47	34.97	36.04	38.13	37.52	37.56	37.83
TiO_2	3.24	1.32	1.34	2.58	3.08	2.71	3.09	3.65	3.33	3.26	1.87	2.03	2.19
Al_2O_3	16.01	16.11	15.75	15.99	15.33	15.42	14.91	15.57	15.96	16.95	15.15	15.15	14.89
Cr_2O_3	0.10	0.18	—	0.12	0.10	0.12	0.18	0.11	0.13	0.15	0.09	0.14	0.05
FeO	21.21	21.30	20.94	20.70	21.61	22.54	22.16	22.67	22.88	21.57	19.35	17.87	18.01
MnO	0.52	0.69	0.69	0.86	0.53	0.49	0.86	0.78	0.64	0.78	0.56	0.80	0.47
NiO	0.03	0.02	—	—	0.03	—	0.03	0.04	0.05	—	0.04	0.05	0.01
MgO	8.28	9.69	10.37	9.37	7.46	7.77	7.15	7.63	7.87	8.24	11.75	12.61	12.01
CaO	0.03	0.12	0.06	0.01	0.02	0.01	0.06	0.03	0.09	0.04	0.05	0.07	0.04
Na_2O	0.11	0.13	0.11	0.09	0.10	0.07	0.12	0.15	0.18	0.12	0.09	0.20	0.13
K_2O	8.85	8.40	8.63	8.41	8.71	8.65	8.56	8.65	8.51	8.50	8.75	8.30	8.51
Total	94.29	94.21	94.94	94.93	91.60	93.69	89.60	94.23	95.68	97.73	95.20	94.78	94.13

续表

Si^{4+}	2.75	2.78	2.81	2.78	2.75	2.78	2.68	2.71	2.74	2.79	2.82	2.81	2.84
Al^{IV}	1.25	1.22	1.19	1.22	1.25	1.22	1.32	1.29	1.26	1.21	1.18	1.19	1.16
Al^{VI}	0.19	0.23	0.21	0.20	0.18	0.19	0.13	0.13	0.16	0.25	0.16	0.15	0.16
Ti^{4+}	0.19	0.08	0.08	0.15	0.18	0.16	0.19	0.21	0.19	0.18	0.11	0.11	0.12
Cr^{3+}	0.00	0.01	0.00	0.00	0.00	0.00	0.01	0.00	0.00	0.00	0.00	0.00	0.00
Fe^{3+}	0.07	0.06	0.05	0.07	0.06	0.07	0.05	0.06	0.07	0.08	0.05	0.05	0.06
Fe^{2+}	1.31	1.33	1.29	1.26	1.39	1.41	1.49	1.42	1.40	1.26	1.17	1.08	1.09
Mn^{2+}	0.03	0.04	0.04	0.05	0.04	0.03	0.06	0.05	0.04	0.05	0.04	0.05	0.03
Ni^{2+}	0.00	0.00	0.00	0.00	0.00	0.00	0.00	0.00	0.00	0.00	0.00	0.00	0.00
Mg^{2+}	0.94	1.11	1.17	1.06	0.88	0.90	0.88	0.88	0.89	0.90	1.31	1.41	1.35
Ca^{2+}	0.00	0.01	0.00	0.00	0.00	0.00	0.01	0.00	0.01	0.00	0.00	0.01	0.00
Na^{+}	0.02	0.02	0.02	0.01	0.02	0.01	0.02	0.02	0.03	0.02	0.01	0.03	0.02
K^{+}	0.86	0.82	0.83	0.81	0.88	0.86	0.90	0.85	0.82	0.79	0.84	0.79	0.82
Mg#	42	46	48	46	39	39	37	38	39	42	53	57	55

黑云母

	Ⅱ型 MMEs			
	NB89-1-3	NB89-1-4	NB89-1-5	NB89-1-6
SiO_2	37.88	37.71	38.04	37.19
TiO_2	1.97	1.90	2.17	1.99
Al_2O_3	15.28	15.36	15.18	15.24
Cr_2O_3	0.01	0.18	0.05	0.16
FeO	18.25	17.66	18.80	18.06
MnO	0.84	0.48	0.75	0.49
NiO	—	0.04	0.01	0.01
MgO	12.71	11.82	12.01	12.12

续表

黑云母				
	Ⅱ型 MMEs			
	NB89-1-3	NB89-1-4	NB89-1-5	NB89-1-6
CaO	0.02	0.04	0.03	0.03
Na_2O	0.08	0.10	0.11	0.13
K_2O	8.57	7.45	8.66	8.51
Total	95.61	92.74	95.79	93.94
Si^{4+}	2.81	2.85	2.82	2.81
Al^{IV}	1.19	1.15	1.18	1.19
Al^{VI}	0.15	0.22	0.15	0.17
Ti^{4+}	0.11	0.11	0.12	0.11
Cr^{3+}	0.00	0.01	0.00	0.00
Fe^{3+}	0.05	0.07	0.06	0.06
Fe^{2+}	1.09	1.06	1.12	1.10
Mn^{2+}	0.05	0.03	0.05	0.03
Ni^{2+}	0.00	0.00	0.00	0.00
Mg^{2+}	1.41	1.33	1.33	1.37
Ca^{2+}	0.00	0.00	0.00	0.00
Na^{+}	0.01	0.01	0.02	0.02
K^{+}	0.81	0.72	0.82	0.82
Mg#	56	56	54	55